KB095590

우주 개발 탐사 어디까지 갈 것인가

민영기 저

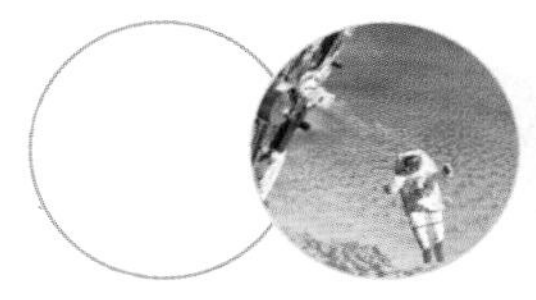

일진사

머리말

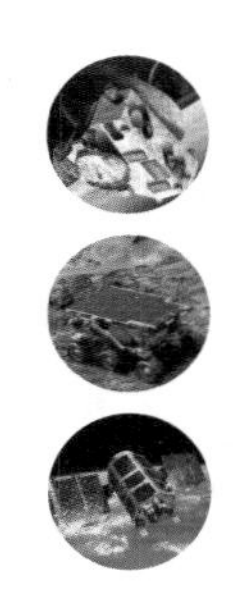

1957년 구소련이 스푸트니크 인공위성을 발사한지 어느덧 50여년이 흘렀다. 그동안 인류는 우주개발과 탐사에서 괄목할만한 성과를 거두었고, 우주는 인류의 미래를 밝혀줄 희망의 장으로 떠오르고 있다.

우주는 이미 우리의 일상생활 속에 깊숙이 파고 들어와서 생활을 편리하게 해주고 있다. 우리 머리 위에는 수천 개의 각종 인공위성이 지구궤도를 돌면서 방송 통신 중계, 기상관측, 자원 탐사, 환경오염 감시, GPS 등으로 우리 생활에 필요한 정보를 직접 제공한다. 지상에서는 관측이 어려운 천체의 관측을 위해서 우주공간에 올려진 망원경들이 우주에 관한 새로운 지식을 쏟아놓고 있다. 국제협력으로 세워진 거대한 우주정거장에는 인간이 상주하면서 지상에서는 하기 어려웠던 여러 가지 과학실험을 하고 있고, 인간이 더 먼 외계로 진출하기 위한 준비를 하고 있다.

지구의 유일한 위성, 달에는 이미 20여 년 전에 인간이 다녀왔고, 태양을 비롯한 태양계 내의 거의 모든 천체에는 우주선이 보내져서 근접 탐사가 이루어졌다. 태양계의 외곽으로 보내진 우주선들 중에는 태양계 공간을 벗어나 다른 항성의 세계로 진입하여 혹시 외계인과의 접촉이 이루어지지 않을까 하는 기대를 걸게 한다.

우주를 개척하고 우주로 진출하려는 인간의 노력은 미래에도 계속 될 것이다. 머지않아 지구 주변 공간에는 우주정거장, 우주발전소, 우주호텔, 우주공장 등이 세워지고, 지구와 태양 사이 중력평형지점에는 우주식민도가 건설될 것이다. 달의 표면에는 달 기지가, 그리고 화성의 표면에는 화성 기지가 건설되어 거주 공간의 확보와 자원의 조달이 이루어질 것이다. 우주기지는 또한 작은 중력의 이점을 이용해서 더 먼 우주로의 진출을 위한 발판 역할을 할 것이다. 우주여행이 보편화 되어 보통 사람도 값싸게 우주여행을 할 수 있게 된다.

한국도 1992년 최초로 인공위성을 발사한 이후 현재까지 15개의 위성을 발사했다. 한국이 발사한 인공위성들은 우리의 실생활과 과학 연구에 활용되고 있다. 한국은 인공위성을 자체 제작하고 발사하는 단계까지 와 있다. 전남 고흥에는 위성발사장이 건설되어 위성발사가 두 번 시도되었고 곧 세 번째의 발사가 이루어질 전망이다.

우리의 이웃인 일본과 중국, 그리고 인도도 우주개발에 열을 올리고 있다. 이 나라들은 이미 100여 기의 인공위성을 자체 개발해서 발사했고, 달을 비롯한 다른 천체에 우주선을 보내 탐사하기도 했다. 중국은 최근 독자적인 우주정거장 건설을 위해서 유인우주선을 발사하고 우주에서 우주선끼리 도킹시켜 세계적인 관심을 끌고 있다.

지구는 인간의 영원한 보금자리가 될 수 없다. 문명이 발달하면서 지구라는 작은 행성에 사는 우리 앞에는 인구폭발, 식량난, 자연자원의 고갈, 각종의 환경공해 등의 풀기 어려운 문제들이 대두되어 미래를 염려케 하고 있다. 우리의 미래는 한정된 공간인 지구에서가 아니라 광활한 우주에서 찾아야 한다. 우리 앞에 펼쳐진 무한한 공간과 무수한 천체의 우주는 우리가 필요로 하는 자원으로부터 쾌적한 주거의 공간까지 모든 것을 제공해 줄 수 있다. 인류가 오래도록 생존할 수 있는 유일한 길은 우주로 얼마나 뻗어 나가느냐에 달려있다.

이 책은 이렇듯 인류의 미래가 걸린 우주개발이 어떻게 시작되었고, 어떤 과정을 통해서 현재에 이르렀으며, 앞으로는 어떻게 전개될지 우주개발의 모든 것을 알리기 위해서 쓰여졌다. 전공 학생들은 물론 일반인들도 이 책을 읽고 우주 개발과 탐사에 관심을 가지게 되고 한국의 우주개발에 조금이나마 도움이 되었으면 하는 바람이다.

이 책을 집필하는데 참고로 한 자료는 부록에 소개했다. 부록에는 또한 영문 두문자어(약어)의 풀이와 인명의 영문표기 및 출생-사망년도를 '인명 찾아보기'에 수록했다. 본문에서 고유명사와 인명은 처음 소개할 때만 병기했다. 고유명사의 영문은 '찾아보기'에서 찾을 수 있다.

민 영 기

차례

제3장 초기의 우주개발 …… 39

제4장 달 탐사 …… 59

제5장 우주왕복선 …… 109

제6장 우주정거장 …… 129

역사적 개관

국제적인 냉전에 따른 지역 경쟁의 결과 우주경쟁에도 불이 붙었다. 1957년 10월 4일 소련이 최초의 인공위성인 스푸트니크(sputnik) 1호를 쏘아 올리면서 냉전 관계에 있던 미국과 소련 사이에서 우주개발의 경쟁이 본격적으로 시작되었다.

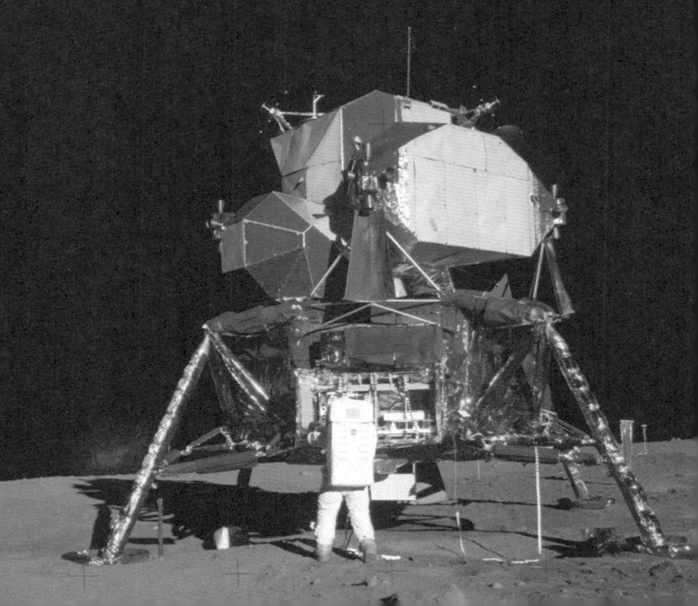

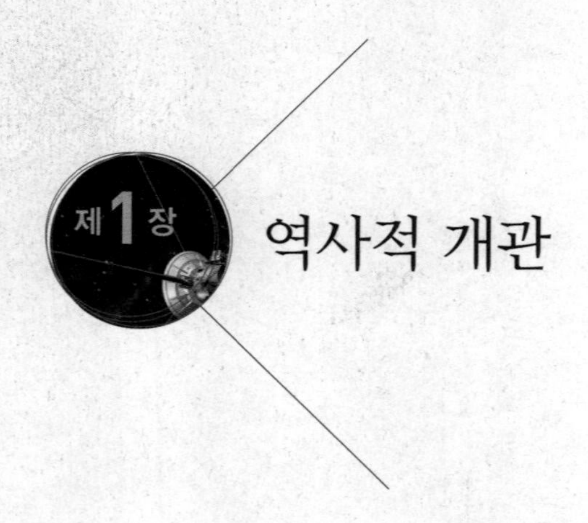

역사적 개관

우주개발은 지구를 비롯해서 달, 행성, 태양, 별 그리고 은하 등의 천체에 대한 인간의 호기심과 지구 밖의 우주 공간을 실생활에 활용하려는 욕망에서 출발하였다. 지구는 대기로 둘러싸여 있다. 우주 공간과 지구대기 사이에 분명한 경계는 없지만 우주 공간은 대체로 지상 95km의 높이 너머를 일컫는다. 우주공간에는 밤하늘에 반짝이는 수많은 별을 비롯해서, 지구와 같은 행성, 별들의 집단인 은하, 그리고 가스와 먼지의 입자들이 희박한 밀도로 분포되어 있다.

우주개발은 강력한 로켓으로 유인 또는 무인의 인공위성을 지구 대기권 밖의 지구 궤도에 올리거나, 우주선이 지구 중력권을 벗어나서 천체를 직접 탐사하고 천체에 대한 정보를 수집하게 한다. 지구 주위 궤도를 도는 인공위성들은 지구 표면의 물리적인 현상을 관측하고 인공 전파의 중계소 역할을 하여 우리의 일상생활을 편리하게 해 주고 있고, 각종의 과학 실험과 천체의 관측으로 우리의 과학 지식을 넓혀준다. 태양계의 천체들을 직접 방문 탐사하는 우주선들은 천체에 관한 다양한 새로운 정보를 보내와서 우주에 관한 우리의 호기심을 만족시켜주고 있다. 우주개발과 탐사에는 천문학을 비롯한 기초과학과 항공, 전자, 기계, 재료 공학 등의 복합 기술이 활용된다.

우주개발의 시작

20세기 초 개발되기 시작한 거대한 액체 연료 로켓에 힘입어 20세기 중반에 우주개발이 현실로 다가왔다. 당시 국제적인 냉전에 따른 지역 경쟁의 결과 우주경쟁에도 불이 붙었다. 1957년 10월 4일 소련이 최초의 인공위성인 스푸트니크(Sputnik) 1호를 쏘아 올리면서 냉전 관계에 있던 미국과 소련 사이에서 우주개발의 경쟁이 본격적으로 시작되었다. 소련은 이 경쟁에서 앞질러 나가서 1957년에는 생물을 최초로 궤도에 올려놓았고, 1961년에는 보스토크(Vostok) 1호로 유리 가

인류 최초의 인공위성 스푸트니크

가린(Yuri Gagarin)을 궤도로 올려 보내 최초로 인류의 우주비행을 성공시켰다. 1965년에는 알렉세이 레오노프(Alexei Leonov)가 최초의 우주 유영을 했고, 1966년에는 다른 천체에 우주선을 최초로 착륙시켰다. 1971년에는 우주정거장 살류트(Salyut)를 발사했다. 반면, 미국은 1969년 7월 20일 아폴로(Apollo) 우주선을 달에 연착륙시켜서 우주인을 달에 보내는데 성공했다.

우주개발이 시작되고 20년이 지나서부터는 우주왕복선과 같은 재사용 가능한 우주선 개발에 주력하게 되었고, 국제적인 협력으로 국제우주정거장(ISS)도 건설하게 되었다.

2000년대에 들어서서는 중국을 비롯해서 유럽연합(EU), 일본, 인도 등이 우주개발에 본격적으로 참여하고, 머지않아 유인 우주비행도 계획하고 있다. 미국은 앞으로 달의 유인탐사를 재개하고 화성에도 유인우주선을 보낼 계획을 세워 놓고 있다.

초기의 우주개발 경쟁

1950년 대 미국과 소련의 냉전 관계와 서로에 대한 핵공격의 공포가 우주로 연결되어 우주개발 경쟁에 가속도가 붙게 되었다. 당시 초강대국들은 우주개발을 통해서 그들의 기술과 시스템의 우월성을 전세계 제3국가들에 과시하려 했다. 1969년 미국의 달 착륙이 그러했고, 1957년 스푸트니크의 발사와 1961년 최초의 인간 우주비행이 그러했다.

소련이 스푸트니크 1호의 발사로 우주에서 우위를 점하게 되자 위기감을 느낀 미국은 1958년 8월 국가항공우주법(National Aeronautics and Space Act of 1958)을 의회에서 통과시키고 아이젠하워(Eisenhower)

최초의 달착륙선 아폴로 11호

대통령이 서명했다. 같은 해 10월에 미국은 우주를 탐사하고 우주를 모든 인간에게 혜택을 주는데 활용하려는 목적으로 항공우주국, NASA를 창설했다. NASA는 달로 탐사선을 보내는 레인저(Ranger)계획, 위성통신 가능성을 시험하는 에코(Echo)계획, 그리고 인간의 우주비행 가능성을 확인하는 머큐리(Mercury)계획 등에 착수했다.

소련은 우주탐사를 위한 독립된 기관의 설립은 하지 않고 여러 종류의 로켓을 디자인하는 국가 과학연구기관에 많은 자금을 투자했다. 그 최대 수혜자는 세르게이 코롤레프(Sergei P. Korolev)의 로켓디자인국(OKB-1)과 소련과학아카데미(SAS)였다.

달을 향한 경쟁

1960년 대 초 미국과 소련은 달 탐사에 경쟁적으로 뛰어들었다. 미국의 케네디(Kennedy) 당시 대통령은 1961년 5월 25일 의회에서 행한 연설에서 "1960년대에 인간을 달에 착륙시키겠다."는 달 착륙 목표를 발표했다. 아폴로(Apollo) 계획이라 불리는 이 계획에는 200억 달러 이상의 자본이 투자되었는데, 이것은 미국 역사 상 비군사 목적으로는 파나마 운하의 건설, 전시(戰時)계획으로는 맨해튼(Manhattan) 계획만이 비교될 정도로 규모가 큰 사업이었다. 미국은 1969년 아폴로 11호를 달 표면에 착륙시키는데 성공했고, 1972년 12월까지 대략 6개월 간격으로 달에 우주인을 보냈다.

소련도 자체적으로 달 착륙 계획을 수립했다. 코롤레프와 로켓디자

금성 탐사선 매리너 2호

인국은 달착륙선과 N-1 달로켓 건설에 수십억 루블을 투자하여 건설에는 성공했다. 그러나 코롤레프가 1966년 사망하면서 달 착륙 계획은 무산됐다. 그러나 소련도 1970년 9월 달에 탐사선을 보내 암석과 토양의 샘플을 회수하는데 성공했고, 1976년까지 아홉 번이나 달의 로봇 탐사를 성공시켰다.

우주왕복선과 우주정거장의 개발

미국의 NASA는 아폴로 다음으로 지구 궤도상의 실험실인 스카이랩(Skylab)을 성공시킨 후 재사용 가능한 우주왕복선의 개발을 1970년대의 주요 사업으로 정했다. 우주왕복선은 우주와 지구 사이를 정기적으로 취항하여 경제적으로 왕복할 수 있게 해 주는 우주선이다. 1981년 4월에는 최초로 개발된 우주왕복선인 컬럼비아(Columbia)호가 발사에 성공했다. 우주왕복선은 1986년 1월 챌린저(Challenger)호가 발사도중 로켓 연료의 누출로 폭발을 일으킬 때까지 5년 동안 24번의 비행을 마쳤다. 챌린저의 사고로 일곱 명의 우주인이 희생되었고 왕복선의 비행은 2년 간 정지되었다. 그러나 왕복선은 새로 디자인되어 1988년 9월 다시 취항하게 되었다.

2003년 1월에는 발사장을 떠나 과학 임무를 무사히 마치고 지구로 귀환하던 일곱 명의 우주인을 태운 컬럼비아호가 2월 1일 지구로 귀환하지 못하고 지구 대기로 재진입하는 도중에 실종되었다. 컬럼비아는 최초로 건설된 우주선으로 실종될 때까지 28번의 임무를 성공적으로 수행했었다. 이 참사로 우주왕복선 비행은 다시 중단되었다가 2006년 7월 컬럼비아의 참사 원인이었던 부품을 새로 교체한 우주왕복선 디스커버리(Discovery)호가 시험 비행을 무사히 마치면서 재개되었다.

우주왕복선은 챌린저, 컬럼비아, 디스커버리, 인데버(Endeavour), 아틀란티스(Atlantis) 등 모두 5개가 건설되었으나, 이들 중 챌린저와 컬럼비아가 폭발 및 실종 사고로 사라졌다.

소련은 달 경쟁 패배 후에도 지구 궤도로 우주인을 연달아 보내고 과학실험을 위한 우주정거장을 발사했다. 1971년 살류트 우주정거장의 발사에는 실패했으나, 1977년 살류트VI의 발사에는 성공하여 우주인이 6개월의 장기간 우주에 머물 수 있게 했다. 1986년에는 우주정거장 미르(Mir)를 발사하여 우주인들이 1997년까지 초장기간 체류하면서 인체에 대한 우주의 영향을 이해하는 연구를 거듭했다.

미국과 소련간의 냉전이 끝나고부터는 국제 공동 협력 사업이 활발히 전개되었다. 1985년 NASA는 일본. 캐나다와 유럽 국가들을 포함해서 총 13개국과 우주정거장 프리덤(Freedom)에 대한 협정을 조인했다. 1993년에는 러시아를 국제우주정거장(ISS) 건설 사업에 끌어들였다.

1998년 ISS의 최초 부분인 러시아가 만든 자르야(Zarya)와 미국이 만든 유니티(Unity) 모듈이 지구 궤도로 올려져서 결합되었다. 다른 부분도 속속 올라가서 2000년에는 최초의 승무원이 탑승할 수 있게 되었다. 2003년 우주왕복선 컬럼비아의 실종으로 왕복선의 비행이 금지되면서 ISS의 건설에 차질이 빚어지기도 했으나 이 기간 동안 소유즈(Soyuz) 우주선은 역할을 계속하여 2012년에 건설이 마무리 될 예정이다.

태양계 천체의 탐사

우주선에 의한 행성 탐사는 1962년 미국이 매리너(Mariner)2가 금성을 탐사하면서 시작되었다. 화성은 1964년 매리너4가 처음 탐사했고, 1975년에는 두 대의 바이킹(Viking) 우주선이 발사되어 화성 표면에 연착륙하여 생명체를 비롯한 여러 가지 탐사를 벌였다. 거대행성들인 목성, 토성, 천왕성, 해왕성에는 1972년과 1973년에 파이어니어(Pioneer) 탐사선이 잇따라 발사되었고, 1977년에는 두 대의 보이저(Voyager)가 이 행성과 위성들의 상세한 모습을 보이는 영상을 보내오고 행성의 표면, 대기, 고리, 자기장, 위성 등을 탐사했다. 이 행성들의 탐사는 계속되어 현재까지 100여대의 탐사선이 보내져서 행성과 위성의 신비를 속속 벗겨내고 있다. 1986년 핼리혜성의 지구 접근을 계기로 이 혜성에 대한 관측이 시작되었고, 그 후 혜성과 소행성 등 소천체들에 20대 이상의 탐사선이 보내져서 근접 탐사를 해왔다. 태양에도 1959년 파이어니어5 우주선이 태양궤도를 돌면서 플레아 입자를 관측한 것을 시작으로 현재까지 30여대의 우주선이 관측했다.

인공위성의 활용

1957년 소련이 최초의 인공위성인 스푸트니크 1호를 발사한 이 후 그동안 세계 50여개 나라가 6,000개 이상의 위성을 발사했고 그들 중 600여 개가 현재도 활동 중이다. 이 위성들을 용도에 따라 분류하면 군사첩보, 방송통신, 다목적실용, 과학위성 등이다. 군사첩보 위성은 군사적인 정보의 수집을 목적으로 발사된 것들로서 그 내용이 대체로 비밀에 붙여져서 잘 알려지지 않고 있다. 다목적실용 위성에는 기상, 지상관측, 각종 자원의 정밀 탐사, 지구환경관측, 해양탐사, 그리고 위치추적 위성 등이 속한다. 지구궤도에는 각종의 망원경을 실은 위성이 올려져서 우주를 관측하고 있다. 1990년에 지구궤도로 발사된 허블우주망원경(HST)은 초기에는 성능에 문제가 있었지만 그동안 엄청난 우주관측 데이터를 보내와서 우주의 기원과 진화를 밝히는 데 큰 공헌을 하고 있다.

제 2 장

우주로켓의 개발

1960년까지 소련은 달과 행성을 겨냥한 발사와 인간의 우주 비행 준비를 위한 발사를 한 반면, 미국에서는 우주응용을 목적으로 한 발사가 이루어졌다.

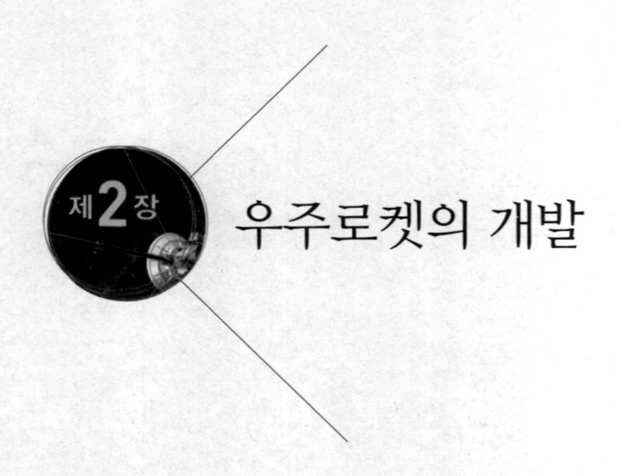

제2장 우주로켓의 개발

인공위성이나 우주선을 우주 공간으로 올려 보내기 위해서는 우주로켓 또는 우주발사체를 필요로 한다. 우주로켓은 연료를 연소시켜 빠르게 분사되는 가스의 힘으로 화물이 지구 중력을 극복하고 지구 주위 궤도에 진입하거나 아예 지구 중력권을 벗어나 우주 공간으로 날아갈 수 있게 해 주는 장치이다. 우주로켓에는 고체와 액체 상태 화학연료가 사용되고 있다. 로켓은 고대로부터 전쟁에 사용할 목적으로 개발되어 왔다. 그러나 현재 우주개발에 사용되는 로켓 기술은 20세기 초 미국과 러시아에서 개발되기 시작해서 세계 제2차 대전 중에는 독일군에 의해서 V-2 미사일 제조에 활용되었다. 종전 후에는 미국과 소련이 독일의 미사일 기술을 발전시켜 개발한 초강력 로켓이 우주발사체로 활용하게 되었다.

고대의 로켓

인류 최초의 로켓은 기원전 3세기경 중국에서 개발된 고체의 화약을 연료로 사용한 로켓이다. 중국에서는 대나무 통에 질산칼륨(saltpeter), 유황 그리고 목탄을 채워 넣은 로켓을 종교행사 때 악귀를 쫓기 위해서 터트렸다. 서기 1045년 이전의 중국기록에 불화살촉(fire arrows)을 사용했다는 기록이 있다. 13세기 초 중국 송나라 시대에 몽골의 침입을 막기 위해서 대포를 비롯한 여러 종류의 고사포 형태의 무기가 만들어졌다. 당시의 로켓은 거대하고 아주 강력했다. 기록에는 '로켓이 점화될 때 소리는 20km의 거리에서도 들을 수 있었다고 한다. 이것이 지상에 낙하할 때 착지점은 모든 방향으로 약 300m가 황폐화 했다.' 고 기록하고 있다. 이러한 로켓은 유럽에 서기 1241년경에 전해졌다. 로켓과 같은 무기가 몽골군에 의해서 부다페스트를 점령한 세조(Sejo) 전투에서 사용되었다. 아랍 문헌에도 1258년 몽골 침략자들이 바그다드를 점령할 때 로켓을 사용했다고 기록되어 있다. 유럽에 전달된 로켓 기술은 이탈리아에서 1500년에, 독일과 영국에서는 그보다 조금 후에 병기로 자리 잡아 19세기에 이르기까지 각종의 전투에서 사용되었다.

러시아 최초의 로켓

러시아에서는 학교 교사가 로켓 추진체를 개발하여 우주 시대를 현실로 만들었다. 러시아의 교사였던 콘스탄틴 치올코프스키(Konstantin E. Tsiolkovsky)가 로켓의 추진원리를 처음으로 이해한 사람이었다. 1883년 당시 대부분의 과학자들의 생각과는 달리 그는 배기구에서 분출되는 힘에 의해서 운반체가 움직이기 때문에 로켓이 진공에서도 작동할 수 있다고 기술했다. 1903년 그는 '반작용 장치에 의한 우주공간의 탐사(The Exploration of Cosmic Space by Means of Reaction Devices)' 라

러시아의 로켓과학자 치올코프스키

는 논문을 발표했다. 이것은 로켓에 관한 최초의 학술서이다. 그는 액체 수소-액체 산소로 추진되는 로켓 엔진을 고안했고, 후에는 로켓이 날면서 무게가 줄어드는 다단계 로켓을 포함해서 여러 종류의 로켓을 디자인했다.

그는 또한 로켓을 비행 중에 자세를 안정시키는 장치인 오늘날의 자이로스코프(Gyroscope)를 고안했다. 그의 가장 유명한 업적은 '반작용 제어장치와 우주로켓 비행기로 우주공간 연구(Investigating Space with Reaction Control Device and Cosmic Rocket Planes)'였다. 그의 개념은 레닌그라드의 가스동력학연구소(GDL)에 의해서 현실화되고 후에 소련 최초의 액체 추진 로켓엔진이 개발되었다. 치올코프스키가 우주비행의 여러 가지 원칙을 고안했고 적절한 로켓을 디자인해서 우주시대의 기반을 놓았지만 그는 실제로 로켓을 만들지는 않았다. 치올코프스키는 우주여행과 이와 관련된 분야에 500여 편의 작품을 남겼다.

미국 최초의 로켓

미국도 독립적으로 로켓을 개발했다. 로버트 고더드(Robert H. Goddard)는 로켓의 추진과 다단계 로켓의 원리를 최초로 이해하여 로켓을 만들었다. 그는 고체 추진 분말 로켓보다 액체 추진체가 더 효율적임을 알고 있었다. 그는 액체 추진 엔진은 단위 질량 당 더 많은 에너지를 생산하고 더 통제 가능하다고 했다. 그의 유명한 논문인

'극한 고도에 도달하는 방법(A Method of Reaching Extreme Altitudes)'이 1919년 스미스소니언연구소(Smithsonian Institute)에 의해서 출판되었다. 고더드는 펌프로 유입되는 액체 산소-가솔린 엔진을 시험하고, 1926년 3월 16일에는 최초의 액체 연료 로켓을 미국 매사추세츠 주 오번(Auburn)에서 발사하여 우주시대의 개막을 알렸다. 이 로켓은 2.5초에 46m를 날았고 최고 속도가 시속 100km에 달했다.

미국의 로켓과학자 고더드

고더드는 그 후 구겐하임(Guggenheim)재단으로부터 지원을 받아 1930년에 뉴멕시코 주 로즈웰(Roswell)로 근거지를 옮겼다. 그곳에서 길이 3.35m의 로켓을 만들어 시속 800km의 속도로 609m의 고도를 날게 했고, 후에 로켓을 2.28km에 도달시켰다. 그가 최초의 자이로스코프 안정장치를 사용한 것은 1932년 4월 19일이었다. 로즈웰에서 그의 작업은 11년 동안 계속되었으나 미국 정부는 관심을 나타내지 않아서 로켓기술은 묻혀버리게 되었다. 그는 로켓을 이용한 행성 탐사를 예언하고, 이온 추진체와 같은 다른 형태의 로켓 가능성을 이론화하기도 했다.

독일 최초의 로켓

미국이 초기에 우주 개발을 가능하게 해 준 것은 2차 세계 대전 때 적국이었던 독일의 로켓 과학자들이었다. 치올코프스키와 고더드가 독자적으로 로켓 개발에 열을 올리고 있던 중에 제3의 인물인 독일의 워너 폰 브라운(Wernher von Braun)이 등장했다.

본 브라운은 13살에 폭발물과 불꽃놀이에 흥미를 가졌다. 그의 아버지는 아들이 그렇게 위험한 일에 취미를 갖는 것을 이해할 수가 없었다. 그는 이 폭발물들이 혹시 금고털이에 사용될까봐 두려워하기도 했다. 그의 어린 아들은 한 때 여섯 개의 폭죽을 구해서 한데 묶어 발사하기도 했다. 불꽃과 긴 연기 꼬리를 일으키면서 이 폭죽 덩어리는 다섯 구역이나 떨어진 곳에 있는 그들의 마을 중심에 떨어져서 폭발하고 폰 브라운은 경찰에 체포되기도 했다. 아버지의 심한 질책에도 불구하고 폰 브라운의 흥미는 계속되었고, 그는 22살에 물리학 박사학위를 취득했다. 그 2년 후에는 그가 독일의 군사로켓 개발 계획을 이끌게 되었다.

1927년 독일의 헤르만 오버스(Hermann Oberth)는 액체 산소-석유 로켓을 성공적으로 개발하고 이를 베를린 교외의 로켓 발사장인 라케텐플루플라즈(Raketenflugplatz)에서 발사하여 우주여행학회(VfR)를 설립하는데 기여했다. 열렬한 지지자였던 폰 브라운은 이 학회에 18살이었던 1930년에 가입했다. 1932년에 VfR은 터 큰 로켓인 리플소(Repulsor)를 발사했고 이것이 독일 육군의 관심을 끌게 되었다. 히틀러(Adolf Hitler)가 권세를 잡으면서 VfR의 예산이 1,000만 마르크로 10배나 증액되었다. 그리하여 VfR은 독일 육군 무기성의 일부가 되었고 폰 브라운도 그 주요 멤버가 되었다. 여기서는 300kg의 추진력을 가진 액체 산소와 석유의 엔진을 개발하여 A-1이라 불리는 로켓 시제품에 적용시켰으나 실패했고, 1934년에 에탄올(ethanol)과 액체 산소를 연료로 하는 새로운 운반체인 A-2가 2.5km의 고도에 이르는데 성공했다. 2년 후에는 배기날개와 지느러미 형태의 방향타를 단

A-3가 개발됐다.

독일 육군은 노르드하우젠(Nordhausen)에 1만2,000명의 진용을 갖춘 로켓 공장, 그리고 발틱 해안의 피네뮨드(Peenemunde)에는 발사 기지를 세웠다. 1939년 개선된 A-5 로켓이 시험되고 장거리 로켓인 A-4가 개발되어 640km의 거리와 80km의 고도, 75kg의 화물을 운반할 수 있게 되었다. 이 로켓은 V-2(여기서 V는 Vengeance Weapon, 즉 복수의 무기를 의미)라 새로 이름 붙여지고 폭발물로 무장되었다. 1944년 9월에는 두 개의 V-2가 영국 런던 중심부와 교외를 강타한 후 2차 세계 대전이 끝날 때까지 2,763개가 발사되어 수천 명의 인명 피해를 낳게 했다. V-2는 여러 가지 새로운 기술을 적용했다. 엔진은 액체 산소와 에틸알코올과 물의 혼합물을 연소시켜 2만4,950kg의 추진력을 만들어 냈다. 추진제(推進劑)가 터빈이 돌리는 펌프에 의해서 연소실로 주입됐다. 독일은 V-2에 날개를 다는 등으로 개량하고 더 크게 만든 A-9를 개발했는데, 최초의 대륙간 탄도미사일이라 할 수 있는 이것은 미국의 동부 해안에 도달하게 하는 것을 목표로 하였다. A-9는 시험 비행에서 고도 90km, 속도 시속 4,320km를 달성했다.

독일의 로켓과학자 폰 브라운

2차 세계대전 후 미국의 로켓 개발

세계 제2차 대전이 막바지에 이르렀을 때 연합군은 독일의 로켓 발사기지가 있는 발틱 해안의 피네뮨드 섬에 접근하게 되었다. 로켓의 1급 비밀을 잃을 위기에 처한 독일은 1945년 5월 초에 비밀경찰 SS로

하여금 V-2로켓 팀을 죽이라는 명령을 내렸다. 당시 오토바이 사고로 팔을 목에 거는 붕대에 매고 있던 폰 브라운은 동료 몇 명과 함께 이 로켓 기지를 탈출하여 미국 44사단에 투항했다. 미 육군은 노르드하우젠 공장에서 36t에 달하는 서류를 회수했지만 공장을 파괴시키지는 못해서 중요한 V-2의 정보와 하드웨어, 그리고 전문가를 소련이 차지하게 되었다.

미국은 페이퍼클립(Paperclip)이라 명명된 작전 하에 폰 브라운과 그의 동료들, 그리고 60개의 독일 V-2 부품을 미국 뉴멕시코 주에 있는 화이트샌즈(White Sands) 발사시험장으로 가져갔다. 폰 브라운은 곧 화이트샌즈에서 작업을 시작하여 1946년 4월 16일에는 최초로 미국에서 조립된 V-2를 발사하고 연달아 10월 초까지 11기의 로켓을 발사했다. 이 로켓들 중 아홉 번째 것은 180km의 고도에 이르기도 했다. 그 해 10월에는 13번째의 V-2가 카메라를 싣고 지상 104km 고도에 올라가서 지구를 동영상 촬영했다.

1948년에는 전자비행제어장치가 부착되고 로켓도 미 육군의 콜포럴(Corporal) 미사일에 뿌리를 둔 2단계로 변했다. 운반체는 범퍼왝(Bumper WAC)이라 개명되었다. 콜포럴은 이미 1946년 3월 22일 몇 가지의 과학적인 임무를 띠고 우주 공간으로 발사되어 지구 대기권을 벗어난 최초의 미국 로켓이다. V-2 기술에 근거를 둔 다른 로켓은 에어로비(Aerobee)라 불리는 것으로 이것은 1947년 9월부터 여러 차례 준궤도(準軌度) 과학 임무를 성공적으로 수행했다. 새로운 모델인 에어로비-하이(Aerobee-Hi)는 1955년 2월에 발사되었다.

범퍼왝은 1949년에 고도 390km를 달성했고, 그 해 6월에는 앨버트(Albert)2라 불리는 원숭이를 싣고 발사되었으나 경착륙(hard landing)

으로 불행히도 죽고 말았다. 1950년 7월 24일에는 지금 케이프커내버럴(Cape Canaveral)이라 불리는 플로리다 주의 모래 늪지에서 범퍼왝 8이 발사됐다. 5일 후에는 또 다른 범퍼왝이 음속의 9배인 마하9의 기록적인 속도를 달성했다. V-2 활용 계획은 1951년 10월 29일에 끝났다. V-2의 기술을 응용해서 미국은 1950년 5월 19일 험스(Hermes) 로켓을 최초로 발사했다. 이 로켓 프로그램은 1954년에 종료되었다.

폰 브라운 팀은 미국 최초의 중거리탄도 미사일을 개발하기 위한 레드스톤 아스널(Redstone Arsenal)을 설립하기 위해서 앨라배마 주 헌츠빌(Huntsville)로 옮겼다. 그러는 가운데 미 해군은 처음에는 넵튠(Neptune)이라 불렸던 바이킹(Viking) 로켓을 개발했다. 1955년까지 바이킹은 11차례 발사됐고 1954년에는 252km의 고도를 달성했다. 이 운반체는 높은 고도에서 대기의 풍속과 밀도를 포함한 여러 과학적인 측정을 했다. 이것이 미 해군이 최초의 위성을 우주로 보내려고 시도했던 뱅가드(Vanguard)라 불리는 새로운 로켓의 모체가 되었다.

우주 로켓비행기

인공위성을 지구 궤도에 올려놓을 수 있는 기반을 마련해 준 것은 1940~1950년대에 궤도를 드나들던 비행기 모양의 로켓비행기이다. 그 첫 단계는 1944년 미 의회가 '로켓 연구 비행기 프로그램'을 승인하면서 시작되었다. 이 계획은 군과 국립항공자문위원회(NACA)가 주관했다.

미 공군이 벨(Bell)전화회사와 RCM사가 생산한 액체 추진의 XLR-11 엔진으로 추진되는 XS-1이라는 음속권 내의 비행기 제조계약을 체결했다. 이 엔진은 액체 산소 산화제와 에틸알코올과 증류수의 혼합물을 연료로 사용했다. 후에 X-1으로 알려진 이 비행기는 9,150m 높이에서 B-29 폭격기로부터 분리되었다. 벨 회사의 시험 조종사인 찰머스 굿윈(Chalmers Goodwin)은 12번의 글라이드 비행을 했다. 이 비행기는 1946년 12월에서 1947년 6월 사이 비행기 꼬리에 XLR엔진을 달고 로켓 추진 비행을 20번 수행했다. 1947년 10월에는 공군의 척 이거(Chuck Yeager) 대위가 역사에 남을 마하 1.06으로 음속돌파를 했다.

공군의 프랭크 에베레스트(Frank Everest) 대령은 T-1이라는 새로운 압력복을 입고 1만8,288m의 기록적인 고도에 도달했다. 더 개선된 X-1 모델은 마하 2를 초과하고 고도 2만5,380m에 도달하기도 했다. 이 때 쯤 미 공군은 개선된 X-2를 개발하여 1956년 9월 3만8,430m의 고도에 도달했고, 조종사 밀번 앱트(Milburn Apt)가 마하 3에 도달했으나 비행기가 제어를 벗어나면서 조종사는 사망했다. 이러한 과정을 통해서 우주로 가는 길이 열리게 되었고 정규적인 우주여행을 가능하

X-15 로켓비행기

게 만든 우주 비행기 X-15가 등장하게 되었다.

우주공간을 날 수 있는 우주비행기의 개발계획은 1954년 NACA가 처음 수립했다. 우주비행기는 고도 80km 가까이에서 마하 6의 속도로 날도록 하는 것이 목표였다. 이 비행기는 이전의 로켓비행기와 같이 공중에서 발진되어 로켓 추진으로 상승하도록 되었다.

1954년 7월 NACA, 미 공군과 해군 위원회는 이 프로그램을 승인하고, NAA사와 1955년 11월까지 2만5,850kg의 추진력을 가진 모터와, 추진력(推進力)을 바꿀 수 있는 XLR-11 엔진을 갖춘 우주비행기의 개발을 계약했다.

후에 아폴로 11호로 달에 최초로 상륙한 닐 암스트롱(Neil Armstrong)이 포함된 시험비행사가 선정됐고, NAA사의 스콧 크로스필드(Scott Crossfield)가 첫 번째 시범비행을 하도록 했다.

최초의 X-15는 1958년 10월에 완성됐고, 같은 달 NACA는 NASA로 이름이 바뀌었다. 1959년 6월에는 크로스필드가 최초의 글라이드(glide) 비행을 했고, 같은 해 9월에는 마하 2로 최초의 비행을 했다. 1960년에 X-15는 마하 3의 속도와 4만1,450m의 고도를 달성했다. 새로운 XLR-99엔진이 소개됐지만 시험 점화 때 폭발하여 크로스필드가 사망할 뻔도 했다. 마하수와 고도는 계속 향상되어 1961년에는 마하 6.04와 6만6,150m의 고도에 도달했다. 1962년 7월 17일에는 공군 조종사 에드워드 화이트(Edward White)가 95km의 고도에 도달하여 진정한 우주인이 됐다. X-15의 고도 기록은 1963년 8월 NASA의 조 워커(Joe Walker)가 107.2km에 도달한 것이다.

이렇게 해서 X-15는 NASA의 아폴로 계획을 뒷받침하는 우주비행 기술을 시험하고 경험을 쌓는 역할을 했다. 1967년 10월 3일 피트 나이트(Pete Knight)는 변형된 X-15로 마하 6.70의 기록적인 속도를 기록했다. 그러나 11월 마이클 애덤스(Mike Adams)가 우주선이 스핀(spin)하면서 충돌하여 사망했다. X-15 프로그램은 1968년 10월 199번의 비행 후 종료되었다. X-15가 비행하는 동안 미 공군은 X-15 기술을 이용한 새로운 우주비행기인 X-20 다이나 소아(Dyna Soar)를 계획했으나 비용이 너무 많이 들어 취소되고, 미 공군의 유인궤도연구소(MOL)가 세워졌으나 이것도 1966년 취소됐다.

소련의 스푸트니크 발사

소련의 로켓 개발은 1930년대 초부터 시작되었다. 당시 레닌그라드에서는 가스동력학연구소(GDL)가 최초의 액체 추진 로켓 모터를 ORM1을 개발하고 있었고, 모스크바에는 반응추진연구그룹(GIRD)이 설립되었다. 그곳의 책임 공학자가 파일럿이면서 비행기와 글라이더의 설계사였던 코롤레프였다.

대공 미사일이 될 GIRD 9가 1933년 8월 17일에 발사되어 1.6km의 고도에 도달했고, 같은 해 11월에 발사된 액체 추진의 GIRD 10은 고도 4.9km에 도달했다. GDL과 GIRD가 과학로켓연구소(SRRI)로 통합되고 1939년에는 최초의 2단계 로켓이 발사됐다. 1945년에는 소련군이 피네뮨데에 진입하면서 인력을 포함해서 그곳에 있던 V-2 자원을 약탈하여 독일 기술을 융합시켰다. 그 후 2년 동안 소련에서는 독일이 전쟁 중에 생산한 것보다 더 많은 수의 V-2 로켓이 만들어졌다.

코롤레프는 소련형 V-2를 개발하는 임무를 맡아 T-1이라는 새로운 형태의 V-2 로켓을 만들었다. 이 로켓은 무게 77kg이 넘는 과학장비를 싣고 고도 100km에 도달할 수 있었다. 그 후에 만들어진 T-2

는 127kg의 화물을 싣고 200km의 고도에 오를 수 있는 중거리탄도 미사일(IRBM)이 되었다. 1955년에는 소련이 국제지구물리년(IGY) 1957~1958을 맞아 T-2로 고층 대기에 측정 로켓을 보내기로 했다. 소련은 또한 IGY를 위해서 지구 관측 위성의 발사 계획도 발표했다.

코롤레프는 2t의 화물을 싣고 고도 209km에 도달할 수 있는 위성 발사체인 T-3 개발에 들어갔다. R-7으로도 알려진 T-3는 소련 최초의 대륙간탄도미사일(ICBM)이었다. 1955년 소련은 철도와 연결은 되어있지만 오지였던 카자흐스탄의 초원 지대에 새로운 기지를 만들고 새 미사일의 화염흡입구가 될 수 있을만한 폐광의 굴 위에 발사장을 건설했다. 1956년 최초로 발사된 SS-6으로 알려진 로켓이 1957년 8월까지 50회 이상 발사되고 비행거리 1만6,000km 이상을 달성했다. 소련은 드디어 ICBM의 보유를 선언했다. 미국도 아틀라스(Atlas)라는 ICBM의 개발 계획을 가지고 있었으나 소련에는 많이 뒤져 있었다.

미국은 소련이 위성을 발사할 계획이라는 발표에 별 관심을 나타내지 않았고, 국제지구물리년(IGY) 위성인 뱅가드 위성을 순전히 민간 로켓에 실어 올려 보내는 계획을 추진했다. 폰 브라운이 이끄는 미 육군의 레드스톤 팀이 레드스톤 로켓을 위성 발사 능력을 갖도록 변형시켰지만 이 로켓은 군사용으로 개발됐고 대중에게 나쁜 인상을 준다는 이유로 과학적인 목적의 IGY 계획에는 참여시키지 않기로 했다.

그러던 중 1957년 10월 4일 코롤레프가 R-7 로켓의 코에 인공위성 스푸트니크를 실어 지구 궤도로 올려 보내자 미국은 충격과 공포에 휩싸이게 되었다. ICBM인 코롤레프의 R-7은 아주 간단하게 디자인 되었다. 1단계에는 다섯 개의 로켓이 힘을 합쳐서 로켓을 궤도에 올려놓기에 충분한 추진력을 얻게 했다. 이 미사일은 초속 7.99km로 날아 215km 상공 우주공간에 도달했다. 지름이 약 60cm, 무게가 83kg이고 네 개의 긴(3m) 안테나를 가진 은색의 구형체인 위성이 상단계에서 분리되었다. 이 위성은 후에 고도 939km에 이르고 적도를 65.1°의 기울기로 가로지르며 궤도를 돌았다. 지구를 한 바퀴 도는 궤도주기는 96분이었다. 스푸트니크 1호 위성과 함께 최초의 우주쓰레기가 된 로켓의 최종 단계와 화물 덮개(payload fairing) 등의 물체가 궤도를 돌았다. 모스크바 방송이 스푸트니크의 발사를 발표하자 세계는 놀랐고 당시 냉전 하에서 소련의 핵위협을 받고 있던 서방 세계는 공포의 분위기에 휩싸였다. 스푸트니크 위성은 1958년 1월 3일 지구대기로 진입하면서 소멸되었다.

1957년 11월에는 다른 코롤레프 R-7이 원뿔형의 스푸트니크 2호를 궤도에 진입시켰다. 이 위성은 무게가 7t에 달했다. 이 우주선의 고압 컨테이너 속에는 지구 궤도에 진입한 최초의 동물이 실려 있었

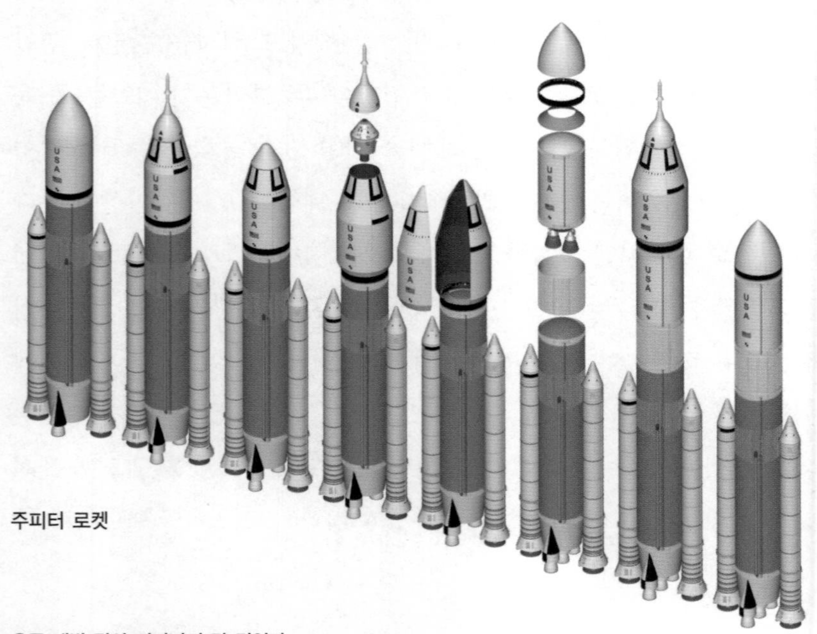

주피터 로켓

다. 라이카(Laika)라 불린 암컷의 개가 우주공간으로 올라갔으나 결국 은 일방통행으로 끝나고 말았다. 당시에는 위성이 대기권에 재진입한 후 회수할 수 있는 능력이 없었다. 이 위성에서는 개 짖는 소리와 함께 태양과 우주의 방사선, 그리고 지구 주위의 방사선 띠에 관한 정보가 지구로 전송되었다. 라이카는 온도가 40℃로 올라가는 좁은 공간에서 발작을 일으켜서 산소가 떨어지기 전에 사망하여 우주에서 사망한 최초의 지구생명체가 되었다. 이 위성은 1958년 4월 14일 지구 대기로 재진입했다.

미국의 도전

7t 이상의 소련이 만든 물체가 지구를 선회하고 있는 가운데 미국은 오래 기다렸던 무게 1.35kg의 뱅가드 위성 발사를 준비했다. 궤도에 진입시킬 수 있을지도 확실치 않은 가운데 작은 크기의 위성인 뱅가드는 완성된 형태로 충분한 시험을 거치지도 못한 상태에서 1958년 12월 발사되었다. TV로 생중계된 가운데 발사된 연필 모양의 뱅가드는 지상에서 1.2m를 올라가서는 다시 지상으로 떨어져 검은 연기를 내면서 폭발해 버렸다. 그러나 작은 위성은 손상되지 않고 튕겨져 나갔고, 현재는 미국의 수도 워싱턴DC에 있는 국립항공우주박물관(NASM)에 전시되어있다. 언론에서는 이 사건을 크게 비아냥거렸고 이 실패를 아주 수치스런 일로 치부했다.

자존심이 상한 미국은 폰 브라운에게 그가 개발한 로켓인 주피터(Jupiter)C로 명예를 회복시켜줄 것을 주문했다. 1958년 2월 1일에 무게 13kg의 익스플로러(Explorer) 1호 위성이, 폰 브라운이 레드스톤 로켓을 발전시켜 개발한 주피터C 로켓의 상단에 실려 성공적으로 궤도에 진입했다. 이 위성은 궤도의 원지점인 2,548km에 도달하여 우주선(宇宙線) 측정으로 지구가 복사대로 둘러싸여 있음을 처음으로 알아냈다. 1962년까지 13개의 익스플로러가 발사되어 지구복사대, 자기장, 태양 플레어(flare), 전리권, 감마선, 그리고 미소운석(微小隕石)의 관측연구를 계속했다. 익스플로러 시리즈는 오늘날에도 계속되고 있다.

1958년 3월 17일에는 여러 번의 실패 끝에 뱅가드1 위성이 성공적으로 발사되었다. 초기의 위성 발사는 미·소 공히 실패를 거듭했다. 1957~1959년 사이 51개가 발사되었으나 27개가 실패했다. 미국은 18개를 성공시켰으나 20개를 실패했고, 소련은 6개를 성공시키고 7개를 실패했다.

1960년까지 소련은 달과 행성을 겨냥한 발사와 인간의 우주비행 준비를 위한 발사를 한 반면, 미국에서는 우주응용을 목적으로 한 발사가 이루어졌다. 오늘날의 통신, 기상예보, 지구관측, 항해, 군사 목적 등에 위성을 응용 할 수 있는 것은 초기 우주시대의 위성이 이러한 응용의 길라잡이 노릇을 해주어서 가능하게 되었다.

제 3 장

초기의 우주개발

현재까지 우주비행 도중에 사망한 우주인의 수는 18명이다. 소련의 소유즈 1호 조종사가 지구로 귀환할 때 낙하산이 작동하지 않아 숨졌고 소유즈 11호 승무원 3명은 지구로 귀환 도중 우주선의 압력이 낮아져서 모두 사망했다.

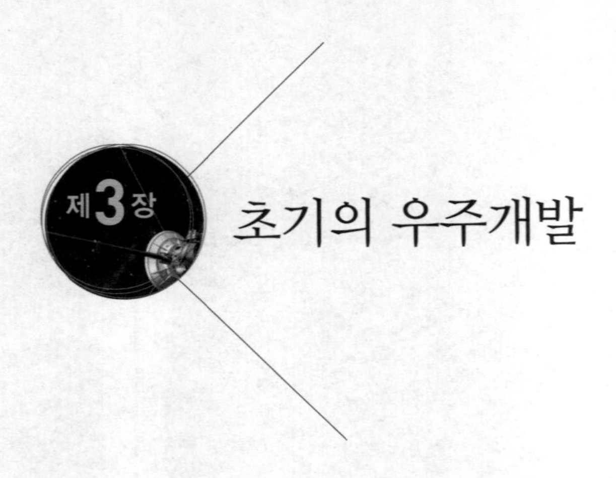

초기의 우주개발

미국과 소련에서 개발된 로켓이 인공위성을 지구궤도로 올리고 작은 우주선이 지구 중력을 벗어날 수 있게 되면서 지구 궤도를 도는 우주공간에서 지구와 우주를 관측할 수 있게 되었다. 또한, 우주에서 각종 과학 실험이 시도되며, 여러 가지 새로운 발견이 이루어졌다. 동시에 우주의 실생활 활용도 본격적으로 이루어지기 시작해 우주가 우리의 일상생활에 깊숙이 파고들게 되었다.

지구관측 위성

대부분의 초기 위성들은 국제지구물리년(IGY)의 목적을 위해서 발사되었다. IGY는 1957년 7월에서 1958년 12월까지의 기간으로 이 기간 동안 여러 나라가 협력해서 위성을 통해서 태양이 지구에 미치는 영향을 연구했다. 궤도에 올려진 최초의 위성들은 많은 수가 IGY를 위한 과학위성으로 스푸트니크 1과 2호도 태양 자외선과 X선 그리고 우주선을 측정하는 센서를 싣고 있었다.

1958년 익스플로러 1호 위성은 우주과학에서 가장 위대한 발견을 했다. 미국 아이오와대학의 제임스 반 알렌(James Van Allen)이 이끄는 팀이 고안한 탐지기가 높은 에너지를 가진 양성자와 전자가 지구 자기장에 붙잡혀서 지구 상공 950km에 복사대를 형성하고 있음을 발견했다. 1958년 후반에 파이어니어3 우주선은 더 높은 곳에 있는 두 번째의 복사대를 발견했다. 지구 반지름의 10배 크기로 지구를 둘러싸고 있는 전자와 양성자는 자력선을 따라 남북반구 사이를 왕복 진동하고 있었다.

1959년에는 3대의 소련 루나 우주선과 미국의 파이어니어 4호가 지구 자기와 상호작용을 일으키는 복사의 흐름인 태양풍(solar wind)을 발견했다. 태양풍은 태양에서 방출되는 높은 에너지를 가진 양성자와 전자 같은 전리된 입자들로 지구의 남북극에서 오로라(aurora)를 일으킨다. 태양은 생각보다 훨씬 더 활동적인 항성으로 많은 태양풍 입자를 쏟아내는 것으로 나타났다. 태양풍의 전리된 입자들이 지구의 자기장을 물방울 모양을 가진 자기권(磁氣圈, magnetosphere)을 형성하게 하는 것으로 밝혀졌다. 지구 자기권의 분포도도 그려졌다. 태양풍은 태양을 향한 쪽의 지구 자기장을 때려서 활모양충격파(bow shock)라 불리는 충격파를 형성하게 한다. 활모양충격파내에는 혼란스러운 전리 영역인 자기권외피층(magnetosheath)이나 자기권계면(磁氣圈界面, magnetopause)이 있다. 그 반대쪽의 지구에는 마치 배가 지나간 후 물의 자국이 남듯이 자기권이 먼 거리까지 뻗어있다.

우주 시대가 개막되고 초기 5년 동안에 여러 개의 과학위성이 지구 주변 공간 환경을 탐사하기 위해서 발사되었다. 특히 미국의 익스플로러 위성들은 이온층, 대기 밀도, 지구자기장, 감마선, 유성체, 그리

루나 1호 달 탐사선

고 우주선 등을 관측했다. 우주선은 수십 광년 밖에 있는 초신성이 폭발할 때 방출되어 지구로 들어오는 높은 에너지의 원자핵 입자들이다. AOSO와 같은 태양 전용 관측 위성이 태양의 동역학을 자세히 관측하기도 했다.

소련도 비록 종류가 다양하지는 않지만 익스플로러와 비슷한 위성을 발사했다. 1958년 5월 15일 발사된 스푸트니크 3호는 초기에 과학적인 임무를 띠고 발사된 위성 중 하나이다. 이 위성은 자기계, 태양으로부터 날아오는 입자 복사를 기록하기 위한 광강화기(light intensifier), 광자기록장치 등을 싣고 이온, 원자, 우주선, 미소(微小)운석체 등을 측정했다.

초기의 달 탐사

인간이 탐사한 최초의 천체는 달이었다. 스푸트니크 1호가 발사된 지 9개월이 지난 1958년 7월 소련은 390kg 무게의 구형체를 달로 보내려는 시도를 했으나 실패했다. 그 후에도 소련은 6번이나 같은 시도를 했지만 모두 성공하지 못했다.

미국은 1958년 8월에 파이어니어 1A을 달로 발사했다. 38kg짜리의 이 우주선은 역추진 로켓을 갖추고 달 궤도를 돌면서 달 표면의 최초 영상을 찍을 예정이었다. 그러나 이 우주선을 실은 로켓이 케이프 커내버럴에서 발사된 지 77초 만에 폭발하고 말았다. 같은 해 파이어니어 1B와 2가 잇따라 발사되었으나 지구를 벗어나는데 필요한 속도를 얻지 못하여 지구로 떨어지고 말았다. 그래도 파이어니어 1B는 처음으로 11만3,854km의 높이까지 상승하는데 성공했다. 이어서 1958년 12월에는 5.87kg의 작은 파이어니어 3호가 달을 근접 비행할 목적으로 발사됐으나 높이 10만2,333km에 도달한 후 지구로 떨어졌다.

소련은 1959년 1월 2일에 달 탐사선 루나 1호를 성공적으로 발사했다. 이 우주선의 목적은 달 표면에 충돌하는 것이었으나 달을 약 5,995km의 거리로 비켜서 태양 궤도로 들어가 최초의 인공 행성이 되었다. 같은 해 3월 3일 발사된 파이어니어 4호도 달을 거리 6만km로 비켜서 태양 궤도에 진입했다. 그 해 9월 2일에 발사된 소련의 루나 2호는 발사 다음날 달 표면의 아르키메데스(Archimedes) 크레이터 근처에 충돌하여 데이터 전송이 갑자기 끊겼다. 루나 2호의 비행은 지구에서 날아간 우주선이 최초로 달과 접촉한 것으로 역사적인 사건이었다.

1959년 10월 4일에 발사된 무게 278kg의 루나 3호는 지구 궤도를 멀리 돌아 비행하면서 달의 뒷면 사진을 지구로 전송해서 그 모습을 우리에게 처음 알리는 놀라운 업적을 이루었다. 루나 3호는 달로부터 6만5,200km의 거리에서 달의 뒷면을 40분 동안 촬영하여 29장의 사진을 지구로 보냈다. 이 사진 영상은 전에는 보지 못했던 달 뒷면의 70%를 최초로 보여주었다. 이 영상은 아주 선명하지는 않았지만 달 뒷면에 전면보다 더 많은 크레이터가 있음을 보여주었다. 그 후 1964년까지 14번의 달 탐사 시도가 있었으나 모두 실패했고, 1964년 7월 28일에 발사된 미국의 레인저 7호가 성공을 거두었다. 1966년 2월에 발사된 소련의 루나 9호는 첫 번째로 달에 연착륙하여 달 표면에서 찍은 사진을 지구로 전송했다. 그 이후에도 미국은 1969년 달의 유인 탐사를 위한 준비 작업으로, 소련은 달의 과학적인 데이터의 수집을 위한 목적으로 달 탐사를 계속했다.

우주의 실생활 활용

1960년대 초부터 위성들이 우리의 실생활을 위해서 발사되기 시작했다. 1960년 4월 1일 미국이 지구관측 위성 티로스(Tiros)를 발사했다. 티로스는 원통형 몸체에 실리콘 태양 발전판을 덮어 태양 에너지로부터 전기를 일으키도록 했다. 티로스의 비디콘 카메라는 지구 영상을 지구로 전송하여 일기 예보와 태풍의 예보 등을 할 수 있게 했다. 같은 달 미국은 네이비트랜지트(Navy Transit) 1B 위성도 발사했는데 이 위성은 삼각 측량을 사용하여 배와 잠수함에 약 150m의 정확도로 위치를 알려주는 항해용 위성이었다.

미국은 1962년 7월 10일에 최초의 통신위성인 텔스타(Telstar)를 발사하여 우주 활용의 길을 열었다. 텔스타는 최초로 미국의 TV 생방송을 유럽에서도 볼 수 있게 하여 통신에 혁명을 일으켰고, 후에 지구 상공 고정된 곳에서 궤도를 도는 정지 위성의 함대를 낳는 계기를 마련했다.

미국은 카메라를 갖춘 위성을 개발하여 군사목적으로 발사했다. 미 공군은 군사 목적의 디스커버러(Discoverer)라는 계획을 세우고 이를 과학위성이라고 가장하여 발사했다. 이 위성에 실린 카메라는 10m의 해상도로 지상의 물체를 식별할 수 있었다. 위성이 임무를 끝낸 후에는 캡슐을 지구 대기로 떨어트려 태평양에서 비행기에 매단 그물망으로 이를 회수하게 했다. 1960년 8월에 디스커버러 13호 위성이 낙하 후 회수되었는데 이것이 우주에서 원래의 모습대로 되돌아 온 최초의 위성이 되었다. 그러나 이 위성에는 필름이 실려 있지 않았고, 최초의 필름이 회수된 것은 디스커버러 14호로 이 필름은 당시 소련을 비롯한 다른 나라들의 군(軍) 비행장의 상세한 정보가 실려 있었다.

우주로 간 동물

지구 궤도에 진입한 최초의 생물은 1957년 스푸트니크 2호에 실려 지구 궤도로 올라간 러시아의 개, 라이카이다. 그러나 이 개는 우주에서 사망하고 말았다. 라이카 이전에도 준궤도(準軌道, sub-orbit)에는 여러 동물들이 올라갔지만 모두 죽었다.

인간의 우주여행을 위해서는 우주에서 동물의 생리적인 효과를 먼저 파악해야만 했으므로 많은 수의 동물이 우주로 보내졌다. 미국에서 로켓으로 우주비행을 최초로 한 동물은 1948년에 빨간털 원숭이 앨버트1이다. 이 원숭이는 마취된 뒤에 뉴멕시코 주 화이트샌즈에서 V-2 로켓의 머리코 부분에 실려서 발사됐다. 비행이 끝날 때 낙하산의 결함으로 로켓의 코가 땅에 충돌하여 원숭이는 죽고 말았다. 1949년 6월 133km에 도달한 앨버트2와 1950년에 다른 두 마리도 같은 운명을 맞았다. 다섯 번째이고 마지막 V-2 로켓 동물 실험은 1950년 8월에 실행되었는데, 이때에는 마취되지 않은 쥐가 살아서 착륙했다.

1950년 4월에는 세 번의 에어로비 로켓 발사 실험이 뉴멕시코 주의 공군 기지에서 시작되었다. 이 로켓으로 생쥐와 영장류 동물을 비행시켰는데 그 가운데는 1951년 9월 80km를 시속 5,150km의 속도로 비행하게 하여 무중력을 2분 동안 경험하게 하기도 했다. 이 동물들이 우주비행에서 최초로 생환한 동물이 되었다. 에어로비 비행은 두 마리의 쥐와 두 마리의 원숭이가 함께 우주로 보내져서 가속과 무중력효과를 기록한 1953년 5월 22일까지 계속되었다.

우주로 간 앨버트1

1949년 소련도 193km의 고도에 도달할 능력을 가진 미티오(Mitio)라 불리는 지구물리학 로켓을 개발하여 1951년에 카스피 해 북쪽에 있는 카푸스틴야르(Kapustin Yar)에서 로켓의 코 뿔에 개를 실어 보낸 후 회수하는 최초의 미티오 생물학적인 임무를 수행했다.

미 공군은 1958~1959년에 변형된 주피터 미사일에 동물을 실어 비행시켰다. 1958년 12월에 다람쥐원숭이가 발사됐으나 준궤도 비행 후 캡슐이 충돌하여 죽었고, 1959년 5월에는 다람쥐원숭이 두 마리가 483km에 도달한 후 생환했으나 그 중 한 마리가 마취의 부작용으로 사망했다.

NASA는 1959~1960년 머큐리 계획으로 침팬지를 활용한 일련의 시험 비행을 했다. 빨간털 원숭이 암수 한 쌍이 이 비행에서 수컷은 88km에 도달했고 암컷은 14km를 비행했다.

소련은 유인 비행을 위한 준비로서 1960년 높은 고도에서 로켓을 탈출하는 보스토크 탈출 좌석을 시험했고, 두 마리의 압력복을 입은 차이카(Chaika)와 리시츄카(Lisichka)라는 두 마리 개를 고도 85km와 483km에 각각 도달시켰다. 그 이전에도 발사 때 폭발이 일어나서 보스토크가 파괴되고 두 마리의 개가 죽기도 했다. 1960년 8월에는 스푸트니크 5호가 발사되어 개가 궤도에서 역추진으로 안전하게 착륙한 최초의 동물이 되었다.

그러나 스푸트니크 6호에 실린 두 마리의 개들은 대기에 재진입 때

불에 타서 죽는 불행을 맞기도 하였다. 스푸트니크 7과 8호가 1961년 3월 우주인이 궤도 한 바퀴를 도는 비행의 최종 연습으로 두 마리의 개를 싣고 발사되었다. 이렇게 해서 최초의 소련의 유인 우주비행 준비가 끝나게 되었다.

그 후에도 아폴로 11호의 쥐, 개구리, 거북이, 가지복(toadfish), 귀뚜라미 등을 포함해서 여러 종류의 동물이 연구를 목적으로 우주로 발사됐다. 1963년 10월에는 고양이가 알제리에서 프랑스의 베로니크(Veronique) 로켓에 실려 발사되어 193km의 고도에 도달한 후 안전하게 회수되기도 했다.

미국의 유인우주선 머큐리 계획

43년의 역사를 가진 미국의 국립항공자문위원회(NACA)가 1958년 9월 항공우주국 NASA로 개편되면서 주어진 최초의 임무는 미국 최초로 유인우주선을 만드는 머큐리 계획이었다. 그 1년 후에는 수백 명의 군인들 중에서 최초로 7명의 머큐리 조종사가 선발되었다. 이 조종사들은 비행을 하기도 전에 유명인사가 되었다. 그들은 번쩍거리는 장갑 옷을 입고 우주라는 냉전의 전장에서 싸우는 기사와 같은 대접을 받았다. 당시 미국의 발사체 추진력은 낮아서 우주 캡슐이 작았기 때문에 우주인들은 캡슐에 들어가는 게 아니라 캡슐을 입는다는 농담이 나올 정도였다. 그럼에도 불구하고 머큐리는 보스토크보다 기술적으로는 더 앞서 있었다. 머큐리는 하체의 최대 지름이 1.85m이고 높이가 2.76m였다. 발사 때 무게는 1,351kg이었다. 바닥은 피복(ablative) 방열판으로 덮었고 재진입하는 동안에는 방열판이 돌진하는 방향을 향하도록 조절하여 대기와의 마찰열을 감당하게 하였다.

고체 추진 역 로켓이 방열판에 부착되어 재진입 때 작동하도록 했다. 우주인 전면에는 우주선의 방향 조정, 내비게이션, 환경과 통신을 위한 장치인 수백 개의 디스플레이 콘솔이 놓였다. 우주선은 잠망경을 갖추고 4각형의 창문을 달고 있었다.

머큐리 캡슐의 자세는 우주선의 여러 군데에 설치된 열 개의 제어 추진기(control thrusters)에서 과산화수소 가스를 짧게 분사시켜서 변화시키고 조정하게 되어있다. 조정 명령은 비행기에서와 같이 조이스틱(joystick)으로 하게 되어있다.

머큐리는 발사 때 비상 탈출 시스템으로 비상시 폭발하여 우주인이 탈출할 수 있게 해 주는 덮개(hatch)가 설치되어 있었다. 머큐리는 보조낙하산(drogue)과 주 낙하산을 이용해서 바다로 내려앉는데 착륙의 충격을 덜어주기 위해서 착륙용 백(bag)을 사용한다. 최초의 유인 비행 이전인 1959년부터 시작된 일련의 시험비행을 통해서 여러 가지 머큐리 시스템을 위해서 많은 시험이 이루어졌다.

소련의 유인우주선 보스토크

소련은 최초의 인공위성을 지구로 올려 보내기 전인 1956년부터 유인우주선을 디자인하기 시작하여 1959년에는 최초의 유인우주선인 코라블 스푸트니크(Korabl Sputnik)의 디자인을 마무리 했다. 이 우주선이 후에 보스토크로 알려졌다. 4.73t의 무게를 가진 보스토크 우주선은 길이가 4.4m이고 지름이 2.43m이다. 우주인은 무게가 2.46t이고 지름이 2.3m인 구형의 모듈에 실려 비행했다.

이 우주선의 좌석은 낙하산으로 내려와도 초속 10m의 위험한 속도로 충돌할 수도 있는 우주선에서 안전하게 탈출할 수 있도록 만들어

보스토크 우주선

졌다. 실제로 우주인은 초속 5m의 속도로 착륙했다. 탈출 좌석은 발사가 실패해도 탈출할 수 있게 되어 있었다.

보스토크 비행은 아주 단순해서 우주인은 시험비행사보다는 여객에 가까웠다. 객실에는 여러 가지 편의시설과 밖을 내다볼 수 있는 작은 창문이 갖추어져 있었다. 우주인은 조종석의 안전대를 풀고 위로 조금 떠다닐 수 있는 충분한 공간이 있었다. 이 캡슐의 외부 열차단벽은 대기권 재진입 때 열을 흡수한 후 떨어져 나가서 타버리게 되었다.

하강 비행 모듈 밑에는 장비 모듈이 붙어있다. 무게 2,270kg의 장비 모듈은 길이가 2.25m이고 최대 지름이 2.43m로 우주인의 생명유지를 위한 산소와 질소를 공급한다. 모듈의 바닥에는 재진입 때 우주선의 속도를 줄여주는데 필요한 역추진 로켓이 달려있다.

보스토크는 역추진 로켓이 실패했을 때를 대비해서 10일 안에 중력과 대기의 마찰력이 자연적으로 재진입을 해주기에 충분한 저궤도로 발사되었다. 1,610kg의 추진력을 가진 로켓은 순간 점화장치를 필요로 하지 않는 질소4산화제와 아민산 계열의 연료를 45초 동안 점화하여 궤도 속도를 초속 155m로 줄여준다.

보스토크에 인간이 타기 전에 몇 번의 시험을 거쳤다. 1960년 5월 바이코누르(Baikonur) 기지에서 최초의 보스토크가 발사되기 전인 1959~1960년 사이에 세 번의 발사 실패가 있었으나 이것들은 모두 스푸트니크 4호로 위장되었다. 여기에는 우주복을 입힌 우주인 모형이 실렸다.

소련의 인류 최초 우주비행

소련이 1961년 4월 12일 보스토크1 우주선으로 가가린 공군 대위를 궤도로 발사하여 전 세계를 열광시켰다. 그러나 이 여행이 순조롭지만은 않아서 캡슐이 지구 대기로 재진입하는 과정에서 이 우주인은 거의 사망할 뻔 했다. 보스토크1의 역추진 로켓이 40초 동안 분사했지만 계기 부분이 가가린의 구형 캡슐에서 분리되지 않았다. 우주선은 회전하기 시작했고 대기권으로 재진입이 시작되면서 우주선은 부서지는 소리와 함께 외부가 붉은 색의 고열로 변해갔다. 우주선은 통제 불가능한 상태가 되어 분해될 위기에 처하기도 했다. 그러나 다행스럽게도 열이 캡슐과는 차단되어 재진입은 성공했고 가가린은 우주선에서 탈출하여 착륙예정지에 낙하산으로 착륙했다.

소련의 우주인 티토프

1961년 8월에 6일는 소련이 걸만

티토프(Gherman Titov)를 보스토크2 우주선에 실어 발사했다. 그 때 티토프의 나이는 25세로 그는 현재까지도 가장 젊은 우주인으로 남아있다. 티토프는 소련의 착륙 지점이 낮 시간대이어야 하기 때문에 궤도를 17번 선회하는 동안 1일간을 궤도에서 지냈다. 티토프는 귀환 후 영웅 대접을 받았다.

1962년 8월에는 소련이 두 명의 우주인을 우주에서 만나게 하는 획기적인 업적을 이룩했다. 보스토크의 안드리안 니콜라예프(Andriyan Nikolayev)가 8월 11일에 먼저 발사됐고, 하루 뒤에 파벨 포포비치(Pavel Popovich)가 보스토크4로 발사됐다. 이 두 우주선은 그들의 궤도가 일치할 때 서로 5km 내로 접근 통과했다. 그러나 이 비행은 엄밀히 말해서 두 개의 독자적인 조종능력을 가진 우주선이 궤도를 변화시켜 랑데부한 것은 아니었다. 이 비행에서 니콜라예프는 유인 우주비행기록을 4일 가까이로 늘렸다.

보스토크로 우주인의 비행은 계속되어 1963년 6월 16일에는 발렌티나 테레슈코바(Valentina Tereshkova)가 보스토크6에 실려서 우주에 올라간 최초의 여인이 되었고, 이틀 전에 궤도로 올려진 발레리 바이코브스키(Valeri Bykovsky)가 타고 있는 보스토크5와 수 km로 가까이 접근하는 짧은 랑데부를 했다. 우주인이 되기 전 목화공장 노동자면서 아마투어 낙하산 전문가였던 테레슈코바는 비행 기간 거의 대부분 시간 아팠고 그래서 계획보다 더 일찍 내려오게 되었지만 소련에서는 영웅이 되었다. 반면 바이코브스키는 5일이라는 당시까지는 가장 긴 단독 우주비행 기록을 세웠다.

미국의 최초 우주인

미국은 1961년 1월 머큐리 레드스톤2가 침팬지를 태우고 준궤도 비행을 성공시킨 후 해군의 앨런 셰퍼드(Alan Shepard) 대령을 우주로 보내 그를 최초로 우주로 진출하는 사람으로 만들 계획이었다. 그러나 워너 폰 브라운이 인간을 보내기 전에 다른 머큐리 레드스톤 무인 시험 비행이 필요하다고 주장하여 그의 비행은 늦춰졌다. 셰퍼드가 탐승했을 이 준궤도 비행은 1961년 3월에 이루어졌다. 그로부터 19일 후에 소련의 가가린이 발사되었고 최초 우주인의 영예는 그에게 돌아갔다. 가가린은 준궤도가 아니라 지구궤도를 돌았다.

우주인 셰퍼드를 태운 프리덤7 캡슐은 1961년 5월 5일 케이프커내버럴 7번 발사장에서 발사되었다. 미국 최초의 우주인이 된 셰퍼드는 준궤도를 15분 28초 동안 완벽하게 비행했다. 셰퍼드의 우주비행이 짧기는 했지만 우주선은 뜻대로 조종되고 모든 시스템은 잘 작동했다. 그는 바다에 떨어진 후 헬리콥터로 회수됐다. 소련의 발사 때와는 달리 셰퍼드의 비행은 TV로 생중계됐고, 셰퍼드는 국가적 영웅으로 당시 케네디 대통령으로부터 훈장을 수여받았다.

지구궤도 비행을 하기 전에 머큐리 우주인들에게 경험을 쌓게 하기 위해서 세 번의 준궤도 비행이 계획되어 셰퍼드 다음으로 거스 그리섬(Gus Grissom)과 존 글렌(John Glenn)이 예정되었다. 그리섬은 1961년 7월 21일 리버티벨(Liberty Bell)7로 15분 37초 동안의 비행을 성공적으로 마쳤다. 리버티벨은 바다에 내려앉을 때까지는 성공적이었다. 그러나 그 후에 문제가 생겼다. 그리섬이 헬리콥터로 회수되기 위해서 캡슐의 해치를 열고 나갈 준비를 할 때 폭발이 일어나면서 캡슐 내로 물이 들어오는 사고가 일어났다. 그리섬이 뛰어내리기는 했으나 그가

미국의 우주인 셰퍼드

우주복에 연결된 호스를 막는 것을 잊어버려서 거의 익사할 뻔 했다. 화가 난 그리섬은 헬리콥터에서 그를 찍는 사진사를 보고 화를 내기도 했다. 또한 그가 구조를 요청하는 몸짓을 헬리콥터 조종사는 모든 것이 잘되고 있다는 제스처로 잘못 알았다. 헬리콥터가 밧줄로 그를 바다 밑 10m에서 끌어올렸으나 물이 찬 캡슐은 대서양 밑으로 가라앉았다. 그리섬이 공식적으로는 이 사건에 대해서 비난을 받지는 않았지만 이 일의 불명예는 그와 함께 했다. 리버티벨7은 40년 후에 회수되었으나 이 때에는 그리섬이 살아있지 않아 그가 이것을 직접 보지는 못했다. 이 사건 이후에 세 번째의 레드스톤 준궤도 비행은 취소되고 글렌이 최초의 궤도비행에 지명되었다.

최초의 머큐리 우주인 궤도비행 전에 궤도를 한 번 도는 로봇우주인 시험비행이 아폴로 계획이 발표되기 약 3주 전인 1961년 9월에 두 번에 걸쳐서 성공적으로 이루어졌다. 같은 해 11월에는 침팬지를 태우고 궤도를 두 번 도는 비행도 이루어졌다. 이제 글렌이 역사적인 궤도비행을 할 준비가 되었다.

소련의 티토프의 궤도 17번 선회에 대한 미국의 대응은 궤도를 세 번 도는 것이다. 글렌에 의해서 프렌드십(Friendship)7로 명명된 캡슐은 1962년 2월 20일 아틀라스 ICBM에 의해서 궤도로 발사됐다. 글렌은 기기를 자동과 수동으로 조종해 가면서 여러 방법으로 우주선의 기동성을 시험했다. 글렌이 대기 속으로 재진입하면서 우주선의 온도가 올라가고 통신이 두절되기도 했으나 다시 접촉이 이루어지고 글렌은 5시간의 비행 끝에 대서양에 내려앉았다. 글렌은 우주선을 타고 지구 궤도를 세 바퀴 선회한 최초의 미국인이 되었다. 이 일로 그는 국민적 영웅이 되었고 후에 뉴욕에서 성대한 가두 행진을 했고 상하 양원 합동회의에서 연설을 하는 등 유명세를 탔다. 그는 후에 정치가로 변신하여 상원의원을 지냈고 대통령에도 출마했다. 1998년에는 77세의 나이로 우주왕복선에 탑승하여 우주비행을 한 가장 나이 많은 사람이 되었다.

글렌 다음의 머큐리 우주인인 스캇 카펜터(Scot Carpenter)가 1962년 5월 20일에 오로라7을 타고 두 번째로 궤도를 세 번 도는 비행을 했다. 그러나 카펜터에게는 글렌과 같은 행운이 따르지 않았다. 그는 여러 가지 실험을 하는 등 바쁜 비행을 했음에도 불구하고 우주선의 역추진 점화와 재진입이 계획대로 되지 않아 예정된 장소에서 400km나 지나서 착륙하는 어려움을 겪었다. 이 일로 카펜터는 다시 우주비행을 하지 못했다. 다음번 조종사인 월리 쉬라(Wally Shirra) 2세는 시그마(Sigma)7로 1962년 10월 3일 비행을 시작하여 약 여섯 번 궤도를 돌았다. 그의 비행에서는 어떤 자세 변동 추진제도 사용하지 않아서 교과서적인 임무의 비행을 했다. 1963년 5월 15일 머큐리 계획으로는 여섯 번째이고 마지막으로 고든 쿠퍼(Gordon Cooper)가 페이스(Faith)7이라 명명된 캡슐로 하루보다 긴 시간 지구를 선회하여 미국 비행시간 기록을 세웠다. 1급 조종사인 쿠퍼는 여러 시스템의 고장에도 불구하고 임무를 성공적으로 마쳤다. 그는 34시간 동안 22번 궤도를 선회한 후 수동조작으로 재진입하여 태평양의 미 해군 수거 군함 가까이의 목표지점에 착륙했다. 이 비행 후 NASA의 유인비행은 제미니(Gemini) 계획으로 옮겨가서 유인비행은 달을 목표로 하게 되었다.

머큐리 계획은 인간이 지구궤도를 성공적으로 돌게 했으며 위성의 추적과 조종에 관한 탐구와 무중력을 비롯해서 여러 우주 비행에 관련된 생물의학적인 문제를 푸는데 큰 역할을 했다.

소련 우주인의 최초 우주유영

1964년 미국이 유인 우주선 제미니 계획을 세우자 소련은 이에 대항해서 세 명의 우주인을 우주로 보내기로 했다. 그러나 소련은 세 명의 우주인을 태울 우주선이 없었다. 그래서 1인용인 보스토크가 세 명을 태우도록 변형되었다. 무인 시험비행이 10월 6일에 이루어졌고 10월 12일에는 역사상 가장 위험한 유인 우주비행이 시작되었다.

우주선의 무게가 5,400kg으로 증가했다. 세 명의 우주인이 나란히 누워있도록 하기 위해서 그들의 우주선인 보스코드(Voskhod)는 대부분의 부속물들을 털어냈다. 그래서 우주인들의 탈출좌석이 없어서 발사실패 시 탈출할 방법이 없었다. 그들은 또한 우주복 대신 운동복을 입고 있었기 때문에 우주에서 공기압이 내려가면 죽을 수밖에 없었다.

탈출 장치를 갖추지 않아서 캡슐 안에서 착륙을 해야 하기 때문에 우주선은 연착륙용 역추진 로켓을 갖추고 있었다. 이 로켓은 착륙 직전 점화되어 착륙 속도를 초속 약 0.2m로 줄였다. 6일 전에 무인 시험 비행 후 1964년 10월 세 명의 우주인을 태운 보스코드가 성공적으로 발사됐다. 이들은 움직일 공간이 거의 없었으므로 비행 중 거의 하는 일 없이 지내다가 계획대로 하루가 지난 후에 지구로 귀환했다. 소

소련의 우주인 레오노프

련이 우주 경쟁에서 앞서 있다는 선전 효과를 얻은 셈이다.

소련 우주인은 최초의 우주유영에 성공하는 쾌거를 이룩했다. 1965년 3월 18일 우주인 레오노프(Leonov)가 우주선 밖을 떠다니면서 우주에서 움직임을 조종했다. TV 카메라가 촬영하여 승리감에 취해있는 소련 국민에게 그림을 중계하는 가운데 약 20분 동안 유영 후에 레오노프는 약 20분 동안 우주유영을 했다. 레오노프의 우주유영은 우주 개발에 있어 주요 업적 중 하나로 여겨지고 전 세계의 매체들을 열광시켰다. 레오노프와 선장은 역 추진에 문제가 생겨서 목표지점에서 상당히 떨어진 눈 덮인 산림에 낙하산으로 착륙했다. 착륙 후 그들은 늑대를 피하기 위해서 착륙선 내에 한참 머물러 있다가 나와서 캠프파이어를 피워놓고 구조를 기다렸다.

인간의 우주 비행과 참사 희생

1961년 가가린이 보스토크1 우주선을 타고 지구궤도를 선회하는 것으로 시작된 인간의 우주비행은 지금까지 모두 35개국에서 456명의 우주인이 우주여행을 하고 돌아왔다. 현재 인간을 우주로 보낼 수 있는 능력을 가진 나라는 러시아, 미국, 그리고 중국뿐이다. 그러나 미국이 우주왕복선의 운행을 종료함에 따라 우주로의 비행은 당분간 러시아의 소유즈와 중국의 선저우(Shenzhou, 神舟)에만 의존하게 되었다. 미국은 앞으로 상업적인 우주선으로 2010년 6월 처녀비행을 한 스페이스(Space)X사의 팰컨(Falcon)9로 우주인을 국제우주정거장(ISS)으로 실어 나를 계획으로 있다. 일반인의 우주관광을 위한 우주선의 개발도 여러 사설 우주 관련 회사들에 의해서 추진되고 있어 앞으로는 운송 수단이 다양화 될 것으로 전망되고 있다.

그동안 배출된 우주인의 수는 미국이 가장 많은 287명, 소련과 러시아가 96명으로 그 다음이다. 이어 독일, 프랑스, 캐나다, 일본, 이탈리아, 중국 등이 3명 이상의 우주인을 탄생시켰다. 우주인을 배출한 국가들 중에는 한국을 비롯해서 몽골, 베트남, 쿠바, 아프가니스탄 등 우리보다 경제력이 뒤지는 국가들도 포함되어 있다. 한국은 2008년 이소연이 러시아의 소유즈 우주선으로 국제우주정거장에 10일간 다녀와서 우주인 배출국가에 합류했다.

가장 긴 우주비행 기록은 437일로서 소련의 발레리 폴리아코프(Valeri Poliakov)가 세웠고, 미국의 칼 왈즈(Carl Walz)와 댄 버슈(Dan Bursch)가 195일 동안 비행했다. 미국의 섀논 루시드(Shannon Lucid)는 188일을 비행했다. 러시아의 세르게이 아브데예프(Sergei Avdeyev)는 세 번의 비행으로 748일을 우주에 체류했고 왈즈는 네 번에 230일, 그리고 루시드는 5번에 223일을 우주 비행했다.

세계 최초의 여성 우주인은 소련의 테레슈코바이다. 그녀는 1963년 6월 보스토크6을 타고 총 2일 22시간 50분간 우주비행을 했다. 당시 그녀의 나이는 26세였다. 미국은 소련보다 20년 뒤인 1983년 물리학자 샐리 라이드(Sally Ride)가 우주왕복선 챌린저를 타고 우주에 다녀와서 미국 최초의 여성우주인이 되었다. 한국은 이소연이 최초의 우주인이면서 최초의 여성우주인이다.

그동안 유인 우주비행은 성공적으로 이루어졌지만 항상 위험을 안고 있었다. 우주인들은 비행할 때마다 그들의 생명을 거는 위험을 감수했다. 그동안 여러 사람이 죽었고 또 다른 많은 사람은 생명을 잃을 뻔 하기도 했다.

현재까지 우주비행 도중에 사망한 우주인의 수는 18명이다. 소련의 소유즈 1호의 조종사가 지구로 귀환 때 낙하산이 작동되지 않아 숨졌고 소유즈 11호 승무원 3명은 지구로 귀환 도중 우주선의 압력이 낮아져서 모두 사망했다. 미국의 우주왕복선 챌린저호가 1986년 발사 후 폭발했고 컬럼비아호가 2003년 지구로 귀환도중 산화하여 모두 14명의 승무원이 희생되었다.

몇몇 우주인들은 지상에서 그리고 비행사고로 사망했다. 사망 직전에 이르는 사고도 여럿 있었다. X-15 조종사 한명은 1967년 비행 중 숨졌고 1967년 아폴로 1호의 승무원 세 명은 지상 시험 중 사망했다. 소련의 가가린은 1961년 최초의 우주비행 중 보스토크 캡슐이 재진입 때 서비스 모듈과 분리하는데 초기에 실패해서 불타버릴 뻔 했다. 레오노프는 1965년 최초의 우주유영 후 우주선 보스코드 내로 다시 들어가는데 거의 실패했다. 미국의 그리섬은 1961년 머큐리호의 준궤도 비행 끝에 거의 익사할 뻔 했으며, 1966년 제미니 8호는 회전하는 동안 통신이 거의 두절됐었고, 아폴로 13호 승무원들은 1970년 일어난 사고 후 돌아오는데 겨우 성공했다. 소련의 소유즈는 발사 실패 후 캡슐이 산으로 떨어졌으나 낙하산이 나무에 걸려서 승무원들이 겨우 목숨을 건지거나 얼어붙은 호수에 떨어져서 거의 실종될 뻔 한 일도 있었다.

제 4 장

달 탐사

아폴로 13호는 이전만큼 일반인 관심을 끌지 못했다. 그러나 발사 56시간 후에 상황이 돌변했다. 세 명의 우주인이 춥고 진공인 우주에서 목숨을 잃은 최초의 우주인이 될지도 모르는 위험에 처해졌기 때문이다.

달 탐사

달은 지구의 유일한 위성이고 가장 가까운 천체이다. 달은 태양계 위성들 중에서 다섯 번째로 큰 위성이다. 달은 지구에 인력을 미쳐서 바닷물에 조석이 생기게 하고, 위상 변화를 일으켜서 인간 정서에 영향을 주고 달을 소재로 한 예술과 신화의 산실도 되고 있다. 달의 각(角) 크기가 태양과 비슷해서 개기일식이 일어나기도 한다. 달은 인간이 직접 다녀온 유일한 천체이다. 아폴로 달 방문 이후에도 세계 여러 나라들이 달에 우주선을 보내 탐사작업을 계속하고 있다. 최근에는 달의 극지방에서 물의 얼음을 발견하는 등으로 달이 우리의 생활권으로 점점 다가오고 있음을 느낄 수 있게 되었다.

달은 어떤 천체인가

지구의 유일한 위성인 달은 지구에서 가장 가까운 천체이다. 달은 지구 주위를 타원 궤도로 돌고 있는데 지구와의 평균 거리는 38만 4,000km이다. 달의 반경은 지구의 약 1/4인 1,738km, 질량은 지구의 1/81 또는 1.2%에 불과한 7.35×10^{22}kg이다. 질량이 이렇게 작기 때문에 달 표면에서의 중력은 지구 표면 중력의 1/6분밖에는 되지 않는다. 그러니까 지구에서 60kg 의 무게가 나가는 사람이 달 표면에 서면 10kg 밖에 되지 않는다. 달의 밀도는 5.5g/cm^{3}인 지구 밀도보다 조금 적은 3.34g/cm^{3}으로 무거운 돌의 밀도와 비슷하다. 이는 달이 지구에서와 같이 철과 니켈 등 무거운 물질로 이루어진 중심핵을 가지고 있지 않음을 의미한다.

지구에서 본 달

달의 공전과 자전 주기는 같은 27일 7시간 43분이다. 이 두 주기가 같기 때문에 달은 항상 같은 면만을 지구에 향하고 있다. 즉 지구에서는 달의 앞면 밖에는 뒷면은 보이지 않는다. 달이 지구 주위를 공전하고 있고 태양이 달을 비추는 방향은 거의 일정하므로 지구에서 볼 때 달은 위상을 갖는다. 지구도 태양 주위를 돌고 있으므로 달 위상의 주기는 달의 자전주기보다 조금 긴 29일 12시간 44분이다. 지구에서 본 달의 크기는 우연히도 태양의 크기와 같은 30′(분)의 각도이므로 태양을 완전히 가릴 수 있어 개기일식이 일어난다. 일식은 달이 지구와 태양 사이에서 이들과 일직선상에 놓일 때인 그믐달 때에만 일어난다. 반면, 월식은 달을 지구에서 볼 때 태양의 반대쪽에서 일직선상에 놓여 지구의 그림자가 달을 가릴 때인 만월에서 일어난다. 그러나 달의 궤도가 지구 궤도에 5°8′43″ 기울어져 있기 때문에 그믐이나 만월 때 항상 일어나는 것은 아니다.

달의 자전 주기가 길기 때문에 달에서 낮과 밤은 각각 2주일씩 지속된다. 달에서 보면 태양은 떠서 14일 동안 하늘에 머문 후에 진다. 또 달에는 대기가 없어서 지구에서와 같이 태양열을 붙잡아 두지 못한다. 그래서 달 표면의 온도는 밤에는 최저 -170℃, 낮에는 130℃로 온도차가 300℃에 이른다. 이렇게 낮과 밤의 온도차가 크기 때문에 암석이 부서져서 달의 표면은 재와 같이 고운 갈색의 흙으로 덮여 있다.

달의 표면은 밝은 영역과 어두운 영역으로 구분되는데, 밝은 곳은 고원(高原)지대이고 어두운 곳은 마리아(Maria)라 불리는 물 없는 바다 또는 저지대이다. 고원이 전체 표면의 80%, 저지대가 약 20%를 차지하고 있다. 표면은 수많은 크레이터(crater)라 불리는 큰 구덩이로 덮여 있다. 크레이터의 크기는 다양해서 작은 구멍만한 것에서부터 직경이 수 km에 이르는 것까지 있다. 운석 충돌로 크레이터가 형성될 때 그 곳에서 분출된 물질이 방사상으로 뻗치면서 생긴 줄무늬(rays)도 보인다. 산과 산맥, 구불구불한 계곡, 용암이 흐른 자국등도 얽혀있다. 달의 산들 중에는 지구에 있는 어떤 산보다 높은 것들도 많다.

미국의 유인 달 탐사 계획

1950년대 말 소련의 미사일 기술은 미국을 훨씬 앞서 있었고 대륙간 탄도미사일(ICBM)은 더 강력했다. 이 기술을 이용해서 소련은 스푸트니크 인공위성을 지구 궤도에 올려놓고 지구를 선회하게 하였다. 이 모습을 보고 인공위성에서 보내오는 신호음을 듣는 미국인들은 우주에서의 패배를 실감하고 있었다. 더욱이 이것은 미국에게는 군사적인 위협이 되었고 미국은 나름대로 기술적인 우위를 입증하기 위한 무엇이 필요하게 되었다. 그래서 나온 계획이 달에 사람을 보내는 것이었다.

전쟁에서 이겼고 최초로 원자탄을 만든 미국으로서는 그들의 자존심을 살릴 수 있는 획기적인 우주개발 계획이 필요했다. 1961년 5월 25일 새로 선출된 젊은 케네디 대통령은 의회에서 행한 '긴급한 국가적 필요' 라는 제목의 연설에서 "위대한 미국은 이제 지구 미래를 밝히는 열쇠가 될 우주개발에서 뚜렷한 지도적 역할을 할 때"라고 선언했다. 그는 이어서 "앞으로 10년 이내에 우리나라는 달에 사람을 착륙시킨 후 지구로 무사히 귀환시키는 목표를 달성할 것이다. 이 시기에 어느 우주계획도 인간에게 더 인상적이고 더 중요하고 장기적이며 달성하기 어렵고 비용이 더 많이 드는 일은 없을 것"이라고 말하면서 아폴로 계획의 시작과 그 중요성을 알렸다. 케네디는 '인간에게 인상적인 꿈' 을 추구하도록 미 국민들을 고무시켰고 그 후 8년 동안 국가 자체가 변해 갔다.

NASA는 케네디가 목표로 설정한대로 1969년 12월 31일까지 소련에 앞서 사람을 달에 보내고 다시 귀환시키는 방법을 추구하는 작업을 시작했다. 케네디의 목표를 달성시키는 일은 금세기 최대의 기술적인 도전이었다. 더욱이 NASA는 단 9년 내에 이 과제를 해내야 하는 부담을 안게 되었다.

달 탐험을 가능하게 하는 방법으로는 다음의 세 가지 계획이 NASA에 제안되었다. 그 첫째이면서 가장 간단한 방법이 '직접상승(Direct Ascent) 접근' 방법이다. 거대한 추진력을 가진 로켓을 건설하여 달에서 이륙하기에 충분한 추진력을 가진 우주선을 달에 직접 착륙시킨 후 지구로 귀환시키는 것이다. 노바(Nova)라 불리는 이 추진체는

1,800만kg의 추진력을 갖는다. 그러나 이 방법은 많은 경비와 기술적인 도전이 너무 컸다. 결국 미국은 16만6,470kg의 추진력을 가진 아틀라스를 개발하여 비행시켰을 뿐이고, 거대한 새턴(Saturn)5 로켓도 340만kg의 추진력 밖에는 달성하지 못했다.

다음 두 번째 제안도 이와 비슷하게 논리적인 것으로 작은 로켓으로 우주선을 지구 궤도에 보내어 그곳에서 달 탐험선을 조립하여 이것을 첫 번째 직접상승 접근 방법과 마찬가지로 달에 보내서 다시 돌아오게 하는 것이다. 이 방법은 '지구 궤도 랑데부(Earth-Orbit Rendezvous) 계획' 이라 불렸다. 이 일을 해 낼 새턴5 로켓은 이미 준비되어 있었다. 이 로켓은 폰 브라운이 설계한 미니 노바의 일종이었다. 이 방법에서 생기는 부산물은 지구 궤도에 우주정거장을 만드는 것이다. 이것은 이미 NASA가 목표로 설정한 우주의 과학기지이다. 그러나 문제는 새턴 C-5를 사용하여 이 임무를 수행하기 위해서는 하중을 줄이고 예산이 늘어나지 않게 하는 것이었다.

세 번째 방법은 '달 궤도 랑데부(Lunar-Orbit Rendezvous) 계획' 으로 한 번의 발사로 달에 탐사선을 보내어 달 궤도에 진입시킨 후 작은 착륙선을 달 표면에 내려 보내는 것이다.

세 명의 승무원을 태운 우주선이 지구 궤도로 보내지고 그곳에서 새턴의 3단계 엔진을 사용하여 달로 출발한다. 달의 궤도에 진입한 우주선에서 하강과 상승을 할 수 있는 달착륙선이 분리되고 하강 단계 엔진을 사용하여 두 명의 승무원을 달 표면에 착륙시킨다. 돌아올 때는 하강장을 발사장으로 사용하여 상승 엔진을 점화시켜 이륙, 달 궤도에서 모선과 도킹해 모선에 남아있던 나머지 한 명의 승무원과 랑데부한다. 도킹 후 착륙선은 분리되고 모선은 분사하여 달 궤도를 벗어나 지구로 귀환하게 된다. 지구에서는 시속 3만8,600km의 속도와 2,200℃의 온도로 지구대기로 진입한 후 바다에 세 개의 낙하산으로 착륙한다.

이상의 세 가지 계획들 중 NASA는 세 번째인 '달 궤도 랑데부 계획'을 1962년 6월에 채택했다. 이 방법은 비용이 적게 드는 방법일지는 모르나 작은 오차도 허용하지 않는 가장 위험성이 높은 것이다. 그러나 NASA가 케네디가 선포한 시한을 맞출 수 있다고 생각하는 유일한 방법이었다.

달 탐사 방법이 결정된 후 이 프로젝트의 이름을 짓는 일이 남았다. NASA는 최초의 유인 우주선을 희랍신화에서 신의 전령사 이름을 따서 머큐리라 이미 이름 붙였었다. 두 명의 우주인을 태우도록 디자인된 그 다음의 유인우주선들은 희랍신화에서 쌍둥이를 상징하고 두 개의 밝은 별을 가진 별자리 쌍둥이자리의 이름을 따서 제미니라고 명명했다. 그 다음 NASA의 새로운 달 임무는 희랍신화에서 예술과 예언의 신 아폴로의 이름을 따서 붙였다. 아폴로 계획은 이렇게 탄생했다. 아폴로 예산은 1960년 5억 달러에서 1965년에는 미국 연방 전체 예산의 약 3.3%에 해당하는 52억 달러였다. 아폴로 계획에 들어간 전체 비용은 254억 달러라는 엄청나게 큰 액수이다.

인간의 달 탐사 준비 제미니 계획

인간의 달 착륙을 위한 우주선인 아폴로의 설계에 들어가기 전에 NASA는 지구 궤도에서 우주선끼리 랑데부와 도킹, 그리고 우주인들의 우주유영을 위한 모든 시스템의 시험과 점검용의 우주선을 필요로 했다. 이 우주선은 머큐리 우주선보다 규모가 더 커야 했다. 두 명의 우주인을 태워야 하므로 희랍신화에 따라 이 우주선을 제미니라 부르게 됐다.

제미니는 1962년 3월 16일 처녀비행을 한 제2세대 대륙간 탄도미사일, 즉 ICBM인 타이탄(Titan)II에 실려 발사하도록 계획되었다. 종(bell) 모양의 제미니 우주선은 두 개의 부분으로 구성되었다. 그것은 탑승자를 태우고 지구대기로 재진입하는 검정색의 탑승자 모듈과 떨어져 나갈 수 있는 흰색의 어댑터(adaptor) 부분이다. 어댑터 부분에는 궤도에서 자세제어 시스템, 네 개의 역추진 로켓, 산소의 공급 장치와 배터리 등이 실려 있다. 캡슐이 재진입하기 전에 어댑터 부분은 떨어져 나간다. 우주선 전체의 무게는 3,150kg, 길이는 5.5m이고 어댑터 부분의 밑바닥 지름은 3m이다. 탑승자 모듈은 길이가 3.3m, 밑바닥 지름이 2.3m이다. 탑승자 각자에게는 밖을 볼 수 있는 작은 창문이 있고, 발사 때 탈출이 가능한 의자에 탑승자는 눕도록 되어있다. 탑승자가 우주유영(EVA)을 위하여 밖으로 나갈 수 있도록 수동으로 열리는 출입용 해치가 마련되었다. 제미니는 컴퓨터를 사용해서 비행하는 첫 번째 우주선으로 두 명의 우주인이 2주 이상 머물 수 있다.

우주선은 재진입 때 역추진 로켓이 연소되어도 자세를 안정시키는 자세 조종용 추진 시스템을 갖추고 있다. 우주선의 앞부분에는 낙하산들이 비치되어 있다. 제미니 유인비행에는 발전(發電)을 위해서 어댑터 부분에 산소-수소 연료전지를 싣고 있다. 이것이 우주선에 적용된 최초의 연료전지이다. 연료전지는 두 가지 화합물, 즉 액체 산소와 수소 간의 반응으로 화학에너지를 전기에너지로 바꾸는 장치이다. 산소와 수소 반응의 부산물은 우주인들이 사용할 음료수가 된다.

1964년 두 번의 무인 임무가 있은 후 1965년 3월에 첫 번째의 유인

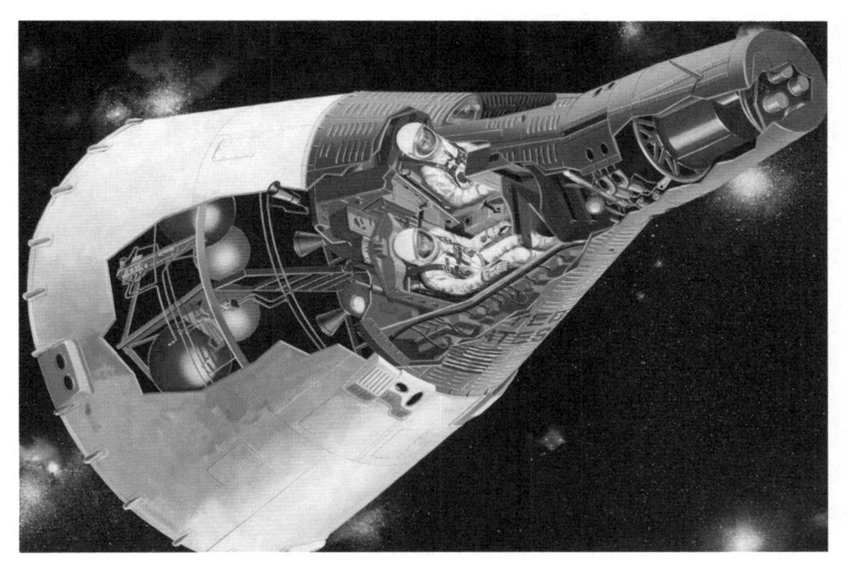

달 탐사를 위한 제미니 3호

비행이 이루어졌다. 첫 번째 제미니에 사용된 타이탄II 로켓은 1964년 1월에 시험 발사되었다. 제미니1은 1964년 4월 8일에 발사되었다. 타이탄의 제2단에 부착되었던 제미니 우주선은 궤도 비행 후에 지구 대기로 재진입했다. 제미니2는 1965년 1월에 발사되어 준궤도에 진입했다가 지구대기로 재진입하여 열 방패막의 효율을 시험했다. 18분간의 비행으로 착륙시스템과 바다에서의 회수를 성공적으로 체크했다.

유인 제미니 프로그램은 1965년 3월 제미니3의 발사로 시작되었다. 제미니3에는 두 명의 우주인이 탑승하여 궤도를 세 번 도는 비행을 하면서 아폴로를 위한 아주 중요한 시험인 우주궤도에서의 수동조종 장치를 첫 번째로 시험했다. 그리섬은 1961년 두 번째의 준궤도 머큐리 임무를 수행한바 있어 첫 번째로 우주비행을 두 번 한 사람이 되었다. 이 성공적인 제미니 프로그램은 두 번의 무인과 열 번의 유인

비행 후 1966년 11월 종료됐다.

미국의 첫 번째 우주유영은 1965년 6월 3일 제미니4가 4일간 비행하는 도중 에드워드 화이트에 의해서 22분간 이루어졌다. 1965년 8월 발사된 제미니5는 8일간의 우주체류 기록을 수립했다. 제미니5는 전기를 생산하는 연료전지를 최초로 실었으나 불행하게도 작동하지 않아 임무가 거의 무산될 뻔 했다. 이들은 전기 소모를 줄이는 바람에 지루한 우주비행을 하게 되었다. 제미니7은 14일간의 임무를 띠고 12월 4일 발사됐다. 이 우주선은 12월 16일 제미니6과의 랑데부를 목표로 했다. 이 두 제미니 우주선들은 서로 30cm까지 접근하면서 편대를 형성해서 비행했다.

후에 아폴로로 인류 최초로 달에 착륙한 우주인 암스트롱이 탄 제미니8이 1966년 3월 16일 달에서 달 모듈이 상승하여 달궤도에 있는 모선과 도킹을 하는 모의실험으로 무인 아제나(Agena) 목표 로켓과 최초의 우주도킹을 성공했다. 이 역사적인 업적을 이루는 중 제미니8의 추진기가 합선을 일으켜서 꺼지지 않아 우주선이 요동을 치는 바람에 우주인들이 위험에 처하기도 했다. 닐 암스트롱과 데이빗 스캇(David Scott)은 의식을 잃을 뻔 했지만 비상 착륙으로 지구로 귀환했다.

제미니9는 같은 해 6월 3일에 발사됐고 조종사인 진 서난(Gene Cernan)은 두 시간 이상의 우주유영을 했다. 7월 18일에는 제미니10이 아제나 목표선의 엔진을 사용하여 궤도를 763km로 올려놓았고, 제미니8과 랑데부도 하고 마이크 콜린스(Mike Collins)는 49분간 우주유영을 했다. 9월 12일에 발사된 제미니11은 아제나 로켓과 랑데부 후 이 로켓을 사용하여 1,189.3km의 고도에 도달하고, 딕 고든(Dick Gordon)은 33분간 우주유영을 했다. 제미니 프로그램은 11월 11일 발사된 제미니12로 끝을 맺었다. 이 우주선은 아제나 로켓과 랑데부와 도킹을 하고 버즈 알드린(Buzz Aldrin)은 5시간 30분 동안의 우주유영 기록을 세웠다. 이로써 NASA는 달로 가는 임무의 주요 요구사항은 충족됐다고 확신하고 달 탐사는 아폴로 계획으로 넘어가게 되었다.

미국과 소련의 달 무인 탐사

1961년 케네디 대통령이 달에 인간을 착륙시키는 것을 국가 목표로 하겠다는 발표를 한 이후 NASA는 모든 역량을 이 목표에 쏟아 부었다. 미국의 무인 달 탐사선 레인저 3~6호는 모두 1962~1964년 사이에 달에 보내졌으나 목표로 했던 달 표면에 작은 캡슐을 착륙시키거나 달 표면에 충돌 착륙하기 전 달의 고해상도 영상을 촬영하는 데는 실패했다.

무게가 366kg인 레인저7은 1964년 7월 28일 시속 9,316km로 달의 '구름의 바다(Sea of Clouds)', 일명 '누비움 바다(Mare Nubium)'로 낙하하면서 6개의 카메라가 4,316개의 사진을 전송했다. 사진에 나타난 표면은 수백 개의 작은 크레이터로 덮인 험한 표면을 보여주었다. 이 사진은 지상 망원경의 1,000배에 해당하는 해상도를 갖고 있었다.

레인저7에 이어서 8과 9호도 1965년 2월과 3월에 달의 '고요의 바다(Sea of Tranquility)'와 '알폰서스(Alphonsus) 크레이터'의 상세한 모습을 성공적으로 보여주었다. 이 사진들은 아폴로 우주인들이 달에 착륙은 할 수 있으나 수많은 크레이터와 바위에 대한 우려를 심어주었다. NASA의 다음 단계는 서베이어(Surveyor) 우주선을 달에 연착륙시키고 달 궤도선인 루나오비터(Lunar Orbiter)로 궤도에서 달의 정찰을 계속하는 것이다.

반면, 소련은 루나 시리즈로 달 표면을 탐사하고 달 궤도를 돌게 하는 계획을 세웠다. 이 계획은 1963년 2월에 시작되었으나 불행하게도 12번이나 실패를 거듭했다. 그러나 소련은 1966년 1월 31일 루나9로 달에 최초로 연착륙하는데 성공했다. 그러나 엄밀히 말하면 '연(軟, soft)' 은 아니었다. 무게 100kg인 루나9의 달 표면 착륙 캡슐은 1.5kg의 TV 카메라를 달고 우주선 몸체에 부착되었다. 이 우주선이 달 표면으로 돌진하면서 낙하 속도를 줄이기 위하여 역추진 로켓을 점화하고 표면 5m 위에서 지름 55cm의 캡슐이 방출되어 표면에 시속 22km로 충돌했다.

캡슐이 정지하고 네 개의 창을 열고 TV 카메라를 작동시켜 영상을 전송했다. 고운 가루로 이루어진 표면은 여러 크기의 작은 돌들이 널려있었다. 1966년 3월 31일에는 루나 10호가 최초의 달 궤도선이 되었다. 그 후로도 1966년 12월 21일 루나 13호가 달에 연착륙해서 표면 침투기로 달 토양을 분석했다. 달 토양을 최초로 지구로 가져온 것은 연착륙선인 루나 16호이다. 루나16은 1970년 9월 12일 달에 착륙해서 달 토양 수집기로 토양을 퍼서 지구로 돌아오는 우주선 꼭대기에 있는 캡슐 속에 집어넣었다. 지름이 0.5m이고 무게가 10.5kg인 캡슐은 '풍요의 바다(Sea of Fertility)' 에서 수집한 달의 물질 75g을 지구로 가져와 낙하산으로 착륙시켰다. 이 때에는 아폴로 우주선도 월석을 지구로 가져온 바 있다. 1972년과 1976년에도 소련은 달 토양을 지구로 가져왔다. 소련이 가져온 월석의 총량은 113g이다.

1970년 11월 10일에는 루나 17호가 루나코드(Lunakhod)라 불리는 로봇탐사차로 표면을 탐사했다. 여덟 개의 바퀴 위에 목욕통을 올려놓은 것과 같은 모양의 이 탐사차는 무게가 756kg이고 높이가

1.35m, 폭이 2.15m이었다. 이것은 과학기기와 카메라를 갖추고 지구에서 원격조종되었다. 이 기계는 11일간 작동하고 '비의 바다(Sea of Rains)'를 가로 질러서 10km 이상의 거리를 움직였다. 루나코드2가 1973년에 루나 21호로 발사되어 표면을 탐사했고, 무인 루나 프로그램은 24호를 마지막으로 1976년 마감됐다. 루나 24호를 비롯한 세 번의 루나 우주선은 달의 토양 약 196g을 지구로 가져왔다.

달에 연착륙한 서베이어호

미국은 아폴로 계획의 준비 작업으로 최초의 우주인들이 착륙하기에 적당한 장소를 찾기 위해서 달착륙선인 서베이어와 궤도선인 루나 오비터를 1966년 발사했다. 인간을 달에 착륙시키기 위해서는 달 표면에 관한 상세한 정보를 필요로 했다. 세 개의 다리를 가진 곤충과 같은 모습의 서베이어 착륙선은 발사 때 높이가 3m, 다리 사이의 폭이 4.27m, 무게가 1,000kg이었다. 이것은 거대한 고체추진 착륙 모터와 돛의 꼭대기에 85W의 전력을 생산하는 태양광 수집판과 고이득(high gain)의 통신 안테나를 달고 있었다. 주 화물은 7.3kg의 흑백 TV 카메라이다. 1966년 5월 30일 발사된 서베이어 1호는 6월 2일 '폭풍의 바다(Sea of Storms)'에 연착륙하여 TV 카메라가 생생한 영상을 지구로 전송했다.

서베이어2는 실패했으나 1967년 4월, 흙을 파내는 삽을 갖춘 서베이어3은 '폭풍의 바다' 내 다른 곳에 두 번 튀어 오른 후 발자국을 남기고 착륙했다. 지구의 고운 흙 같은 토양의 구덩이를 삽으로 파냈다. 전에 염려했던 대로 아폴로가 두텁고 위험한 먼지 층 위에 착륙하지 않아도 된다는 것이 분명해졌다. 아폴로 12호의 우주인들이 후에 이 서베이어 3호를 방문한바 있다. 서베이어 4호는 실패했으나 5와 6호는 1967년 다른 아폴로 착륙 후보지에 안전하게 착륙했고, 7호는 1968년 1월 티코(Tycho) 크레이터 근처 고원지대에 착륙했다.

반면, 루나오비터호는 다섯 번 모두 성공적으로 훌륭한 정찰임무를 해냈다. 그들의 첫 번째 목적은 적도에서 남북으로 5° 이내에서 동서로 45° 사이에서 가능한 착륙지점의 영상을 3m의 해상도로 얻는 것이었다. 루나오비터1은 1966년 8월 10일 발사되어 8월 23일 달의 지평선에서 떠오르는 지구의 영상을 보내왔다. 루나오비터2는 '코페르니쿠스(Copernicus) 크레이터'를 45km의 고도에서 촬영한 영상을 보내왔다. NASA는 이것을 '세기의 사진(Picture of the Century)'이라고 이름을 붙였다. 이 영상들은 실로 볼 만했다. 특히 루나오비터3의 치올코프스키를 포함한 뒷면의 사진, 다트판(dartboard)과 같아 보이는 '오리엔탈 바다(Mare Orientale)'의 모습, 그리고 1967년 8월에 발사된 마지막 루나오비터5의 '티코 크레이터' 등은 특히 장관이었다. 루나오비터 프로그램이 종료되면서 NASA는 아폴로 우주선의 달 착륙후보 지점 20 곳을 선정할 수 있었고, 이것이 후에 여덟 곳으로 축소되었다. 이들 중 하나가 아폴로 11호가 착륙한 지점인 '고요의 바다' 내 사이트(Site)2도 있었다.

아폴로 우주선

10년 내에 달에 사람을 착륙시키겠다는 1965년 케네디 미국 대통령의 연설로 시작된 아폴로 계획은 제미니, 서베이어, 루나오비터 등의 임무가 성공함에 따라 이제 아폴로 우주선으로 달을 직접 방문하는 실제 임무를 수행할 수 있게 되었다.

아폴로 우주시스템은 세 개의 주요 부분으로 이루어져 있다. 첫째는 사령(지휘) 모듈(CM)로서 그곳에는 세 명의 우주인이 타고 달에 다녀온다. 두 번째는 서비스 모듈(SM), 세 번째는 달 모듈(LM), 또는 달 탐사여행(excursion) 모듈을 의미하는 LEM이다. CM과 SM은 합쳐서 지휘서비스 모듈(CSM)로도 알려졌다.

아폴로 우주선은 발사 때의 탈출시스템(LES)을 갖추고 있었다. LES는 만일 발사 100초 안에 새턴5 추진체에 고장이 일어날 경우 CM을 분리시켜서 바다에 낙하산으로 착륙시킬 수 있는 고체 추진 로켓을 갖추고 있다. 이런 일이 발생하지 않으면 LES는 100초 후에 분리되어 버려진다.

달로 가는 길에서 CSM은 새턴5의 S4-B 3단계에서 분리되어 한 바퀴 돈 후 S4B 내에 있는 LM과 결합하고 S4B는 떨어져 나간다. 이 결합된 우주선이 달까지 비행한다. 승무원들은 환승 터널을 통해서 두 개의 거주 모듈을 옮겨 탈 수 있다. 무게가 5,448kg인 CM은 높이와 폭이 약 3.66m로서 승무원 공간의 부피는 8.26m^{3}이다. CM은 비행갑판(flight deck), 침실, 부엌, 욕실, 화장실 등을 갖췄다. 오줌은 우주공간으로 구멍을 통해서 버려지고 오물 제거를 위해서 우주인들은 저장 봉지를 휴대했다.

세 개의 기울어진 의자 전면에 놓인 폭 2.1m의 CM 디스플레이(display) 계기반에는 비행과 유지관리를 위한 모든 시스템의 스위치와 다이얼이 놓여있다. 초기에는 순전히 산소로 이루어진 승무원실의 대기압은 1바(bar)였다. CM 바닥에는 시속 약 4만250km의 속도로 지구 대기로 돌진할 때 1,600℃의 높은 온도로부터 승무원을 보호해 주는 열차단재가 붙어있다.

무게 2만4,520kg의 SM은 길이가 약 7.6m로서 그 끝에 원뿔형의 로켓 모터 분사구가 있고 거대한 통신 안테나가 부착되어 있다. 달 궤도 진입과 지구에서 달로 날아가는 추진에 꼭 필요한 서비스 추진시스템(SPS) 엔진은 9,307kg의 추진력을 갖는다. 연료에 추가해서 서비스 모듈은 발전(發電)을 하고 부산물로 물을 얻기 위해서 연료전지 탱크를 위한 액체 산소와 수소의 탱크를 가지고 있다.

몸이 호리호리한 곤충과 같은 모양을 하고 있어서 '벌레' 라는 별명이 붙은 LM은 네 개의 가늘고 긴 착륙 다리를 가진 높이 7m, 폭 9.4m의 2단계 우주선이다. 무게는 약 1만5,436kg이지만 알루미늄 합금과 얇은 단열층으로 이루어져서 지구에서는 아주 연약해 보인다. 상승과 하강 때 사용될 자동점화성(hypergolic) 연료가 무게의 대부분을 차지하고 있었다. 무게에 가장 많은 신경을 써서 만들어졌기 때문에 LM은 '휴지 우주선' 이라고 불렸다. LM은 하강과 상승의 두 부분으로 이루어져 있다. 하강 부분은 무인으로 달 착륙에 필요한 엔진을, 그리고 상승 부분은 왼쪽에 선장과 오른쪽에 LM 조종사 등 2명의 승무원을 위한 비행갑판으로 이루어져 있다. 하강 부분은 사령모듈(CM) 조종사가 남아있는 CSM과 랑데부하고 도킹하기 위해서 달 주위 궤도로 승무원들을 이동시킬 상승모터의 발사장으로 사용되었다. 지구 대기로 진입하기 전에 CM은 SM을 버린다. LM은 1968년 1월 새턴5 로켓으로 시험 발사되었다.

새턴 로켓

폰 브라운이 최초로 개발한 새턴 C-5 로켓은 NASA가 아폴로 프로그램을 세우고 진행하면서 새턴5로 알려지게 되었다. 새턴5는 아폴로뿐만 아니라 미국의 우주정거장과 화성탐사와 같은 프로그램에도 주 로켓으로 사용되도록 디자인됐다.

새턴은 높이가 110.7m, 최대 반경이 10m로 엄청나게 크다. 5개의 F-1으로 알려진 거대한 엔진으로 액체산소(LOX)와 액체 수소를 연소시켜 340kg의 추진력을 얻는 3단계 로켓이다. 최초의 시험은 앨라배

새턴 로켓

마 주 헌츠빌(Huntsville)에서 1965년 4월 16일에 이루어졌다.

아폴로 계획을 위해서는 이 로켓을 제조하는 것뿐 아니라 이것을 발사하는데 필요한 거대한 구조물을 건설해야 했다. 이 구조물은 미국 플로리다 주 메리트 섬(Merritt Island)에 있는 케이프커내버럴의 북쪽에 건설됐는데 이곳은 후에 케네디우주센터(KSC)로 알려지게 되었다. KSC에는 지금도 새턴5 로켓을 수직으로 조립하던 건물이 그대로 남아있는데 이 운반체조립빌딩(VAB)은 우주왕복선의 조립에도 사용되었다. VAB는 높이가 160m로 UN 빌딩을 네 개나 안에 넣을 수 있다.

새턴은 이 빌딩 내에서 이동 발사대에 세워진 후 VAB의 거대한 출입문을 통해서 두 개의 발사장인 39A와 39B로 서서히 견인되었다. 이 발사장들에는 로켓과 우주선을 결합시키고 발사를 준비하기 위해서 두 개의 엘리베이터와 네 개의 접근 플랫폼을 가진 125m 높이의 이동식 서비스 발사탑이 건설되었다. 이 장치는 후에 같은 발사장에서 발사되는 우주왕복선에 사용되었다. VAB 옆에는 수백 개의 콘솔과 모니터를 갖춘 방들로 이루어진 발사조종센터(Launch Control Center)가 있다.

새턴의 3단계는 극저온 J2 엔진으로 추진되는 재점화 가능한 S4B이다. 비행컴퓨터에 의존해서 이 엔진은 약 50초 동안 점화, 시속 2만 8014km의 속도를 달성하여 우주선을 지구 궤도에 진입시킬 수 있게 한다. 그 후에도 S4B는 아폴로를 달로 가는 코스에 진입시키기 위해서 재가동된다. 엔진은 약 300초 동안 점화되어 우주선이 지구 중력을 벗어날 수 있게 해 주는 이탈속도인 시속 3만9,249km를 갖게 해준다, 달 모듈(LM)이 S4B의 전단(前端)에서 분리된 후 나머지 사용된 부분은 우주 공간으로 버려져서 태양 궤도로 진입하거나 달에 충돌한다.

새턴5는 아주 고성능의 비행컴퓨터를 가졌다. 기기단위(instrument unit)라 불리는 고리 모양의 이 컴퓨터는 로켓 주위에 부착되어 가속도와 고도를 측정하고 필요한 궤도 수정을 계산하여 엔진의 점화 시간을 결정하게 해준다. 이것은 또한 엔진의 원격측정, 전기공급, 열조절을 할 수 있게 해준다. 아폴로-새턴의 조합은 첫 번째 시험이 1967년 11월 9일에, 그리고 두 번째는 1968년 4월 4일에 이루어졌다.

아폴로의 재난

아폴로 프로그램은 빠른 진전을 이루어 최초의 비행은 1961년 10월 27일 새턴1 로켓이 케이프커내버럴 발사장 37에서 발사되면서 이루어졌다. 그 후 세 번의 비행이 뒤따랐는데 그 중 두 번은 프로젝트 하이워터(Project Highwater)의 일부로서 상층 대기에 로켓의 상단에 실려 있던 수천 갤런의 물을 상층 대기로 방출하는 것이다. 이 실험은 로켓 발사 중 폭발이 일어나서 수 톤의 액체 연료가 상층 대기로 분출되었을 때 어떤 일이 일어날 것인가를 밝혀주기 위한 것이었다. 방출된 물은 지름 수 km의 거대한 얼음 구름을 형성했다. 1963년에 끝난 이 비행들은 모조(模造) 아폴로 우주선을 싣고 새턴1의 제2단계의 비행으로 새턴5의 계획된 재점화 가능한 S-1VB 단계의 시험을 포함해서 1964년에 시작된 새턴1 시리즈가 뒤를 따랐다.

S-1VB에 대한 여섯 번의 시험 중 세 번은 실제로 인공위성 페가서스(Pegasus)와 거대한 미소운석(微小隕石) 탐지판을 싣고 떠나기도 했다. 이것은 1965년에 마지막 발사가 이루어졌다.

두 개의 새턴1이 1966년 아폴로 우주선을 지구 궤도로 올려놓고 재진입하는 시험을 하였고, 새턴 1B가 뒤를 이었는데 그 중 하나는 1968년 1월 아폴로5로 명명된 달 모듈을 궤도에 시험비행시켰다. 그 바로 전인 1967년 11월 7일에는 최초의 새턴5가 아폴로4로 케네디 우주센터에서 성공적으로 발사됐다.

세턴1B를 이용한 최초의 유인 아폴로 비행인 아폴로 1호는 1966년으로 계획이 잡혔었지만 여러 가지 문제로 1967년 2월로 연기됐다. 머큐리호로 경험이 많은 그리섬이 선장, 미국 최초의 우주유영을 한 화이트가 선임 조종사, 그리고 신인인 로저 샤피(Roger Chaffee)가 조종사로 선정되었다.

그러나 슬프게도 이 비행은 출발도 해보지 못하고 발사장에서 일어난 참사로 우주인 세 명이 모두 사망하고 말았다. 이 사고로 모든 유인 아폴로비행은 정지되었다.

아폴로 우주선은 이전의 머큐리와 제미니를 만든 맥도넬(McDonnell)사를 제쳐두고 의외로 NAA사가 제작했다. 아폴로 우주선은 완벽하게 작동하지 못하고 고장을 자주 일으켜서 발사일을 위협하고 있었다.

1967년 1월 27일 아폴로 1호의 승무원들은 케이프커내버럴의 34번 발사대에서 연료가 주유되지 않은 새턴 1B 꼭대기에 실린 우주선에서 발사 카운트다운 시험을 하고 있었다. 몇몇 갑작스런 고장이 이미 이 시험을 지연시켰고, 승무원들을 포함한 여러 사람을 초조하게 만들었다. 우주인들은 선내 캡슐에서 5시간 반 동안 100% 산소로 압력을 높이고 있었는데 오후 6시 31분에 그리섬의 바로 앞에서 왼쪽으로 지나가는 한 뭉치의 선들에서 합선이 일어나 스파크가 생기면서 선실이 순식간에 용광로가 되었다.

우주인들 중 한 사람, 샤피는 "불, 불 냄새가 난다!"라고 다급한 보고를 했다. 2초 후 화이트는 "조종석에 불이다!"라고 부르짖었다. 이상적인 조건에서도 해치를 열려면 90초는 걸린다. 객실이 순수한 산소 대기로 채워져 있었기 때문에 불은 아주 빠르게 퍼졌고, 우주인들은 해치를 열 기회를 갖지 못했다.

승무원들의 엄청난 노력에도 불구하고 해치는 열리지 않았고 비명소리와 함께 통신이 두절되었다. 텔레비전 감시망에는 불꽃이 선실의 왼쪽에서 오른쪽으로 빠르게 퍼지고 강한 압력과 불꽃과 열이 퍼지면서 선실은 부서져 내렸다. 승무원들은 의식을 잃은 후 질식사 했다. 이 모든 일이 13초 내에 일어났다. 이것이 미국의 우주 프로그램에서 우주인이 직접 사망한 첫 번째가 되었다. 미국 전역과 NASA는 충격에 잠겼다. 그 후 NASA는 가장 어두운 기간을 맞았고 아폴로 계획은 21개월 동안 중단되었다.

아폴로 달에 가다

아폴로 1호의 참극이 일어난 지 20개월이 지나서야 미국은 달을 목표로 하는 실험을 다시 시작했다. 화재 사건 이후 아폴로 우주선에 대한 개선 작업이 이루어졌다. 우주선 내 공기는 좀 더 안전한 질소-산소의 혼합물로 바뀌었고 해치는 금방 열릴 수 있게 되었다.

아폴로 4·5·6호 세 번의 무인 우주선 실험을 끝낸 후 최초의 유인 아폴로 비행인 아폴로 7호가 1968년 10월 11일에 발사되었다. 승무원으로는 이미 머큐리와 제미니로 비행을 해서 이번이 세 번째 우주비행이 되는 선장 월리 쉬라와 처음 우주비행을 하는 돈 아이젤(Donn Eisele)과 월트 컨닝햄(Walt Cunningham)이 선정되었다. 아폴로 1호의 참사 이후 최초의 아폴로 유인비행이니만큼 우주인들도 부담을 느끼고 긴장해서 돌출행동이 나타났다. 그러나 이들의 12일 간 비행은 성공적이었다. 이들은 서비스 추진시스템(SPS) 엔진을 사용한 랑데부 모의실험을 했고, 최초로 비행 중 TV 방송을 하여 전 세계 사람들을 감격시켰다.

아폴로 7호가 안전하게 착륙한 다음의 계획은 아폴로 8호로 달 모듈(LM)을 지구궤도에서 달 착륙 모의실험을 하는 것이었다. LM을 랑데부, 도킹, 그리고 단독 비행시키고 하강과 상승 엔진을 점화시켜보는 것이었다. 그러나 소련이 거대 로켓 N-1을 개발하여 달착륙 가능성을 보이고, 무인 존드(Zond) 우주선이 달을 근접 통과하고, 두 명의 우주인을 달로 보내 달을 선회하는 계획을 수립하고 있는데 NASA가 자극받게 된다.

그래서 NASA는 아폴로 우주선을 달 모듈 없이 달 궤도를 돌게 하는 우주 개발사에서 가장 큰 모험을 하기로 결정했다. 아폴로 9호에 탑승 예정 승무원들이 아폴로 8호를 탑승하여 역사적인 비행업적을 이루어냈다. 프랭크 보만(Frank Borman), 제임스 로벨(James Lovell), 윌리엄 앤더스(William Anders)가 승선한 아폴로 8호는 1968년 12월 21일 세 번째의 새턴5 로켓으로 발사된 후 시속 3만8,960km로 지구 중력을 벗어나는 이탈속도를 최초로 달성했다.

이들은 달이 점점 커지면서 원반 모양의 지구가 서서히 멀어져가는 모습을 TV로 직접 중계해 주어 전 세계 사람들의 상상력을 붙잡았다. 3일간의 비행 후 아폴로 8호는 달의 뒤쪽으로 사라지고 통신이 두절되면서 인류 역사에서 가장 고립된 사람들이 되었고 전 세계가 이들이 다시 나타나기를 기다렸다.

아폴로 8호는 달을 한 바퀴 돌아 나오면서 지구와의 접촉이 재개됐

아폴로 8호 승무원

고 우주인들은 가까운 곳에서 보는 달의 모습을 처음으로 설명했다. 로벨은 "달은 파리를 회반죽으로 만든 것 같다"라고 말했다. 빠르게 통과하면서 창밖에 비치는 복잡한 지형을 TV로 보여주었다.

크리스마스이브에 아폴로 승무원들은 "아폴로 승무원들이 당신을 위한 메시지가 있다……"라는 말과 함께 TV 중계를 끝냈다. 먼저 앤더스, 다음은 로벨, 그리고 보만의 순으로 성경 창세기의 첫 장의 문구를 읽기 시작했다. "태초에 하나님이 하늘과 땅을 창조하시고……". 이것은 역사상 가장 주목되고 기억될 수 있는 전송이고 종종 TV 기록

물 방송에서 재방송되고 있다. 아폴로 8호가 달 궤도에서 지구가 달의 지평선 위로 떠오르는 모습을 포착한 영상은 역사상 가장 경외(敬畏)롭고 아름다운 영상이 되었다. 로벨은 지구를 "광대한 우주에서 거대한 오아시스"라고 서술했다. 아이로니컬하게도 아폴로 8호는 달보다는 '지구 떠오름' 으로 더 기억되는 우주선이 되었다.

아폴로 달 방문 계속되다

1969년 인간이 달에 착륙하기 전 NASA는 1969년 3월 3일과 5월 18일에 새턴5 로켓으로 각각 발사된 된 아폴로 9와 10호로 두 번의 중요한 비행을 했다. 아폴로 9호는 지구궤도에서 달 착륙과 이륙의 모의실험을 포함해서 우주선에 대한 전체적인 시험을 수행했고, 아폴로 10호는 같은 실험을 달의 궤도에서 수행했다.

아폴로 9호에는 제임스 맥디빗(James McDivitt), 데이빗 스캇, 러스티 슈와이카트(Rusty Schweickart)가 탑승했다. 이들은 사령서비스 모듈(CSM)을 검드롭(Gumdrop), 달 모듈(LM)을 스파이더(Spider)라 이름 붙였다. 궤도에 들어서서 검드롭과 스파이더를 분리시키고 다시 도킹시키는 실험을 했다. 슈와이카트는 달 유영(EVA) 옷을 입고 스파이더에서 검드롭으로 가는 우주 유영을 할 계획이었다. 그러나 그는 우주선이 지구궤도에 진입하자마자 몸이 아파서 계획되었던 유영은 하지 못하고 대신 몸이 좀 나아진 후에 달 모듈의 포치(porch)에서 우주복을 시험했다. 슈와이카트의 병은 귀 안쪽에 제로 G의 효과 때문에 생기는 우주적응신드롬(SAS)이라 알려진 것으로 많은 우주여행자들에게 생기는 증상이다.

아폴로 10호는 달을 갔다 오는 8일간의 임무를 성공적으로 마쳤다.

아폴로 11호

톰 스태포드(Tom Stafford)와 진 서난은 달 표면에서 14km 내로 접근했고, 세 번째 우주인 존 영(John Young)은 혼자서 지구와 접촉이 되지 않는 달의 뒷면을 돌아오는 가장 외로운 비행을 했다. 이들의 모든 활동은 TV로 생중계되어 사람들을 열광시켰다. 이들의 달 모듈인 스누피(Snoopy)는 달 궤도에 들어선 후 모선에서 분리되어 엔진을 점화하고 아폴로 11호의 착륙 지점인 '고요의 바다'를 향해서 낮게 급강하했다. 후에 하강 단계가 분리되고 상승 단계 엔진이 점화되어 스누피는 존 영이 타고 있는 CSM인 찰리 브라운(Charlie Brown)과 도킹한 후 지구로 향했다. 이들의 우주선은 지구 대기로 시속 3만9,897km로 돌진하면서 재진입 속도 기록을 세운 후 8일간의 우주여행을 마무리하고 태평양의 예정된 지점에 내려앉았다.

아폴로 11호로 인간 달에 착륙하다

아폴로 10호가 달 궤도에서 달 모듈과 사령서비스 모듈의 기능 시험을 성공적으로 마침에 따라 인간을 달에 착륙시키는 작업이 시작되었다. 이는 케네디 대통령이 의회에서 연설을 한지 8년 2개월이 지난 후이다. 케네디가 약속한대로 10년이 지나기 전에 사람을 달에 착륙시키게 되었다.

이미 여섯 명의 우주인들이 달 궤도에서 달을 내려다보았는데 이제 두 명이 먼지를 발로 차면서 달 표면을 걸을 수 있게 됐다. 아폴로 11호가 달을 향해서 1969년 7월 16일 발사되었다. 케이프케네디에서 수천 명이 관람하고 전 세계에서 수백만 명이 TV로 시청하는 가운데 케네디우주센터에서 새턴5의 우레와 같은 발사음으로 이 위대한 비행은 시작되었다. 아폴로 11호에는 선장인 닐 암스트롱, 달 모듈 조종사 버즈 알드린, 그리고 사령 모듈 조종사 마이크 콜린스가 탑승했다. 만일 아폴로 8호와 9호의 승무원들이 처음 계획되었던 대로 그들의 임무를 수행했다면 암스트롱은 아폴로 9호의 후보선장이 되었을테고 아폴로 11호 대신 12호의 승무원이 되었을 것이다. 아폴로 11호는 아폴로 8호의 후보였던 피트 콘래드(Pete Conrad)가 선장이 되었을 것이다. 애초에는 조종사가 먼저 달 모듈에서 나가는 것으로 계획되어 있었으나 조종실의 배치와 출입문 해치가 열리는 방법 때문에 암스트롱이 첫 번째로 나오게 되었다.

아폴로 11호의 달 비행은 사람들이 TV로 지켜보는 가운데 아폴로 10호와 같은 방법으로 아무 문제없이 순탄하게 진행되었다. 달 궤도

달에 착륙한 아폴로 11호

로의 진입도 조용하게 그리고 효과적으로 이루어졌다. 1969년 7월 20일 달 모듈 이글(Eagle)은 사령 모듈 컬럼비아에서 분리되어 하강 엔진을 점화하고 비교적 평탄한 지역인 '고요의 바다' 목표 지점으로 향했다.

하강은 알드린의 계기판을 읽는 소리가 들릴 뿐 순조롭게 진행됐다. 그러나 최후의 접근 때 드라마가 시작됐다. 과부하가 걸린 컴퓨터가 경고음으로 항의했고 임무가 실패할 것 같아 보였다. 다행하게도 이러한 종류의 고장은 모의실험에서도 일어났었기 때문에 경고음을 무시하기로 결정했다.

하강은 끝이 없어 보였고 지상 컨트롤 교신담당자 찰리 듀크(Ground

Control Capcom Charlie Duke)가 "60초"라고 외치면서 걱정이 자라나기 시작했다. 이것은 이들이 이 시간 안에 착륙해야지 그렇지 않으면 착륙을 포기해야 한다는 뜻이다.

암스트롱은 크레이터와 바위들 가운데 안전하게 착륙할 만한 지점을 발견하려고 노력했다. 알드린은 암스트롱에게 탱크에 8%의 연료만 남아있다고 말했다. 그들이 실패했을 때를 대비해서 이만큼의 연료를 남겨두어야만 했다. 자동 조종기의 도움을 받아 암스트롱은 이글을 한 크레이터를 목표로 해서 하강시켰다. 암스트롱은 평탄한 착륙 지점을 향해서 좀 더 가야 한다고 알드린에게 말했다. 연료량 표지에는 이제 빨간불이 들어왔다. 알드린은 암스트롱에게 계기판을 읽어주고 있었다. 듀크는 "30초"라고 끼어들었다. 달 모듈 이글은 단 20초분의 연료만 탱크에 남겨 놓은 채 착륙했다.

잠깐의 침묵이 지난 후 암스트롱의 조용한 음성이 들려왔다. "휴스턴, 여기는 고요의 바다임. 이글이 착륙했음." 숨을 조이고 기다리던 듀크는 "좋다. 고요의 바다. 이곳의 많은 사람들이 숨을 죽이고 마음을 졸였으나 이제 숨을 다시 쉬게 됐다. 감사하다."고 대답했다.

전 세계의 TV 시청자들이 지켜보는 가운데 지구인이 최초로 다른 세계에 발을 디딘 것이다. 미국 시간으로 7월 20일 늦은 시각 한국 시간으로는 21일 새벽, 이글이 공기압을 내리고 출입문 해치를 열었다. 닐 암스트롱이 천천히 해치를 열고 밖으로 나와서 아홉 계단을 내려가는 역사적인 순간을 연출했다.

내려가면서 그는 TV 카메라로 흑백 영상을 지구로 전송했다. 다 내려가서 땅에 발을 내디디기 전에 암스트롱은 "이제 달 모듈에서 내려서려고 한다."라고 말하고 그의 오른 발을 땅으로 내려디디면서 "이 인간의 작은 발걸음이 인류의 거대한 도약이다."라고 말했다.

알드린도 나왔고 달의 땅을 밟으면서 "장엄한 황무지"라고 말했다. 그들은 작업을 시작하여 미국 국기를 꽂고 달 표면에 기기를 설치할 준비를 하고, 중요한 암석과 토양 먼지의 표본을 채취했다. 암스트롱은 알드린의 사진을 찍었는데 그 중 하나는 이 비행과 전체 아폴로 계획의 상징이 되었다. 암스트롱이 달에서 찍은 사진이 없는데 그 이유는 알드린이 찍은 사진 중에는 360° 파노라마 사진에 암스트롱의 등이 나온 것이 전부였기 때문이다. 케네디대통령의 목표는 결국 달성됐고 미국은 달을 향한 경쟁에서 승리했다.

2시간 21분에 걸친 달 표면에서의 보행을 마치고 착륙선의 상승 부분(stage)이 이륙해서 컬럼비아와 랑데부하고 도킹한 후 지구로 돌아왔다. 바다에 내려앉은 후 달 세균에 감염되었을 경우를 대비해서 우주인들은 방역 컨테이너에 격리되었다. 그 다음 세 명의 우주인들은 열렬한 환영 행사, 기자 회견, 공식 만찬 등으로 수개월간 바쁘게 지냈다.

달에 두 번째로 인간을 착륙시킨 아폴로 12호

아폴로 11호가 달 착륙에 성공한 후에도 달 방문은 계속되어 같은 해 11월 14일에 아폴로 12호가 발사됐다. 이 우주선은 닉슨 대통령의 케네디우주센터 방문과 때를 맞추기 위해서 발사장이 번개를 동반한 비구름이 덮여있는 속에서 발사됐다. 아폴로 12호를 실은 새턴 로켓이 비구름 속으로 들어가면서 번개에 맞아 사령 모듈(CM) 시스템의 일부가 망가지기도 했으나 지상의 우주비행관제소의 원격 조종으로 기적적으로 문제가 해결되었다. 선장인 피트 콘래드와 알란 빈(Alan

Bean) 그리고 딕 고든은 1967년에 서베이어 3호가 연착륙했던 지점에서 180m 떨어진 곳에 착륙하기 위해서 '폭풍의 바다'로 향해서 비행했다. 11월 20일 콘래드와 빈은 달에 남아있던 서베이어 3호를 방문하여 TV 카메라를 포함해서 약 10kg의 부품을 우주선에서 떼어내어 지구에서 점검할 수 있게 했다. 서베이어 3호 카메라는 현재 미국 워싱턴디씨에 있는 스미스소니언 국립항공우주박물관에 진열되어 있다.

최초로 달에 섰던 우주인 암스트롱

콘래드와 빈의 '달 걷기'는 지구로 생중계 되어 흥미를 더했다. 그러나 이 때에는 달 탐험이라는 큰 목표가 이미 달성되어 일반인의 달 탐험에 대한 열기는 식기 시작했고, 아폴로에 대한 정치적 관심도 줄어들고 있었다.

아폴로 13호의 실패

1970년 4월 11일 발사된 아폴로 13호는 이전만큼 일반인의 관심을 끌지 못했다. 그러나 발사 56시간 후에 상황이 돌변했다. 세 명의 우주인이 춥고 진공인 우주에서 목숨을 잃는 최초의 우주인이 될지도 모르는 심각한 위험에 처해졌기 때문이다.

4월 13일 제임스 로벨, 잭 스와이거트(Jack Swigert), 그리고 프레드 하이스(Fred Haise)를 태우고 계획대로 달의 '프라 마우로(Fra Mauro) 고원' 을 향하여 비행하는 도중 사령선 오디세이(Odyssey)에서 TV 방송을 막 끝냈을 때 서비스 모듈(SM)에서 폭발이 일어났다. 전기를 공급하는 연료전지 시스템 내 산소탱크가 폭발한 것이다. 큰 폭발음과 흔들림이 일어났다. 연료전지 시스템이 손상되었고 전기 공급이 끊기면서 사령 모듈(CM)은 곧 사용할 수 없게 됐다. 달 착륙은 취소됐고 지상의 엔지니어들이 승무원들을 살아서 안전하게 돌아올 수 있는 방법을 강구하는 동안 세계의 관심이 쏠렸다. 이러한 위기를 겪었기 때문에 아폴로 11호가 아니라 아폴로 13호가 사람들에게 더 기억되고 있다. 사고가 달로 향해서 비행하는 도중에 일어난 것이 승무원들에게는 행운이었다. 달 모듈 아쿠아리우스(Aquarius)가 사용되지 않고 그대로 붙어 있었기 때문에 이것이 승무원들을 지구로 귀환시키기 위한 엔진 점화에 사용될 수 있었고 생명 유지를 도울 수 있었다.

지상의 우주비행 관제소와 우주선을 제작한 사설 회사로부터 자문을 받아 아폴로 13호 승무원들은 아쿠아리우스의 엔진을 세 번 연소

달에 남은 발자국

시켜서 달을 돌아서 지구로 돌아오게 했다. 승무원들의 생명을 유지시킨 조치의 하나는 '달 걷기'를 위한 우주복과 다른 필요 불급한 기구에서 이산화탄소 필터를 만드는 것이었다. 이러한 조치에도 불구하고 우주선 내 환경은 열악했으나 승무원들은 다행스럽게도 살아서 돌아올 수 있었다.

아폴로 13호의 문제가 생긴 4일 동안 전 세계 사람들이 가슴을 조였고 그래서 이들의 안전한 귀환에 모두 기뻐했다. 닉슨 대통령도 이들의 팀 노력에 감사를 표했다.

1970년 닉슨 대통령은 아폴로에 대한 지지가 식어지고 미국의 자원을 고갈시키고 있음을 인지하기 시작했다. 그는 아폴로 18~20호를 취소했다. 그래서 네 번의 아폴로 비행만이 남겨졌으나 이것들도 취소될 위협에 직면했다.

인간의 달 착륙, 아폴로 14호와 15호로 이어져

아폴로 14호는 아폴로 13호가 탐사하기로 계획했던 '프라 마우로' 고원지대를 목표로 했다. 선장으로는 귀 내부에 문제가 있어서 여러 해 비행을 못하고 있던 미국 최초의 우주인인 알란 셰퍼드였다. 아폴로 14호는 1971년 1월 31일에 발사되었는데 발사되자마자 달로 향하는 연소가 시작된 후 S4B에 부착된 달착륙선과 도킹하는데 실패하는 등 여러 문제에 봉착했다. 그러나 도킹은 결국 성공했고 셰퍼드는 달착륙선 안타레스(Antares)를 어렵게 착륙시켰다.

그는 낮게 뜬 해를 가리면서 달 표면으로 내려서면서 "먼 길이었지만 드디어 여기 왔다."라고 그가 다시 비행을 하기 위해서 오랜 세월 기다렸음을 의미하는 말을 남겼다. 그와 그의 조종사인 에드가 미첼

(Edgar Mitchell)은 과학기기 한 벌을 내려놓았으나 그들의 목적지인 '콘(Cone) 크레이터'에 도달하는 데는 어려움을 겪었다. 표면의 기복이 심했고 돌이 예상보다 더 많았다. 달 걷기를 두 번한 후 승무원들은 스투아트 루사(Stuart Roosa)가 조종하는 사령선 키티 호크(Kitty Hawk)로 향했다. 지구에 도착하면서 이들은 검역 컨테이너를 거치는 최후의 사람들이 되었다.

아폴로 15호 이전에 달에 착륙한 세 번의 아폴로 우주인들은 혹시나 돌아오지 못할 위험에 대비해서 안전하다고 생각되는 착륙선에서 가까운 거리 밖에는 탐험을 하지 못했다. 그러나 아폴로 15호 우주인들은 달탐사차(LRV)를 이용해서 더 먼 수 km의 거리까지 탐사했다. 아폴로 15호는 달에서 가장 볼거리가 많은 지역인 '아펜닌(Apennine) 산맥'과 '하들리 계곡(Hadley Rille)' 옆 '임브리움(Imbrium) 바다' 끝을 목표로 했다. 아폴로 15호는 선장이 데이브 스캇(Dave Scott)이었고 팰컨(Falcon, 독수리)이라 이름 붙여진 달착륙선의 조종사는 제임스 어윈(James Irwin), 그리고 사령선의 조종사는 알 워덴(Al Worden)이었다. 1971년 7월 21일에 새턴5 로켓으로 발사된 아폴로 15호는 일곱 번째의 유인 달 탐사선으로 비교적 조용한 가운데 이루어졌다. 최후의 접근에서 팰컨은 '아펜닌 산맥' 위에서 26°의 가파른 각도로 하강하여, '하들리 계곡' 끝자락 근처에 안전하게 착륙하였다.

창의적으로 설계된 LRV는 팰컨을 빠져나와서 달착륙선 옆에서 겹쳐진 부분을 펴서 모래벌레(dune buggy)와 비슷한 모양으로 변모되었다. LRV는 진공 속에서 넓은 온도 범위에서 그리고 고난도의 지형에서 작동되도록 설계된 고성능의 탐사차이다. 길이가 3m, 폭이 2m이고 철사로 된 네 개의 바퀴를 가졌다. 두 개의 은과 아연의 배터리로 추진되는 이 탐사차는 지구와 교신할 수 있는 고감도 안테나를 갖추고 있었다. 탐사차에 설치된 TV 카메라는 지구의 시청자들에게 18시간 이상이 걸린 세 번의 탐사로 하면서 하들리 기지 주위의 아름다운 경관을 생생하게 보여줬다. LRV는 27km 이상을 주행한 후 달착륙선 근처에 머물러서 TV 시청자들에게 이륙 장면을 생방송으로 중계하기도 했다. 스캇과 어빙을 실은 착륙선은 95.7kg의 월석과 함께 찬란한 불꽃을 내뿜으면서 이륙하여 달 표면 탐사를 마무리했다. 돌아오는 길에 사령선 조종사인 워덴은 서비스 모듈의 측면에서 실험 장치를 회수하기 위하여 우주유영(EVA)도 했다.

마지막 아폴로, 16호와 17호

1972년 4월 16일 발사된 아폴로 16호는 데카르트(Descartes)라 불리는 고원을 목표로 잡았다. 아폴로 16호에는 존 영(John Young), 찰리 듀크, 그리고 켄 매팅리(Ken Mattingly)가 탑승했다. 영과 듀크는 달 표면 탐사를 마치 코미디를 하듯 농담이 섞인 연기로 사람들을 즐겁게 했다. 듀크는 뛰어 오르는 중에 균형을 잃어 등에 짊어진 생명 유지 장치 위로 넘어져서 하마터면 생명을 잃을 뻔도 하였다. 영도 뚱뚱한 옷을 입어 발끝을 볼 수 없었으므로 열전도 실험 장치의 선에 걸려서 그 장치를 못 쓰게 만들기도 했다. 이들은 20시간 이상이 걸린 세 번의 탐사 여행에서 LRV를 타고 시속 13km의 속도를 내서 달의 먼지를 일으키기도 하였다. 귀환하는 도중에는 사령선 조종사인 매팅리가 귀환 길의 우주 유영도 하였다. 아폴로 16호는 11일의 여행에서 약 96kg의 월석을 지구로 가져왔다.

아폴로 17호는 1972년 12월 7일 밤에 케네디우주센터에서 밤하늘을 밝히며 발사되었다. 아폴로 17호의 비행임무는 타우루스 리트로우(Taurus Littrow) 고원에 착륙하는 것이다. 진 서난이 선장, 지질학자인 잭 슈미트(Jack Schmitt)가 달착륙선 조종사, 론 에반스(Ron Evans)가 사령선의 조종사였다. 서난과 슈미트는 달착륙선 챌린저를 완벽하게 달에 착륙시켰다.

코페르니쿠스 크레이터

세 번째의 달 탐사차를 이용한 세 번에 걸친 달 보행 중에 이들은 넓은 지역을 탐사하여 그 중 일부는 색깔이 오렌지색인 것을 발견했다. 이 중요한 발견을 슈미트는 최근의 화산활동의 증거라 해석했고 다른 사람들은 표면 아래에 물이 있는 증거라고 지적했다. 지질학자를 보낸 성과를 얻은 셈이다. 달을 떠나기 전에 그가 마지막 달 탐사 우주인이 되지 않을 것을 희망하면서 서난은 신의 가호로 모든 인류를 위한 평화와 희망을 가지고 우리는 다시 돌아올 것이라는 말을 남겼다. 서난은 여러 연설 가운데 그의 임무가 “시작의 끝”이라고 말했지만 그것은 끝의 시작이 되고 말았다.

아폴로가 밝힌 달에 관한 새로운 사실

아폴로 계획으로 달에 관한 여러 가지 새로운 사실들이 알려졌다. 달은 옛날 지구가 형성될 때 함께 형성됐다. 초기에는 달과 지구가 거의 같은 과정을 거쳐서 형성되었다. 달은 화산 폭발과 운석충돌로 부서지거나 녹았던 암석물질로 만들어졌다. 달 표면은 입자가 아주 고운 흙으로 덮여있다. 이 흙은 우주인들의 발자국이 남아 있을 정도의 응집력을 가지고 있다. 달의 토양은 마이크로미터(㎛) 크기의 광물질 입자를 함유하고 있는데 이 물질의 입자들은 얇고 일정한 형태가 없는 껍질로 둘러싸여 있다. 이 껍질들은 미소 운석의 충돌에 의해서 증발된 물질이 쌓여서 이루어진 것으로 보인다. 증발과 퇴적이 달 표면 물질의 형성과 대기의 진화에 중요한 역할을 했다.

아폴로 이전에는 달 표면을 덮고 있는 크레이터들의 기원이 충분히 이해되지 않았었다. 그러나 대부분의 크레이터들이 원형대로 보존되어 있고 그 배열이 제멋대로이고 매스콘(Mascon)이라는 큰 중력을 가진 물질이 곳곳에 묻혀있는 점 등으로 미루어 크레이터들은 운석 충돌로 생긴 것으로 믿어진다. 가장 젊은 달 암석은 가장 오래된 지구 암석과 나이가 비슷하다. 어둡고 낮은 지대인 마리아의 월석 나이는 약 32억년이고, 밝고 험난한 지형인 고원의 암석은 거의 46억년이나 된다. 모든 월석은 물이 거의 없이 높은 온도의 과정을 통해서 형성됐다. 달의 암석은 지구의 암석과 같이 현무암, 사장암, 각력암 등의 세 종류로 이루어졌다. 달에는 산화철과 티타늄이 지구보다 더 풍부하며 알루미늄도 상당량 존재하는 것으로 나타났다. 달에는 인간이 필요로 하는 필수 광물자원을 포함해서 총 60 여 종의 원소가 있는 것으로 알려졌다.

지구와 달은 서로 깊은 관계를 가지고 있지만 달에는 생명체, 화석, 고유의 유기화합물은 존재하지 않는다. 달의 역사 초기에 달은 깊은 곳까지 녹아서 마그마의 바다를 형성했다. 달의 고원지대는 마그마(magma) 바다의 표면으로 떠오른 초기의 저밀도 암성 잔해를 포함하고 있다. 달의 마그마 바다는 후에는 일련의 거대한 소행성 충돌이 일어나서 후에 용암류로 채워졌다.

마리아, 임부리움과 같은 크고 어두운 분지(basin)는 달의 역사 초기에 형성된 거대한 충돌 크레이터로서 약 32~39억 년 전에 용암류로 채워졌다. 달의 화산은 대부분 용암류의 형태로 일어났고 용암류는 수평으로 퍼져나갔다. 화산의 불은 오렌지와 에메랄드 색의 유리구슬의 퇴적물을 형성했다.

아폴로 우주인들이 달에 설치한 월진계 측정으로 달에서도 지진, 즉 월진이 비록 약하기는 하지만 일어나는 것으로 밝혀졌다. 월진은 달의 표면에서 1,000km 안쪽 고체물질에서 일어난다. 달의 내부 구조는 표토의 두께가 약 10m, 현무암의 지각이 약 60km, 그리고 그 밑 고체의 맨틀이 1,000km로 놓여있다. 중심핵은 두께가 500km로 금속성 물질을 포함하고 있고 온도는 약 1,500℃로 부분적으로 녹아 있다.

달에는 3He이라는 헬륨의 동위원소가 풍부한 것으로 알려졌다. 이 원소는 청정에너지의 공급원인 핵융합의 원료로 각광을 받는 물질로서 선진국들은 달에서 이 물질을 채취하기 위한 기술 개발에 열을 올리고 있다.

달은 지구의 중력 영향 밑에서 진화해서 약간 비대칭이다. 질량은 달 내부에 고르게 분포되어있지 않다. 큰 질량 집중점인 메스컴이 여러 개의 거대한 달 분지 밑에 놓여있는데 이것은 아마도 밀도가 큰 용암이 두껍게 쌓여서 형성된 것 같다. 달 표면은 달 표토(regolith)라 불리는 암석 조각과 먼지의 퇴적물로 덮여 있다. 이것들은 지구의 기후 변화를 이해하는데 중요한 태양의 복사에 대한 역사를 품고 있다.

아폴로 우주인들이 달에 남겨 놓은 거울은 달과 지구 사이의 정확

달 표면의 암석

한 거리를 측정해 아인슈타인의 상대성 이론이 옳았음을 입증했다. 미국 뉴멕시코 주의 아파치관측소에서는 맑은 날 밤마다 달에 레이저를 쏜다. 옷가방 크기의 이 거울 상자 속에는 100개의 거울이 촘촘히 박혀 있다. 이 실험으로 지구에서 달까지의 거리를 1~2mm의 오차로 정확히 알아낼 수 있다. 레이저를 이루는 30경(3곱하기 10의 17제곱)개의 빛 알갱이(광자) 중 달의 거울에 반사되어 지구로 돌아오는 수는 수개 정도에 불과하다. 이 같은 빛 알갱이 덕분에 그토록 정밀한 관측을 할 수 있다. 이 거리 측정으로 아인슈타인의 일반상대성이론이 옳은 것도 증명할 수 있었다.

아폴로의 성과와 부산물

여섯 번의 달 착륙 비행 후에 아폴로 계획은 종말을 고했다. 아폴로는 케네디 대통령과 미국 국민이 바라던 바를 이룩했다. 아폴로 프로그램의 총비용은 254억 달러가 든 것으로 1973년에 발표되었다. 이 돈으로 미국은 꿈을 이룬 것이다. 당시에는 이 비용이 커 보였으나 그 이후에 미국이 우주탐사에 지출한 돈에 비하면 별로 큰 것도 아니었다.

달 보행은 14번 이루어졌고 총시간은 3일 8시간 22분이었다. 달 표면 체재 시간은 12일 11시간 40분이었다. 여섯 번의 달 착륙임무에서 385kg의 월석을 지구로 가져왔다. 달 착륙 때마다 달 표면에 각종의 과학기기들을 배치했는데 이것들은 우주인들이 떠난 후에도 작동했다. 기기들은 아폴로 달표면 실험장치(ALSEP)로서 지진계, 먼지 탐지기, 자력계, 분광기, 이온 탐지기, 음극측정기(cathode gauge), 하전입자 탐지기, 열전도 실험기, 중력계, 대기조성 측정기, 분출물과 운석 탐지기 등이다.

특히 아폴로 15~17호에서는 사령선의 조종사가 다양한 관측 장치로 궤도에서 달을 광범위하게 관측했다. 여기에는 1m의 해상도로 표면의 사진을 찍을 수 있도록 하는 스파이 위성 기술로 만들어진 카메라도 포함되었다. 아폴로는 8과 10호를 포함해서 달 궤도를 363번 선회했고 선회한 총시간은 27일 17시 46분이다. 24명이 달 궤도를 다녀왔고 12명이 달 표면을 걸었다. 이들 중 3명은 이미 사망했다.

아폴로 계획의 성공은 극히 어려운 시스템 엔지니어링, 기술, 그리고 여러 기관의 통합적 요구를 만족시킨 종합 과학기술의 승리이다. 아폴로는 과학과 기술의 여러 분야에 직접적인 진전이 이루어지게 했다. 그 중의 일부는 실생활에 직접 활용되기도 했다. NASA와 아폴로 계획에 관여한 협력업체의 과학자들에 의해서 개발된 분야로 대표적인 것이 컴퓨터와 전동공구라 할 것이다. 연료전지는 최초로 아폴로 비행에 사용되었다.

달 표면 탐사선

아폴로는 처음 기술 혁신을 불러왔는데 이것은 오늘날에도 계속되고 있다. 당시에 이루어진 기술 혁신과 발전을 우주부산물이라 불렀는데, 특히 컴퓨터가 현재와 같이 발전하는 데는 우주 시대에 힘입은 바 크다. 당시 새턴 5에 실린 거대한 계산기는 오늘날 가장 간단한 포켓 계산기의 연산 능력 밖에는 갖지 못했다. 그러나 이 기술은 거의 믿어지지 않을 정도로 발전해서 현재의 컴퓨터나 인터넷의 빠른 통신기술로 발전했다. 비슷한 우주비행기술의 부산물은 첨단 수술기기와 불연(不燃) 물질, 그리고 전동공구 등장으로 이어졌다.

소련의 유인 달 탐사 계획

인간을 달에 첫 번째로 착륙시키는 것은 나라의 위신이 크게 걸린 일임에도 불구하고 소련은 미국이 아폴로 계획을 발표할 때까지도 그들의 목표가 달이라는 것 말고는 유인 달 탐사를 위한 어떤 계획도 발표하지 않았다.

소련은 그 후 4년이 지나서야 암호 L-3라는 아폴로에 상응하는 확실한 달 착륙 계획을 수립했다. 그러나 이 계획도 대략적인 윤곽만 알려졌을 뿐 상세한 내용은 1980년대까지 알려지지 않았었다. L-3은 N-1이라 불리는 소련의 거대한 로켓 부스터에 의존하는 계획이다. 이 부스터는 머리에 유인 달 착륙 우주선을 올려놓은 아주 긴 화물칸을 가진 특이한 운반체이다. N-1은 바닥 지름이 15m이고 높이가 91.5m인 거대한 3단계의 추진체이다. 달로 가는 우주선은 두 개의 로켓 모터, 달 착륙선 그리고 달 궤도선 등 네 개의 단위로 구성되고 두 명의 승무원이 탑승한다. 블록 G라 불리는 첫 번째 로켓 모터는 달로 가는 우주선을 달로 날아가게 한 후 버려진다. 다음 블록 D 엔진은 달 착륙선을 최저점이 16km가 되는 달 궤도에 진입시키기 위해서 작동된다.

달 착륙선에 홀로 탄 우주인은 모선에 남은 그의 동료를 떠나 아래에 있는 달 모듈로 갈아타기 위해서 우주복을 입고 우주유영을 한다. 블록 D와 착륙선은 모선에서 분리된다. 블록 D 엔진은 표면 착륙을 위한 하강을 위해서 점화된다. 그러나 달 표면 상공 고도 24km에서 4.57m 높이의 착륙선이 분리되고 그 자체의 엔진을 사용하여 달 표면에 연착륙한다. 블록 D 엔진은 표면에 충돌한다.

달 표면에 착륙한 우주인은 둥근 뚜껑을 열고 밖으로 나가서 사다리를 타고 표면으로 내려가 소련 국기를 꼽는다. 그는 1시간 동안 머문 후 암석과 표본을 가지고 우주선으로 되돌아간다. 달 모듈은 하강 때 사용했던 엔진을 점화하여 달에서 이륙한다. 달 모듈은 달 궤도선과 도킹을 하고 달에 착륙했던 우주인은 옮겨탄다. 달착륙선은 떨어져 나가고 궤도선은 엔진을 점화시켜 지구로 귀환한다. 그러나 이 유인 달 탐사 계획은 계획에 그쳤을 뿐 실현은 되지 못했다.

소련은 달 탐사를 미국보다 먼저 시작했으나 달 경쟁에서는 미국에 졌다. 1968년 소련은 미국보다 먼저 달에 우주인을 착륙시키기가 사실상 어렵다고 생각되자 대신으로 미국보다 먼저 두 명의 우주인이 달 주위를 돌고 지구로 귀환시키는 계획을 추진했다. 소련은 1968년 9월 유인이 아니라 무인의 존드5를 최초로 달 주위를 돈 후 지구로 귀환하게 했다. 미국의 NASA는 이 일에 자극받아 1968년 12월 세 명의 우주인이 탄 아폴로 8호가 달 주위 궤도를 돌게 했다. 그러나 이것이 소련이 미국의 달 계획과 경쟁하는 위치에 있었던 마지막 기회였다.

소련의 달 선회 계획은 존드 또는 L-1이라 불렸다. 존드는 우주정거장 건설 계획에서 지구와 우주왕복선을 왕복하기 위한 우주택시인 새로운 소유즈 우주선에 뿌리를 두고 있다. 궤도 선회 모듈이 따로 없고 두 명의 승무원만이 탈 수 있는 소유즈는 새로 개발된 프로톤(Proton) 로켓과 함께 존드 계획에 사용되었다.

지구 궤도 시험 후 최초의 달 탐사용 존드는 1968년 3월 발사된 존드4이다. 이 무인 우주선은 달 주위를 돌았으나 소련 밖 착륙지로 다가가자 고의로 파괴시켰다. 1968년 9월 존드 5는 거북이, 곤충, 식물, 박테리아. 씨 등을 싣고 달 주위를 돌았으나 지구에 착륙하기 전 조종 실패로 우주선이 지구 대기 속으로 가파른 타원 궤도를 그리면서 돌진하자 인도양에 비상착륙 시켰다. 존드5는 최초로 달을 한 바퀴 돌고 지구로 귀환하는 우주선이 되었다. 1968년 11월 존드6은 달 주위를 돌았으나 지구로 돌아오는 동안 압력이 낮아졌고 낙하산이 펴지지 않아 우주선은 파괴되었다. 만약 이 우주선에 우주인이 탑승했으면 그는 사망했을 것이다. 존드7은 유일하게 성공적인 비행을 한 달 탐사 우주선이다. 이 우주선은 달을 선회한 후 1969년 8월 소련에 안전하게 귀환했다. 존드8은 1969년 10월에 달을 선회했으나 이번에도 조종 시스템의 고장으로 인도양에 착륙했다.

1969년부터 시작된 T-3 달 착륙 프로그램은 N-1 추진체의 4번의 연속적인 실패로 완전한 실패로 끝났다. 달 착륙 모형을 실은 N-1 거대 추진체는 1969년 2월부터 1972년 11월까지 바이코누르 발사장에서 네 번 발사되었으나 모두 폭발 또는 추락하는 사고를 일으켜서 이 프로그램은 더 이상 추진되지 못했다.

아폴로 이후 달 탐사와 물 발견

1959년부터 1976년까지 미국과 소련은 무려 60기의 우주선을 달로 쏘아 올리며 탐사에 열을 올렸으나 그 후에는 시들해졌다.

1976년 소련이 루나 24호를 달로 발사한 후 처음으로 일본이 1990년 1월에 달 탐사선 히텐(Hiten)을 발사했다. 이것은 미국과 소련 이외의 국가가 최초로 달로 보낸 우주선이다. 이 우주선은 달 주위 궤도를 돌면서 달의 중력을 이용한 궤도변경 실험을 한 후 1993년 4월 달 표면에 충돌했다.

미국 국방성은 1994년 1월 클레멘타인(Clementine)을 발사했다. 클레멘타인 달 궤도선은 달의 남극에 위치한 '샤클턴(Shackleton) 크레이터'에 물이 존재함을 암시하는 증거를 찾아냈다. 클레멘타인의 카메라들이 여러 파장으로 달 표면을 촬영한 영상을 분석한 결과, 달의 남극 근처에 있는 크레이터의 영구적으로 그늘진 바닥에 얼음층이 있는 것을 밝혀냈다. 이 얼음층의 표면적은 축구장 4배이며 깊이는 5m 정도인 것으로 나타났다. 여기에 포함된 물은 인간이 달기지를 세웠을 때 그곳에서 필요한 물을 충족시킬 수 있는 양이다.

달 궤도에서 달의 극지방에 물이 존재하는 증거를 찾는 임무를 띤 루나 프로스펙터(Lunar Prospector)를 NASA가 1998년 발사했다. 이 우주선은 물의 징후를 발견하는 데는 실패했으나 물이 있어서 생겨난 다량의 수소가 크레이터에 존재함을 알아냈다. 달의 크레이터 바닥에 얼음이 있다면 우주선을 충돌시켰을 때 물기둥이 솟아오르는 실험을 하기 위해서 NASA는 1999년 7월 이 우주선을 남극 근처 크레이터에 충돌시켰으나 물기둥은 관측되지 않았다.

유럽의 ESA는 2003년 9월 남미 기아나(Guiana)의 쿠루(Kourou) 우주기지에서 아리안-5 로켓으로 유럽 최초의 달 탐사선인 SMART-1을 발사하여 달 궤도에서 각종 탐사작업을 하게 했다. 이 달 궤도선은 궤도를 선회하면서 X선 및 적외선 분광계로 지구에서 보이지 않는 쪽을 비롯한 달 전체 표면의 지형과 광물질을 조사했다. ESA는 이 탐사선을 2006년 9월 달 표면에 추락시켜 충돌 순간에 일어나는 파편과 먼지 그름을 관측하여 광물질에 관한 자료를 수집했다.

2007년 9월 일본은 가구야(Kaguya 일명 Selene)를 발사했다. 가구야는 일본 전래 동화에 나오는 대나무 속에서 태어난 아름다운 공주의 이름이다. 원래 달나라 사람이었는데 죄를 지어 지상에 유배당했다가 음력 8월 15일 달나라 군대가 지구로 와 데리고 갔다고 한다. 규슈의 다네가시마(Tanegashima, 種子島) 우주센터에서 H2A로켓 13호기에 의해 달 궤도로 발사된 이 위성은 달 궤도를 선회하면서 달의 기원과 진화 연구를 위한 자료 수집 등 장차 달의 이용에 필요한 다양한 관측을 수행했다. 이 위성은 모두 3개로 달 표면 100km 상공을 도는 무게 약 3t, 가로 세로 약 2m에 높이 4.8m의 직방체인 모 위성과 또 다른 궤도를 도는 무게 약 50kg인 2개의 위성이 정보를 수집했다. 위성들은 달의 화학물질 분포와 광물분포, 지표면 구조, 중력장 등의 환경관련 자료를 얻었다. 이 위성은 1년간 달 궤도를 돌았다.

가구야는 달 표면에서 거대한 지하 용암 터널과 이곳으로 통하는 큰 구멍을 발견했다. 이 터널은 기온변화가 적고 달에 떨어지는 운석 등을 막아 향후 달 탐사 기지로 활용할 수 있을 것으로 전망된다. 이 터널은 지하의 높이 20~30m, 폭 400m 크기이며 이곳으로 통하는 직경 60~70m, 깊이 80~90m의 구멍과 함께 발견됐다. 이 터널과 구멍은 달 표면에 흐르던 용암이 굳어지는 과정에서 생성된 것으로 추정되고 있다. 가구야는 1년 8개월 동안 달 주위 궤도를 돈 후, 2009년 7월 10일 '길(Gill) 크레이터' 에 의도적인 충돌로 수명을 마쳤다.

중국은 2007년 10월 창어(Chang'e, 嫦娥) 1호를 최초로 달로 발사했다. 창어는 달의 여신 이름이다. 창어 1호는 달 궤도를 돌면서 달 전체 표면에 대한 상세 지도를 그리고 표면의 지질 구조와 화학 조성률을 조사했다. 중국은 이 우주선을 2009년 3월 달 표면에 충돌시켰다. 중국은 2010년 10월에도 창어 2호를 발사하여 창어 1호와 유사한 임무를 수행시켰다. 이 우주선은 달 표면에 착륙할 예정인 창어 3호의 착륙 지점 탐사를 위한 작업도 벌였다.

2008년 10월에는 인도의 우주연구기구(ISRO)가 찬드라얀(Chandrayaan) 1호를 발사했다. 찬드라얀은 고대 인도문화의 기본인 산스크리트어로 달 또는 달의 신(Chandra, 또는 Candra)과 탐사(probe)의 합성어로 달 탐사선을 의미한다. 궤도선과 달충돌탐사선(MIP)으로 이루어진 찬드라얀1호는 달 궤도에서 2008년 11월 14일에 충돌선을 궤도선에서 분리시켜 전에 클레멘타인 우주선이 물의 증거를 찾아낸 달 남극 근처의 '샤클턴 크레이터'에 충돌시켰다. 이 충돌로 솟구쳐 나온 토양을 분석해서 달에 물 얼음과 유기물의 존재 여부를 알아내기 위한 실험이었다.

ISRO는 2009년 10월 찬드라얀1호가 보낸 데이터를 분석한 결과 달에 물이 존재한다고 발표했다. 이 위성에 실린 미국 NASA의 달 광물탐사장비(M3)가 빛이 달 표면에 닿았다가 반사되는 파장이 긴 적외선 영역의 빛을 관측했더니 근적외선 파장대의 스펙트럼 데이터에서 특정파장이 관측되지 않는 '흡수선 현상'이 나타났다. 물이나 수산기 분자는 3㎛ 파장의 적외선 빛을 흡수해 버리는 특성이 있는데, 달 표면의 반사광 스펙트럼에서 이 파장대가 잘 나타나지 않는 현상은 달에 쏟아진 햇빛 가운데 물 분자가 3㎛ 파장의 빛을 흡수한 후 반사되

달 탐사선 LCROSS

었다는 것이다. 이는 물이나 수산기 분자들이 달 표면에 존재하는 증거로 볼 수 있다. 그러나 어떻게 물이 증발해 버리지 않고 아직도 남아있는지는 아직도 수수께끼로 남아있다. 물의 존재를 가리키는 특정 파장의 빛은 양극(兩極) 지역에서 가장 강하게 나타나며 하루 중 아침에 가장 강하고 정오쯤에 가장 낮은 시간대별 특징을 가지고 있었다. 달 표면에 물과 수산기분자가 얼마나 존재하는지는 현존하는 자료로는 추정이 불가능하지만 '축축하다'는 표현을 쓸 정도는 아니다. 지구에서 가장 건조한 사막도 달의 양극과 표면층보다는 더 많은 물을 품고 있다.

NASA는 찬드라얀 1호에 달린 레이더 관측 장비 'Mini-SAR'의 자료를 분석한 결과 달 표면에 얼음 약 6억t이 존재하는 것으로 추정된다고 발표했다. 물 6억t은 소양호에 물이 가득 찼을 때 저수량의 5분의 1에 해당하는 양이다. 얼음은 달의 북극 지역 일대의 크레이터에서 발견됐다. 달의 북극은 NASA가 물이 얼음 형태로 존재한다고 최초로 확인한 남극과 마찬가지로 태양빛이 닿지 않아 '영구적인 밤' 만 계속되는 곳이다. NASA는 'Mini-SAR' 를 통해 40곳 이상의 크레이터가 얼음을 담고 있는 것을 확인했다고 밝혔다. 크레이터의 길이는 2~15km였고 각 크레이터 안에 담긴 얼음의 양은 깊이에 따라 달랐다. NASA는 크레이터 내외부의 빛의 굴절 및 반사 정도 차이를 통해 얼음의 존재 여부를 확인했다고 밝혔다.

NASA는 달에서 물의 징후를 찾기 위해 물이 있을 것으로 추정되는 달의 남극 지점에 2009년 6월 달 궤도 탐사선 LRO와 달 충돌체 LCROSS를 아틀라스5 로켓에 실어 발사했다. LCROSS는 2009년 10월 달 남극권의 '카비우스(Cabeus)A 크레이터' 에 충돌했다. 7,900만 달러의 제작비가 들고 무게가 2.3t인 LCROSS는 센타우르(Centaur)라 불리는 부스터 로켓과 센타우르를 크레이터로 인도한 뒤 분리되는 유도체로 구성되어 있다.

LCROSS의 유도체는 먼저 센타우르 로켓을 분리시켜 시속 약 9,000km(초속 2.5km)로 크레이터에 충돌시켰다. 이 속도는 총알 속도의 2배에 달하는 것이다. 충돌 지점의 온도는 순간적으로 약 70℃까지 치솟았고 충돌 15초 후에 생긴 먼지 파편 기둥은 지름이 6~8km, 높이는 1.6km에 달했다. 이 충돌로 크레이터 속에 묻혀있던 10억~20억 년 전의 우주물질이 처음으로 표면에 나오게 되었다. LCROSS는 충돌로 일어나는 파편 구름을 뚫고 지나가면서 5대의 카메라와 3대의 분광기로 가시광선과 근적외선, 중적외선(中赤外線) 파장대를 관측하여 물을 비롯한 화학성분들을 추적했다. 유도체에 실린 광도계는 충돌 때 일어나는 희미한 섬광을 재빨리 측정해 달 암석의 광 투과도와 물질의 강도, 물 성분 여부를 가렸다. 이후 4분이 지나서 LCROSS는 최초 충돌 지점에서 약 3.2km 떨어진 지점에 스스로 충돌하여 두 번째의 먼지 파편을 관찰할 기회를 만들어 주었다.

지름 40km의 '카비우스A 크레이터'는 달 궤도선 LRO와 1998년 10월에 발사된 궤도선 루나프로스펙터가 수집한 자료에서 가장 적합한 장소로 선택되었다. 카비우스는 항상 그림자가 드리워져 있기 때문에 달에서 가장 온도가 낮아 많은 얼음이 저장되어 있을 것으로 추측되는 지역이다.

2010년 10월에는 NASA가 '카비우스 크레이터'에 38억 리터의 물이 존재한다고 발표했다. 이 양은 올림픽 규격 수영장 1,500개를 채울 수 있는 양이다. 이 지역 달 표토층에는 초저온 상태의 얼음이 약 5.6% 포함돼 있는데, 이는 흙 1t 당 약 45리터의 물이 있으며 충돌 지점 중심으로 반경 10km 내에 38억 리터의 물이 있음을 의미한다. 이는 달의 표토층이 지구의 사하라 사막보다 수분이 두 배 더 많은 것이다. 달 극지방의 표면에서는 물외에도 수소, 은, 탄화수소, 수은, 칼슘, 마그네슘 등 다양한 광물 성분도 발견됐다. 이 크레이터가 있는 달의 남극은 미국이 2018년을 목표로 추진 중인 달 유인기지 건설 프로젝트의 최적 후보지이다. 달의 얼음은 우주 개발에 매우 중요하다. 녹여서 식수로 사용할 수도 있고 산소와 수로로 분해해서 공기와 연료로 사용할 수도 있다. 이로써 달에 우주기지를 건설하려는 계획이 한층 더 탄력을 받게 되었다.

LRO는 달의 극궤도를 50km의 낮은 고도로 돌면서 달 표면의 3D 지도를 작성했다. 이 탐사선은 다음의 달 탐사선이 안전하게 착륙할 지점의 탐사, 달의 자원탐사, 복사환경조사 등의 임무를 수행하고 있다. LRO는 최근 달 표면에 티타늄이 다량으로 매장된 지점을 찾아내서 화제가 되었다. 이 우주선은 2014년까지 5년 동안 활동을 계속할 것이다.

NASA는 2011년 9월 10일 쌍둥이 달 탐사우주선 GRAIL A와 B를 발사했다. GRAIL A는 12월 31일에, 그리고 GRAIL B는 그 하루 뒤에 달 궤도에 성공적으로 진입했다. 이 우주선들은 달 상공 54km의 극궤도를 돌면서 달의 중력장 분포도를 작성하여 달의 내부구조, 특히 중심부가 고체의 철 또는 산화티타늄으로 구성되었는지를 밝히게 될 것이다. 2013년 1월 15일에는 NASA가 달 대기와 먼지환경 탐사선 LADEE를 달 궤도로 보내 달의 대기와 주변 공간의 먼지 분포를 조사할 예정이다.

우주왕복선

우주왕복선은 NASA가 1960년대 후반에 연구를 시작하면서부터 세상에 알려지게 되었다. 당시에는 아무도 이것이 미국의 우주 프로그램에서 향후 수십 년 동안 얼마나 중요한 역할을 할 것인가에 대해 상상하지 못했다.

제5장 우주왕복선

우주왕복선은 궤도 인간 비행을 위해서 지구와 궤도 사이를 운영하는 우주선이다. 우주선과 비행기의 모양을 모두 갖춘 우주왕복선은 재사용 가능 우주운반체이다. 우주왕복선은 NASA가 1960년대 후반에 연구를 시작하면서부터 세상에 알려지게 되었다. 당시에는 아무도 이것이 미국의 우주 프로그램에서 향후 수십 년 동안 얼마나 중요한 역할을 할 것인가에 대해 상상하지 못했다. 우주왕복선이 미국 기술의 심볼이 되었고 우주비행의 비용을 낮아지게 하여 공격적인 우주개발을 할 수 있게 했다.

우주왕복선 등장 이전의 우주선은 마치 기관차를 한번 쓰고 버리는 것과 같았다. 그래서 NASA는 지구에서 우주를 왕복하는 효율적인 운송수단을 필요로 했고, 이를 위해서는 재사용 가능한 화학과 핵 로켓 운송시스템을 개발하여 비용을 낮추는 것이었다.

NASA의 우주왕복선은 1981년 시험비행을 거쳐 1982년 정규 비행을 시작했고 총 다섯대가 만들어져서 총 135번째의 비행을 끝에 2011

년 7월 모두 현역에서 은퇴했다. 우주왕복선의 주요 임무는 각종 위성과 행성탐사선의 발사, 우주과학의 실험, 그리고 우주정거장의 건설과 관리 등이다. 우주왕복선은 1982년 이래 우주여행을 거의 일상화시켰다.

우주왕복선의 탄생

많은 미술가들이 상상한 미래의 우주여행에 대한 초기 개념은 아주 논리적으로 날개를 가진 비행기 모양의 로켓우주선이었다. 만약 냉전이 없었더라면 그러한 우주선은 더 일찍 개발되었을 것이다. 1970년대 초 NASA의 차기 목표는 우주정거장을 건설하는 것이었고, 화물과 승무원을 우주로 실어 나르는 '우주택시'를 사용하여 우주여행을 더 정기화시키는 것이었다. 그러나 미국 정부는 후반의 아폴로 계획과 함께 우주정거장 계획을 취소시켰다.

그래서 NASA에 남겨진 것은 달랑 '우주택시'뿐이었고 이것이 우주왕복선이라 개명되었다. NASA는 이것은 돈을 받고 상업적인 위성을 궤도로 운반하는 다목적의 시스템으로 재사용이 가능하고 미니 우주정거장과 실험실의 역할을 할 수 있을 것이라고 선전하면서 우주왕복선 개발을 주장했다. 이것은 또한 우주에서 고장 난 우주선의 수리작업을 수행하고 군사적인 것을 포함해서 여러 가지 우주 임무를 수행할 것이라 했다. 그러나 우주왕복선의 예산은 아폴로 프로젝트 비용의 5분의 1 정도가 책정되어 이 시스템을 건설하는 데 아폴로보다 더 큰 어려움을 겪어야 했다.

우주비행 후 지구로 귀환할 때 비행기와 같이 수평으로 착륙하는 우주왕복선의 개발에 결정적인 역할을 한 것은 미국의 X-시리즈 비행기이다. 1946년부터 개발이 시작된 이 비행기는 로켓 추진력으로 우주 공간으로 올라갔다가 동력을 사용하지 않고 지구로 돌아오는 비행을 했다. 이러한 비행기는 후에 X-15로 불리어졌고 최후의 X-15는 1968년에 비행을 마쳤다. X-15는 후에 X-20이라 불리는 비행기로 발전했으나 실제로 제작되지는 않았다. 1966년에는 이와 비슷한 우주선인 HL-10이 제작되었다. 여기서 HL은 수평 착륙(horizontal landing)을 의미한다. 1968년에는 NASA가 우주왕복선 작업을 시작했고, 1972년에는 리처드 닉슨(Richard Nixon) 미국 대통령이 공식적으로 우주왕복선의 개발을 발표했다.

우주왕복선의 구조와 기능

우주왕복선은 세 개의 주요 부분으로 이루어져있다. 그 첫째는 우주인과 화물을 싣는 델타형의 날개를 가진 궤도선(OV)이고, 두 번째는 궤도선 중간 부위에 부착된 거대한 갈색의 외부탱크(ET)이다. 세 번째는 두 개의 흰색 고체로켓부스터(SRB)이다. 궤도선은 외부탱크에서 공급되는 액체 산소와 액체 수소를 연료로 쓰는 주력엔진(SSME)이라 불리는 세 개의 주요 엔진을 가지고 있다. 외부탱크의 양쪽에 부착된 두 개의 SRB는 최초 2분간의 비행 중 주력엔진을 보조하고 있는데 이것들은 비행이 끝나면 바다에서 회수된다. SRB의 부품 대부분은 다음 왕복선 비행에 다시 사용된다. 우주왕복선의 화물은 길이 18.3m, 폭 4.6m의 화물칸에 적재된다. 추가적인 화물과 실험장치, 승무원의 장비와 소모품은 비행 데크(deck) 밑에 있는 중간 데크(mid-deck)에 실린다. 중간 데크는 또한 옷장, 부엌, 운동실, 화장실, 침실, 우주유영(EVA)을 위한 에어로크(airlock), 그리고 부착된 스페이스랩(Spacelab)과 스페이스햅

(Spacehab) 모듈로의 입구 역할을 한다. 화물칸 안에 설치되어 있는 스페이스랩은 여러 가지 과학실험에 사용되는 우주실험실이다. 스페이스햅은 추가 공간으로 작업장, 창고, 기기 저장소로 사용된다.

우주왕복선의 각 부분은 조립빌딩(VAB)에서 수직으로 결합되어 이동 가능한 발사대에 고정된다. 이것이 발사장으로 옮겨진 후 여느 로켓이나 마찬가지로 수직으로 발사되는데, 이 때 이동발사대에 고체로켓부스터(SRB)를 고정시켰던 네 개의 볼트가 폭발하면서 발사대에서 분리된다. 우주왕복선은 이동발사대에서 재래식 로켓과 같이 수직으로 발사된다. 상승은 두 단계로 이루어진다. 발사 직후의 제1단계에서는 두 개의 SRB의 엔진과 세 개의 주력 엔진의 힘으로 상승한다. 발사 2분 후에는 SRB는 낙하산을 타고 바다에 떨어져서 후에 회수되어 재사용된다. 왕복선의 궤도선과 외부탱크는 세 개 주력 엔진의 힘으로 서서히 수평비행하면서 상승한다. 지구 저궤도를 도는데 필요한 속도인 초속 7.8km의 속도에 도달하면 주력 엔진들은 꺼지고 외부탱크는 떨어져 나가서 바다에서 회수된다. 그 후에는 궤도조정엔진

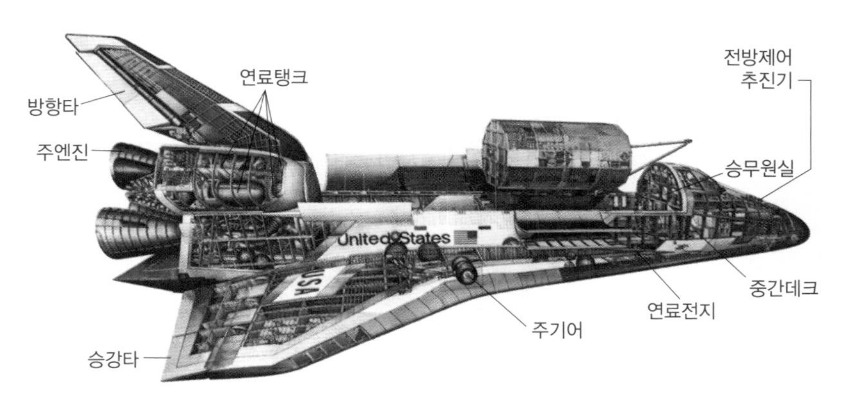

우주왕복선의 구조

(OMS)이 작동한다.

비행 임무가 끝나면 OMS의 추진기가 점화되어 궤도선이 궤도를 벗어나 지구 대기로 재진입하게 한다. 지구 대기 중에서는 대기마찰 브레이크를 사용하여 속도를 낮춘 후 비행기와 같이 지상의 활주로에 착륙한다.

우주왕복선의 궤도선은 길이가 37.24m, 날개폭은 23.79m이다. 전체 길이, 즉 외부탱크 끝에서 SRB의 꼬리까지의 길이는 56.14m이다. 발사대에서 발사 직전 무게는 약 204만1,000kg이고 이 중 궤도선의 무게는 약 11만3,400kg이다.

SRB들은 지금까지 비행한 것들 중 가장 큰 고체추진모터이고 최초로 재사용하도록 디자인되었다. 각각은 발사 때 무게가 5만7,107kg이고 그 85%가 연료이다. SRB들의 추진력은 각각 약 149만6,870kg이고, 액체 산소-액체수소 우주선 주력엔진들이 최대 추진력에 이른 후에만 점화된다. SRB들은 출발(lift off) 때 운반체 추진력의 71.4%를 제공한다. 재사용가능한 SRB들은 120초 동안 연소하고, 연소가 끝나면 분리되어 발사 약 281초 후에 세 개의 낙하산으로 225km 밑의 대서양으로 떨어진다.

외부탱크(ET)는 알루미늄-리튬 합금과 탱크의 단열을 위한 더 가벼운 폼을 사용하여 무게가 74만7,475kg에 불과하다. 외부탱크는 약 95km 고도에서 주력엔진(SSME)들에서 떨어져나갈 때까지 우주왕복선에 부착되어 있다가 지구 대기로 분리되어 연소된다.

재사용 가능한 주력엔진들은 피로와 손상을 감소시키도록 계속적으로 개량되었다. 주력엔진들이 정지된 후 꼬리 양쪽의 끝에 설치된 두 궤도기동시스템(OMS)엔진이 점화되어 우주선을 궤도 속도로 가속시킨다. OMS는 왕복선 궤도선의 역추진 로켓이고 2분간의 연소로 궤도 속도를 초속 91m로 감속시킨다.

궤도선의 자세 변화나 작은 속도의 변화는 궤도선의 반응제어시스템(RCS)에 의해서 이루어진다. RCS는 38개의 추진체로 이루어져 있는데 14개는 궤도선 코 부분에, 12개는 각 OMS의 끝에, 그리고 6개의 보조 추진체가 앞뒤로 달려있다. 병렬로 연결된 네 개의 컴퓨터가 궤도선의 발사, 상승, 궤도이탈, 재진입, 그리고 착륙과 같은 모든 비행을 제어한다.

우주왕복선의 대부분 비행에는 15.24m 길이의 정교한 조종팔인 원격조종시스템(RMS)을 달고 가는데, 이것은 RMS 전문 우주인에 의해서 원격조종된다. 임무의 끝에 궤도기동시스템(OMS)의 역추진 로켓이 점화된 후 왕복선은 착륙지점에서 약 8,000km에서 약 마하 25의 속도로 대기권에 재진입을 시작한다. 재진입하는 동안 비상 착륙을 위한 좌우 자세 조종을 할 수 있다.

대기와의 마찰로 받는 열에 대비해서 왕복선은 이전의 유인우주선의 열 흡수 단열판과는 다른 독특한 열 타일과 감싸개를 갖추고 있다. 착륙지점에 무동력으로 여객기보다 7배나 더 가파른 각도와 20배나 더 빠른 속도를 가지고 접근한다. 착륙 때 속도는 시속 320km이고 속도를 줄이기 위해서 감속 낙하산을 사용한다.

최대 화물을 실은 우주왕복선은 1986년 폭발한 챌린저호로서 무게가 2만3,723kg이었다. 그 후 가장 무거운 화물은 1999년 찬드라 X선 망원경을 실은 STS-93/컬럼비아로서 2만2,584kg이었다. 후에 화물 적재량이 축소된 이유는 챌린저 참사 후 왕복선 발사 때 시스템 전체의 강도가 높아지도록 새롭게 디자인하여 왕복선 전체의 무게가 늘어났기 때문이다. 챌린저호 참사는 고체로켓부스터 SRB의 디자인이 잘못되었을 뿐 아니라, 발사 역학부하가 왕복선이 디자인되었을 때 예측했던 것보다 훨씬 더 초과해서 일어난 일이다.

우주왕복선의 최초 발사

1977년에는 우주왕복선의 시험 모델인 엔터프라이즈(Enterprise)호가 건설되어 하강과 착륙의 모의실험이 왕복선 우주인들에 의해서 같은 해 8월과 10월 사이에 다섯 번 수행되었다. 엔진과 열 보호시스템이 없어 자체 비행을 할 수 없는 엔터프라이즈호는 변형된 보잉747 위에 실려서 날아가다가 분리되어 조종사가 시속 354km로 착륙하도록 했다. 시험 비행을 끝낸 엔터프라이즈호는 일부가 해체된 후 세계 여러 나라에서 전시되었다.

1975년부터 건설이 시작된 우주왕복선 컬럼비아호가 최초로 궤도를 도는 우주비행이 1978년으로 계획되었으나 여러 가지 기술적인 문제로 1981년 4월 12일로 연기되었다. 이날 미국 플로리다의 케네디우

우주왕복선 컬럼비아 호

주센터를 떠난 컬럼비아는 조종사 존 영과 봅 크리펜(Bob Crippen)을 태우고 지구 궤도를 2일간 36번 선회한 후 캘리포니아 주 에드워드 공군기지에 착륙하여 인간 우주비행의 새로운 장을 열었다.

컬럼비아는 발사 2분후 50km 고도에서 이미 사용된 두 개의 부스터가 외부탱크에서 분리되었고 다음 사용을 위해서 기다리고 있던 배에 회수되었다. 우주선의 주 엔진은 궤도에 진입할 때까지 약 8분 동안 연소를 계속했다. 외부탱크는 궤도선에서 분리되어 바다에 떨어졌으나 회수되지는 않았다. 궤도선은 속도가 시속 2만7,877km로 지구를 2시간 못 걸려서 한 바퀴 돌았다. 궤도에서 승무원들은 궤도조정장치(OMS)와 반응제어시스템(RCS)등을 시험하고 화물칸의 문을 열고 닫는 시험을 했다. 그러나 이 비행에서 문제가 없었던 것은 아니다. 왕복선의 단열 타일의 일부가 떨어져 나가기도 했으나 심각한 것은 아니었다. 이동식 발사대에 큰 금이 생긴 것을 포함해서 발사장에도 손상이 발생했는데, 이는 아마도 상승 때의 동력학적 부하가 예상보다 더 커서 생긴 것 같았다.

컬럼비아의 다음 발사는 1981년 11월 12일 조 잉글(Joe Engle)과 딕 트루리(Dick Truly)를 태우고 이루어졌다. 그러나 이들은 연료전지의 고장으로 5일의 비행 임무를 2일로 줄이고 지구로 귀환했다. 그래도 승무원들은 원격 조종시스템(RMS)을 시험할 수 있었다.

컬럼비아의 세 번째 비행체인 STS-3은 경비와 무게를 줄이기 위해서 종래의 흰색 대신 갈색의 외부탱크를 달고 1982년 3월 발사되어 8일간 궤도에 머물렀다. 이 비행에서는 모의 위성 설치와 회수를 위해서 RMS를 사용하는 시험을 했다. 10여 가지의 실험은 성공적으로 수행했지만 작은 고장들이 일어나고 타일도 몇 개 상실되었다. 착륙 때는 에드워드 공군기지에 강풍이 불어 착륙이 지연되기도 했다. 네 번째인 마지막 시험 비행은 1982년 6월 국방성의 화물을 싣고 시행되었다.

우주왕복선의 본격적인 활용

1982년 NASA는 향후 1회용 발사체는 폐기하고 왕복선을 유일하게 미국의 우주운반선으로 사용한다고 발표했다. 최초로 그러한 임무가 부여된 우주왕복선은 1982년 11월 11일 발사된 STS-5/컬럼비아로서 지구 정지궤도에 진입하도록 하기 위해서 자체 상단계 로켓을 갖춘 두 개의 상업적인 통신위성인 ANIK-C3와 SBS-C를 싣고 발사되었다. 최초로 두 명의 신참을 포함해서 네 명의 우주인을 승선시킨 컬럼비아는 위성을 설치했지만, 최초의 왕복선 우주유영은 우주복의 결함 때문에 취소됐다.

1983년에는 새로 건설된 두 번째 우주왕복선인 챌린저호의 최초 비행이 이루어졌다. STS-6/챌린저는 NASA의 추적 및 데이터중계위성(Tracking and Data Relay Satellites)을 싣고 궤도로 올라갔으나 로켓 상단계의 실패로 이것들이 잘못된 궤도에 진입하여 폐기되었다. 일곱 번째의 STS-7/챌린저 비행은 최초의 미국 여성우주인인 샐리 라이드를 포함한 다섯 명의 승무원을 싣고 발사되었다. 아홉 번째인 STS-9/컬럼비아는 중점적인 과학연구를 위해서 디자인된 최초의 우주실험실 스페이스랩을 실었다.

1984년 2월에는 열 번째의 STS-41B/챌린저가 설치한 두 개의 위성이 궤도에서 실종됐지만 두 명의 우주인은 연결선 없이 우주에서 독립적으로 우주유영을 할 수 있게 하는 새로운 유인가동단위(MMU)를 성공적으로 시험했다. 이 비행에서는 왕복선이 최초로 발사장인 케네디우주센터로 되돌아왔다. 열한 번째인 STS-41C/챌린저는 두 명의 우주인이 솔라 맥스(Solar Max) 위성을 회수해서 수리하고 다시 궤도로 돌아가게 하는 최초의 우주 수리를 했다. 이로써 왕복선은 광범위하고 다양한 기능을 가진 운반체임을 증명했다.

우주왕복선 디스커버리호

1984년 8월 30일에는 세 번째의 우주왕복선인 디스커버리호가 완성되어 열두 번째의 왕복선 비행이 이루어졌다. STS-41D/디스커버리의 비행은 최초의 산업계 출신 우주인이 타고 우주의 무중력에서 초순도(超純度)의 의약품을 만드는 장치를 시험했다. 열세 번째 STS41G/챌린저 비행에는 일곱 명의 우주인이 승선하고 최초로 여성 우주인이 우주유영을 했다.

열네 번째 비행인 1984년 11월의 STS-51A/디스커버리는 STS-41B에 의해서 실종된 두 개의 위성을 회수하여 지구로 가져오는 업적을 올렸다. 두 명의 우주인이 유인가동단위(MMU)를 이용하여 우주유영을 하면서 특수 장치로 위성들을 포획하여 화물칸으로 가져오는 우주폐기물 수집을 수행했다. 이 두 위성들은 후에 재발사 되었다.

1985년 4월 나쁜 날씨 속에서 발사된 열여섯 번째인 STS -51C/디스커버리 비행은 비밀 군사적 임무의 비행을 했다. 이 비행에서는 또 다른 위성이 실종되었는데, 이것은 후에 다른 왕복선에 의해서 회수되어 수리된 후 다시 궤도에 올려졌다. 1985년 7월 스페이스랩 비행인 STS-51F/챌린저에서는 엔진 하나가 조기에 꺼져서 이 프로그램 최초로 상승 실패 모드로 비행했다. 그러나 궤도에는 진입했다. 1985년에는 총 아홉 번의 발사로 스페이스랩과 통신위성의 설치가 이루어졌다.

1985년에는 네 번째의 우주왕복선인 아틀란티스호가 건설되어 같은 해 10월에 STS-51J/아틀란티스로 미 국방부의 비밀 임무를 띠고 최초의 비행을 성공적으로 마쳤다.

챌린저호의 폭발

우주왕복선의 비행은 항상 크고 작은 문제가 발생하여 보는 사람들로 하여금 조마조마한 마음을 갖게 했었다. 1986년 1월 28일 이 조마조마함이 현실로 나타나서 STS-51L이 발사 되자마자 폭발하여 왕복선과 함께 일곱 명의 승무원이 산화하는 믿어지지 않는 일이 벌어졌다. 챌린저호의 이번 비행은 몇 번의 지연 끝에 이날 아주 추운 아침에 발사됐다. 레이건 대통령이 '우주 속의 교사'로 선발한 크리스타 맥콜리프(Christa McAuliffe)를 포함해서 일곱 명의 승무원을 태운 챌린저는 이날 아침 케네디우주센터의 추운 맑은 하늘로 발사된 지 73초 후 폭발하여 사라졌다. 사람들은 이 믿어지지 않는 사실에 충격에 빠졌다. 챌린저는 중요한 기능에 고장이 일어난 것이 분명해 보였다.

미국 전체가 슬퍼하는 가운데 NASA는 챌린저의 부서진 조종석에 타고 있던 승무원들의 시신 수색작업에 나섰고, 대통령의 명령으로 조사위원회가 구성되었다. 곧 STS-51L 이전의 여러 비행도 챌린저와 같은 사고를 일으킬 수 있었음이 명백해졌다. 조사 결과 고체로켓부스터(SRB)가 연결되는 사이의 봉합 부분 속에 있는 고무로 된 O-링

(O-rings)에 문제가 있어서 아주 낮은 온도에서 손상이 일어났다. 이전에도 일부에서는 뜨거운 가스가 새어나갔지만 이번과 같이 완벽하게 파열되지는 않았다. O-링이 부서지면서 부스터가 외부 탱크와 충돌하고 우주선은 부서져버렸다. SRB의 봉합 부분이 새로 디자인되어 왕복선은 1988년 후반에 다시 발사되었다. 성능의 보강을 위한 디자인 변경으로 SRB의 무게는 1만kg이 추가되어 그만큼 화물 수송 능력은 줄어들게 되었다.

우주왕복선의 취항 재개

챌린저호의 폭발로 중단되었던 우주왕복선의 취항이 폭발 2년 반 뒤인 1988년 9월 STS-26/디스커버리가 발사되면서 재개됐다. 1990년까지 열세 번의 왕복선 비행이 이루어졌고, 허블우주망원경의 설치, 스페이스랩에서의 과학연구, 위성의 설치 및 회수, 그리고 국방성의 임무 등을 수행했다. 금성을 향한 마젤란비너스호, 갈릴레오 목성궤도선, 태양탐사를 위한 율리시스(Ulysses)호를 발진시켰고 허블우주망원경을 궤도에 설치하기도 했다.

1991년부터 2000년까지는 우주왕복선이 매년 3~8회씩 총 63회가 발사되어 여러 가지 임무를 수행했다. 이 기간 동안에 왕복선은 다양한 임무를 수행했다. NASA의 감마선망원경(Gamma-ray Telescope)와 찬드라 X선망원경(초기에는 Advanced X-ray Facility라 불렸음) 등 위성을 설치했다.

1992년 5월에는 챌린저를 대체하는 인데버호의 처녀비행인 STS47/인데버가 이루어졌는데 이 비행에서는 궤도를 벗어난 인텔샛(Intelsat) VI 통신위성을 포획하여 새로운 로켓 모터를 부착하고 다시

우주왕복선 아틀란티스호

궤도로 진입시키는 전례 없던 임무가 수행되었다. 아틀라스 과학 임무, 스페이스랩과 생명과학 임무, 그리고 최초의 허블우주망원경 수리 임무, 그리고 실종 위성의 복구 등의 일상적이고 다양한 임무를 수행했다.

1995년에는 최초로 러시아의 우주정거장 미르와의 도킹이 이루어졌고 1998년부터는 국제우주정거장(ISS)의 조립을 위한 비행이 시작되어 2000년대까지 이어졌다. ISS의 조립 이외에도 물자의 조달과 승무원의 교환에도 왕복선이 활용되었다.

컬럼비아호의 실종

2003년 1월 16일 케네디우주센터의 발사장 39A를 떠난 컬럼비아호가 STS-107의 임무를 마치고 2월 1일 지구로 귀환 중이었다. STS-107은 물리학, 생명과 우주과학 연구를 위한 과학 임무를 성공적으로 마쳤다. 스페이스햅 연구 이중 모듈을 가진 이 왕복선은 수백 개의 샘플로 80여 가지의 독립적인 실험을 수행했다. 승선한 일곱 명의 우주인들은 이러한 실험을 완수하기 위해서 두 교대로 하루 24시간 임무를 수행했다. NASA의 관계자들은 컬럼비아의 성공적인 귀환을 경축할 계획을 짜놓고 있었다. 그러나 불행하게도 STS-107은 지구로 귀환하지 못하고 우주선과 승무원이 지구 대기로 재진입하는 도중에 산화했다. 2월 1일 미국 동부표준시(EST) 오전 9시 조금 전에 컬럼비아와의 통신이 두절됐고, 왕복선이 예정된 시각인 오전 9시 16분 케네디우주센터에 착륙하지 않자 NASA 관계자들은 무엇이 잘못되었음을 알아차렸다.

컬럼비아호는 최초로 건설되고 최초로 우주비행을 한 우주왕복선으로 28번의 성공적인 임무를 수행했고 100번의 비행 수명이 예견되었었다. 2001년 2월 컬럼비아는 전체 시스템에 대한 철저한 분해 검사를 받고 최신의 부품으로 개량되었지만 그래도 가장 오래된 운반선이었다. 실종된 STS-107 임무는 검사를 받은 후 첫 번째인 2002년 3월 허블우주망원경에 대한 성공적인 수리 임무 다음의 두 번째 비행이었다.

컬럼비아의 사고 조사위원회가 즉각 구성되었다. 텍사스, 루이지애나를 비롯한 미국 중남부에 흩어진 컬럼비아의 잔해 5만여 점이 수거되었다. 이것은 컬럼비아의 약 40%에 해당하는 것이다. 이 잔해들은 플로리다에 있는 케네디우주센터로 보내져서 분석되었다. 이 조사로 사고위원회는 사고원인에 대한 조사 결과를 내어놓았다. 2003년 1월 16일 미국동부표준시(EST) 오전 10시 39분 발사 약 81초 후에 발사 후 두 개의 받침대 램프(bipod ramp)를 떨어져나간 외부 탱크 폼(foam)이 왼쪽 아래 부분 근처에서 컬럼비아와 충돌했다. 컬럼비아가 궤도에 16일 동안 머무는 동안에도 승무원이나 지상의 조종실의 그 누구도 이를 감지하지 못했다. 이 충돌로 날개를 구성하는 일부 부품이 떨어져 나갔고, 이로 인해서 대기권 재진입 때 높은 열을 받아 왼쪽 날개의 모든 센서가 작동을 멈췄다.

이 사고로 미래의 인간 우주비행을 재고해야 한다는 비판여론이 일었고 미 의회에서는 인간의 우주비행을 중지해야 한다는 주장도 제기되었다. 그렇게 하면 우주왕복선에 드는 매년 40억 달러와 국제우주정거장의 20억 달러를 절약할 수 있고 이것을 로봇 우주비행이나 과학연구에 사용하라는 것이었다. NASA는 왕복선의 비행을 중지시켰다. 그러나 조지 부시(George W. Bush) 미국 대통령은 "그들을 죽게 만든 작업은 계속될 것이다. 인간은 발견의 의욕과 이해의 갈망으로 우리 세계를 건너 암흑 속으로 인도된다." 라는 말로 우주 비행은 계속되어야 한다고 말했다.

컬럼비아호의 참사까지 우주왕복선은 113회나 운행을 했지만 왕복선의 비행은 언제나 위험한 일이고 사고는 언제라도 일어날 가능성을 가지고 있었다. 우주왕복선은 겉으로 보기에는 모습이 1970년대 디자인된 것과 같아 보이지만 그동안 여러 가지 중요한 개선이 이루어졌다. 가장 괄목할 만한 개선은 유리조종실이다. 유리조종실은 승무원이 더 빠르고 더 잘 재난을 피할 수 있게 해준다.

유리조종석을 가진 왕복선의 최초 비행은 2000년 5월 국제우주정거장(ISS)으로 가는 비행인 STS-101/아틀란티스였다. 새로운 보잉 777과 같은 형태의 유리조종석은 결국 모든 왕복선에 설치되었다. 다색의 평면 패널스크린은 승무원들로 하여금 비행체의 모든 정보를 2차와 3차원 컬러그래픽과 비디오를 통해서 쉽게 접할 수 있게 해준다.

또 다른 개선은 보조발전기(electric auxiliary power unit)로서 발전을

위해서 사용되던 산소-수소 연료 전지가 더 강력한 양성자-교환막 연료전지로 대체되고, 주 추진 시스템의 추진밸브 스위치와 궤도선 밑부분의 열저항 타일, 그리고 주 착륙 기어의 타이어가 더 견고한 것으로 교체되었다.

챌린저호의 폭발

또한 고체로켓부스터(SRB)가 더 안전한 액체 산소-액체 수소 엔진으로 추진되는 것으로 교환되었다. 이 액체귀환부스터(LFBB)는 날개를 가지고 있어서 분리되면 자동적으로 케네디우주센터 활주로에 비행기와 같이 귀환할 수 있다.

우주왕복선 시대의 끝

컬럼비아호의 참사로 중단됐던 우주왕복선 비행이 컬럼비아 참사의 원인이 됐던 새로운 우주선 연료탱크 외부의 단열재와 안전시스템을 갖추고 우주왕복선 디스커버리호가 2006년 7월 국제우주정거장(ISS)으로의 시험 비행을 무사히 마쳤다. 우주왕복선의 안전성이 입증되자 우주왕복선 아틀란티스가 2006년 9월 성공적으로 발사돼 3년 반 동안 중단됐던 ISS 건설을 재개했다. 아틀란티스는 11일 동안 비행하면서 ISS에 트러스(truss, 활대의 중앙부를 고정시키는 구조물)를 부착, 두 개의 태양열 전지판을 설치하는 역할을 맡았다.

우주왕복선은 5개가 건설되었으나 챌린저와 컬럼비아는 공중에서 폭발했고 디스커버리, 인데버, 아틀란티스만 남아서 2006년 이후

ISS의 조립과 승무원의 수송에 주로 사용되었다. 그러나 이들도 모두 2011년 마지막 비행을 마치고 현재는 미국의 박물관과 우주, 과학센터 등에 전시되어 있다. 디스커버리는 2011년 2월 4일, 인데버는 2011년 5월 16일, 그리고 아틀란티스는 2011년 7월 8일 마지막 비행을 마쳤다. 30년을 이어온 미국의 우주왕복선 시대가 마감을 고한 것이다.

지난 30년을 돌아볼 때 우주왕복선은 인류 역사상 어느 다른 기술적인 시스템과 견줄 수 없는 성공적인 작품이다. 또한 우주왕복선은 가장 다양성을 지닌 우주수송선이다. 우주왕복선은 놀랄만한 과학실험실의 역할을 했다. 그러나 우주왕복선이 처음 목표했던 대로 우주선의 발사 비용을 획기적으로 줄여주지 못한 단점을 가지고 있기도 했다.

2011년까지 우주왕복선에 들어간 총비용은 1,740억 달러이다. 우주왕복선은 총 135회에 걸쳐 지구를 2만 873회 선회했고, 지구와 달을 1,108차례나 왕복하는 거리인 8억8,200만km를 비행했다. 또한 800여 명의 우주비행사를 실어 날랐다. 그동안 우주공간에서 수많은 첨단 과학실험을 지원하고, 허블우주망원경을 비롯한 100여 개의 인공위성을 우주궤도에 띄우고 국제우주정거장 건설에 핵심적인 역할을 했다.

30년의 우주왕복선 비행은 첫째로 엄청난 기술과 기술 관리의 상징물이다. 둘째는 가장 다양한 기능을 가진 우주비행체이다. 셋째는 훌륭한 과학 실험실의 역할을 했다. 넷째는 엄청난 성과를 이룩했으나 값싸게 지구 궤도에 올린다는 목표는 높은 비용 때문에 이루지 못했다. 미국의 오바마 행정부는 우주왕복선을 민간업체들의 상업적 우주여행 프로그램으로 대체하려고 한다. NASA는 우주왕복선을 대체할 간편하고 저렴한 차세대 유인우주선 오리온(Orion)을 2016년까지 발사한다는 목표로 개발하고 있다. 차세대 우주종합개발 계획인 콘스텔레이션(Constellation) 프로그램의 일부인 오리온 우주선에는 4명의 우주인이 탑승할 수 있다. 그 때까지 NASA의 우주비행사들은 러시아의 소유즈 우주선을 승선료를 내고 타야한다.

우주왕복선에 관련된 새로운 기술은 우리의 실생활에 많이 활용되고 있다. 현재 절전 TV나 전등으로 각광 받고 있는 발광다이오드, 즉 LED는 우주왕복선에서 식물의 성장 실험에 사용하기 위해서 개발된 것이다. 그 외에도 우주왕복선 비행사의 신체적인 균형 상태를 측정하기 위해 개발된 의료 장비, 동영상 이미지를 보다 선명하게 만드는 기술(VISAR), 가스누출 감시시스템 등이 실생활에 활용되고 있다.

러시아의 왕복선

1988년에 소련은 에너지아(Energia)라 불리는 새로운 슈퍼 부스터와 부란(Buran)이라 불리는 우주왕복선 운반체를 개발하고, 제 2세대 미르 우주정거장을 건설할 계획을 세웠다. 미르2는 에너지아나 부란의 화물칸에 실어 궤도로 올라가는 모듈들로 이루어져서 화성으로 가는 주춧돌이 되는 영구 유인우주기지가 되는 것이다. 소련 정부는 1976년 에너지아-부란 프로젝트를 시작했다. 에너지아는 미국의 왕복선과 같이 부란 궤도선을 등에 매달고 우주로 발사되는 액체 추진 운반체이다.

1977년에는 스파이럴(Spiral)이라 불리는 시제품으로 활주시험을 했다. 1980년 12월에는 보르(Bor) 우주비행기가 부란의 열 보호시스템을 시험하기 위해서 코스모스 운반체에 실어 최초의 준궤도 비행을 했다. 1982년 6월에는 보르가 궤도로 발사되어 인도양에 귀환했다.

1983년 3월에는 부란의 왕복 궤도선 모델이 비행기에 실려서 운반되었고, 보르가 코스모스 1445호로 궤도로 발사되고 인도양으로 귀환했다. 1983년 12월에는 다른 보르 우주비행기가 코스모스 1517호로 궤도로 발사되고 이 계획의 비밀 유지를 위해서 인도양 대신 흑해로 내려왔다. 부란 궤도선의 실물모델을 실은 보르 5호의 최초 발사는 1984년 7월 카푸스틴 야르에서 준 궤도 비행을 위해서 이루어졌다. 그러나 모델이 부스터에서 분리되지 않았다. 두 번째의 보르 5호 비행 후 1985년 11월 부란의 기본형(prototype)이 최초의 대기 비행을 했다. 1986~1988년에 보르 5호 모델은 세 번의 비행을 했다.

부란 기본형의 최초의 자동 접근과 착륙 시험, 그리고 완전한 자동 비행이 1987년 2월에 이루어졌다. 1987년 5월 15일에는 세계에서 가장 강력한 로켓인 에너지아 부스터가 폴리우스(Polyus)라는 군사 화물을 싣고 바이코누르에서 발사되었다. 로켓은 결점 없이 비행했으나 폴리우스의 궤도 조정 시스템이 제어 시스템의 문제로 반대 방향으로 발사되어 화물이 바다로 떨어졌다.

1987년 11월 15일에는 부란 재사용 무인왕복선을 실은 에너지아가 바이코누르에서 발사되었다. 발사는 잘 되었지만 발사 206분 동안 궤도를 두 번 돈 후 부란은 자동으로 발사장에 착륙했다. 부란은 105t의 화물을 운반할 수 있고 87t을 가지고 귀환할 수 있다. 열 사람의 승무원을 태우고 30일 동안 비행할 수 있다. 부란의 길이는 36m이고 날개폭은 24m이다. 에너지아와 부란 프로그램은 소련이 붕괴한 후 보리스 옐친 대통령에 의해서 취소되었다. 결국 소련의 붕괴로 이러한 계획들이 모두 끝나게 되었다.

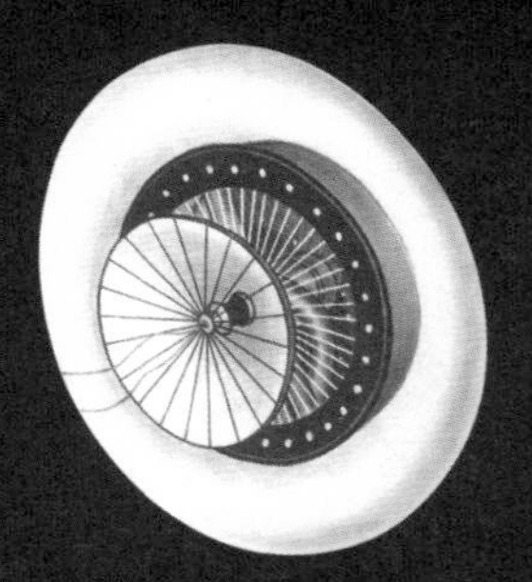

제 6 장

우주정거장

인간은 우주 진출이 시작된 때부터 지구궤도를 도는 우주정거장의 건설을 생각해왔다. 우주정거장에 관한 아이디어는 우주비행의 이론에서 개념화되기 이전에 통속 문화에서 먼저 등장했다.

우주정거장

우주정거장은 장기간 우주 궤도에 머물면서 다른 우주선과 도킹하여 인력과 물자를 공급받아 인간의 여러 가지 우주관련 활동을 지원하는 거대한 인공위성이다. 우주정거장은 과학 실험과 우주관측, 새로운 우주 환경에 인간이 적응하기 위한 연구, 그리고 달과 행성으로 진출하기 위한 우주기지의 역할을 한다.

우주정거장 아이디어의 제안

인간은 우주 진출이 시작된 때부터 지구궤도를 도는 우주정거장의 건설을 생각해왔다. 우주정거장에 관한 아이디어는 우주비행의 이론에서 개념화되기 이전에 통속 문화에서 먼저 등장했다. 1886년 미국의 작가이면서 사회평론가인 에드워드 에버렛 헤일(Edward Everett Hale)은 잡지 애틀랜틱 먼슬리(Atlantic Monthly)에 '벽돌 달(The Brick Moon)' 이라는 제목의 단편소설을 발표했다. 지구 주위를 도는 궤도위성에 관한 최초의 작품으로 알려진 이 소설에서 헤일은 극궤도를 도는 위성이 해양을 항해하는 배에게 항해의 도우미로서 어떻게 활용될 수 있는가를 기술하고 있다. 이 소설의 주인공들은 항해하는 배들이 지표면에서 그들의 위치를 알 수 있는 방법의 하나로 지구 궤도 위성을 제안한다. 그러나 그러한 위성이 사고로 조기 발사되고, 그곳에 타고 있던 37명의 사람이 함께 발사되면서 그들은 최초의 우주인이 된다. 그들은 지구궤도에서 새로운 문명을 세우고 '벽돌 달' 에서 살아간다. 그들은 농사를 지어 식량을 조달하고 이상향을 만든다.

우주정거장을 주창한 최초의 우주비행 개척자는 러시아의 학교 선생이었던 콘스탄틴 치올코프스키이다. 그는 소련의 우주선을 궤도로 올리는데 사용되는 로켓의 이론적인 토대를 마련하였을 뿐만 아니라, 1900년 이전에 이미 지구 궤도에 우주정거장을 세우는 가능성을 연구했다. 그는 이것을 달과 화성으로 도약하는데 필요한 우주 진출의 중간점으로 보았다. 그는 원심력으로 중력을 만들도록 천천히 회전하는 바퀴달린 우주정거장의 건설을 제안하기도 했다. 그는 우주정거장을 하나의 작은 행성, 즉 독립된 생물권(biosphere)으로 생각하고 그것을 두 개의 부분으로 구분했다. 그 첫 번째는 승무원들이 거주하는 거주공간이다. 그곳은 원심력에 의해서 인공중력이 만들어진다. 두 번째는 식물 또는 몇 종의 동물을 기르는데 필요한 공간 부분이다. 그는 이 작은 정원에서 승무원들이 필요로 하는 식료품을 공급받을 수 있을 것으로 믿었다. 쓰레기는 비료로 사용되고 인간의 배설물은 정화되어 용수가 된다. 식물은 식량이 될뿐더러 산소를 공급해준다. 태양에너지는 이 시스템을 모두 활성화시키는 에너지가 된다. 이러한 생물권은 인간을 우주에 얼마든지 오랫동안 머물 수 있게 한다.

1920년대에 루마니아-독일 우주비행 이론가인 헤르만 오버스

(Hermann Oberth)와 오스트리아의 공학자인 헤르만 누르덩(Hermann Noordung)도 우주항해의 기지로서의 궤도 우주정거장의 개념을 제안했다. 루마니아인으로 태어났으나 독일 국적을 가진 오버스는 20세기 가장 뛰어난 로켓 개척자 중 한 사람이다. 그는 1923년에 발간된 '로켓으로 우주에(Die Rakete zu den Planetenraumen)' 라는 책에서 우주정거장이 인간이 다른 행성으로 가는 여행에 필요하다고 하였다. 1929년 그는 그의 우주정거장 개념을 저공 지구궤도에 건설되는 '베이스캠프' 정거장 말고도, 천체 관측을 위한 지구정지궤도에 건설되는 우주정거장, 정찰과 지구상의 어느 지점으로도 대량파괴 무기가 발사될 수 있는 극궤도 전략 우주정거장을 생각했다.

본명이 헤르만 포톡닉(Herman Potocnik)인 누르덩은 1928년에 행성간 여행에 필요한 연료와 물품의 공급을 위한 기지로서 우주정거장을 제안했다. 그의 개념에서는 지구 중력장을 이탈할 때 필요한 연료의 양을 줄이기 위해서는 지구 대신 우주정거장에서 발사되는 것을 생각했다. 1929년에는 '우주여행의 문제: 로켓모터(Befahrung des Weltraums: Der Raketenmotor)' 에서 그는 우주정거장 건설에 관한 공학적인 측면을 광범위하게 논했다. 그는 지구에서 다른 거리에 다른 경사각을 가진 우주정거장의 가능성을 생각했다. 그의 우주정거장 개념은 지구정지궤도에 올려진 세 개의 독립된 모듈로 이루어진 우주정거장이다. 거대한 바퀴로 이루어진 거주 공간, 과학실험과 천체관측을 하는 관측소, 그리고 태양 전력 공급 장치를 포함한 기계실 등 세 부분으로 이루어졌다. 이것들은 우주궤도에서 조립된다. 이 우주정거장은 과학적인 연구, 군사적인 목적의 정찰과 지상 무기의 통제, 통신 등의 상업적인 목적, 그리고 다른 항성을 포함한 우주 진출의 교두보의 역할을 한다.

누르덩의 책

그가 제시안 우주정거장에 관한 실제 디자인은 후에 미국과 러시아의 우주정거장 설계에 기초 자료를 제공하고 있다.

치올코프스키, 오버스, 그리고 누르덩의 우주정거장에 관한 아이디어는 1950년 이후 세계 제2차 대전 당시 독일의 V-2로켓의 개발자였던 폰 브라운에 의해서 계승되었다. 그는 지구 관련 활동과 다른 별로의 진출을 위한 기지로서 과학적, 군사적인 목적으로 활용되도록 적어도 50명을 수용하는 거대한 바퀴모양의 우주정거장의 모형을 발전시켰다. 1950년대 인기 잡지였던 '콜리어(Collier)' 에 기고한 '마지막 전선을 넘어서' 라는 제목의 글에서 그는 "우주정거장의 개발은 떠오르는 태양과 같이 피할 수 없는 일이다. 인간은 탐사로켓(sounding rocket)으로 이미 우주로 코를 내밀었고 그것을 다시 회수할 것 같지는 않다. 다음 10~15년 후에는 지구가 하늘에 새로운 동반자를 갖게 될 것이다. 달로의 여행이 쉽게 이루어지도록 지구궤도 기지인 인공 달이 로켓으로 부품을 실어날아 조립될 것이다. 거기서 깊은 우주로 향하는 인간의 문명이 출발할 것이다."라고 말했다.

그는 1952년 잡지 '콜리어' 에서 무게 7,000t의 거대한 로켓이 매번 비행에 36t의 화물을 실어 날라서 80명의 우주인을 수용할 수 있는 거대한 우주정거장 건설 계획을 설명했다. 그곳에서는 세 개의 거대한 우주선을 조립하여 달로 가게 된다. 이 우주정거장은 폭이 76.2m로 지상 1,730km에서 극궤도를 선회한다. 바퀴모양의 이 정거장은 매 22초마다 중심 축 주위를 한번 회전하여 대부분의 승무원이 머무르는 바깥쪽 바퀴에서 1/3의 중력에 해당하는 원심력을 만들어 낸다.

1950년대 들어 우주정거장이 필요하다는 폰 브라운의 분석이 디자인 열풍을 불러왔다. 폰 브라운과 함께 일하던 하인즈 퀼레(Heinz H. Koelle)는 궤도에서 정거장을 조립하는 데는 엄청난 비용이 든다면서 미리 조립된 모듈을 궤도에서 결합시키는 디자인을 고안했다. 굿이어(Goodyear)항공사의 엔지니어였던 대럴 로믹(Darrell C. Romick)은 1954년 우주정거장의 기본 구성단위로 사용될 3 단계의 '운반 로켓'을 제안하고 이 방법이 비용을 최소로 줄일 수 있다고 했다. 폰 브라운의 팀원이었던 크래프트 에리케(Krafft A. Ehricke)는 바퀴 모양의 대형 정거장은 비용이 너무 많이 들어서 어느 한 나라가 부담하기에는 무리가 따르므로 대신에 작고 단일 목적의 정거장을 고안했다. 그의 정거장은 다양하게 임무의 필요에 따라 변형시킬 수 있는 변형이 가능한 정거장을 제안했다.

1959년에는 미 육군탄도미사일국(ABMA)이 호라이즌(Horizon) 계획을 발표했다. 이 계획은 달에 군사기지를 설치 및 유지하기 위한 계획으로 지구 주변 궤도 밖에서의 활동을 위해서 우주정거장을 필요로 한다. 이상적인 환적장소(transshipment point)로서 폰 브라운이 제안한 것과 같은 거대한 바퀴 형태의 우주정거장을 건설하여 달로 여행하는 우주선에 연료를 공급한다는 것이다.

1950년대 버지니아 주에 있는 랭글리연구센터(LRC)의 과학자들은 우주기지로서의 효과적인 우주정거장의 디자인, 건설 그리고 운영의 여러 가지 문제를 연구했다. 1960년 4월에는 NASA에 의해서 우주정거장 심포지엄이 열려서 여러 종류의 디자인과 궤도 기지의 필요성에 관해서 토론이 이루어졌다. 이 심포지엄에서는 접어서 궤도에 올린 후 부풀리는 팽창성의 정거장이 랭글리 팀에 의해서 제안되었으나 운석에 의한 손상 등의 우려 때문에 NASA에 채택되지는 않았다. 1962년 아폴로계획이 시작되고 지구 궤도에서의 연료 공급 필요성이 없어지면서 우주정거장 연구에 대한 예산확보가 어렵게 되었다.

최초의 우주정거장 소련의 살류트

소련은 우주시대의 막이 오르면서부터 우주정거장 개발을 생각해 왔다. 1962년에 소련의 과학자들은 독자적으로 발사되어 지구 궤도에서 조립되는 우주정거장의 개념을 제안했다. 소련의 우주정거장 계획은 극히 비밀스러운 알마즈(Almaz) 군사정거장과 공개적으로 알려진 살류트 민간정거장의 두 가지 형태로 진행되었다. 알마즈 군사정거장 프로그램이 첫 번째로 승인되었다. 이것이 1964년에 제안되었을 때에는 세 개의 부분으로 되어 있었다. 세 부분은 군사 감시 우주정거장, 군인우주인과 화물을 실어 나르는 운반용 병참우주선, 그리고 이 둘을 실어 나르는 로켓 등이다. 이 모든 것들이 건설되었으나 처음에 계획된 대로 사용되지는 않았다. 미국의 아폴로계획 성공에 대항하기 위해서 소련의 지도자들은 알마즈의 기기들을 민간의 살류트 프로그램에 전환시켜서 역사상 최초의 우주정거장인 살류트 1호가 화려하게 성공하여 국제적으로 위신을 세울 수 있게 되었다.

소련의 우주정거장 살류트

소련은 사람을 달로 보내는 데는 실패했지만 1970년대와 1980년대에 일련의 아주 성공적인 우주정거장을 건설하여 사람을 우주로 보내는 사업에 매달려 왔다. 미국이 아폴로계획을 마무리하려는 때인 1971년 4월 19일에 소련은 세계 최초의 우주정거장인 살류트 1호를 프론트 로켓으로 발사했다. 이 제 1세대 우주정거장은 도킹 포트를 하나 가지고 있고 물자나 연료를 공급받을 수 없었다. 이 사업은 계획된 대로 인간이 화성 여행할 때를 대비해서 장기간 우주비행의 경험을 얻는 것이었다. 살류트는 다른 우주선으로 온 2명 또는 3명의 우주인을 수용할 수 있었다. 간단한 단일 모듈로 이루어진 살류트 1호는 무게가 1만8,425kg, 길이가 20m, 지름이 4m, 내부공간의 크기는 99m^{3}이다. 살류트에는 소유즈의 화물과 승무원을 받아들이는 도킹 장치와 승무원들이 큰 작업실로 갈 수 있는 이동 통로가 있다. 두 개의 태양전지판을 갖추고 있고, 뒤쪽에는 자세 조종용 엔진이 들어있는 추진 시스템이 있다. 살류트는 천문학, 과학, 지구 관측을 위한 망원경, 카메라, 센서를 싣고 있다. 살류트 1호는 1명의 승무원을 21일 동안 태우고 있다가 1971년 10월 지구대기로 재진입했다. 살류트 1호로 보내진 최초의 우주인들인 소유즈 10호의 승무원들은 도킹 장치의 고장으로 우주정거장 안으로 들어가지 못했고, 소유즈 11호 승무원들은 살류트 1호에 3주간 머문 후 지구로 귀환하던 중 소유즈 우주선에서 공기가 새어나가서 모두 사망했다.

1972년에 발사된 살류트 2호에 관해서는 알려진 것이 많지 않지만 살류트 1호와 비슷하고 도킹을 풀어서 지구로 귀환하도록 디자인된 원뿔형의 캡슐을 전면에 달고 있었다. 살류트 2호는 고성능 카메라를 갖춘 군사적인 우주정거장일 가능성이 크다. 실제로 살류트 2호는 궤도 진입에 실패했고 무인이었으나 살류트 3과 5호에는 두 명으로 이루어진 세 팀의 승무원들이 탑승했다. 살류트 3호는 1975년 1월에, 살류트 5호는 1977년 8월에 각각 지구 대기로 재진입 했다.

이러한 군사적인 임무 사이에 민간 목적의 살류트 4호가 1974년 12월에 발사되었다. 살류트 4호의 몸체는 살류트 1호와 같았지만 두 쌍의 태양전지판 대신 세 개로 이루어진 하나의 세트만 가졌다. 살류트 4호에 실린 주요 기기들 중 하나는 궤도태양망원경(OST)으로 이것은 거대한 작업실의 뒤쪽 공간의 대부분을 차지하고 있다. OST는 의료 및 생물학적인 실험 장치와 함께 우주정거장에서 행하는 일곱 가지의 천문학적인 실험 기기 중 하나이다. 두 명의 장기 체류 승무원이 1977년 2월 지구 대기로 재진입할 때까지 살류트에 머물렀다.

같은 해 9월에 첫 번째 살류트 2세인 살류트 6호가 발사되었다. 최초의 무인 살류트 급 운반선인 프로그레스(Progress)호가 발사되어 승무원에게 연료, 물, 산소, 음식, 우편물, 그리고 개인적인 사물을 공급하기 위해서 정거장의 후면에 도킹했다. 살류트 6호 승무원들의 집단적인 작업은 정기적인 우주유영이 포함되어 있었다. 스타(Star)라 불리는 새로운 모듈이 1981년 살류트 6호와 도크했다. 코스모스 1267호로 명명된 이 모듈은 살류트 6호 자체의 추진 장치가 제대로 작동하지 않아 1982년 7월 살류트 6호가 궤도를 벗어나게 하는데 사용되었다. 살류트 6호에는 소련, 체코, 헝가리, 폴란드, 루마니아, 쿠바, 몽골, 베트남, 그리고 동독의 우주인 등 총 16명의 우주인이 다녀왔다.

살류트 7호는 1982년 4월에 발사되고 두 개의 살류트 급의 무거운 코스모스 모듈인 1443과 1686이 합쳐져서 더 큰 작업 공간이 추가되었다. 시간이 지나면서 살류트 7호의 기능이 급격히 떨어졌고 1985년

2월에는 통신도 두절됐다. 살류트 7호는 결국 1991년 2월 자연적으로 아르헨티나 상공 지구 대기로 재진입하여 수명을 마쳤다. 살류트 7호에는 총 10명의 우주인이 머물면서 여섯 번의 장기 체류와 237일의 지구궤도 체류 기록을 세웠다.

미국의 우주정거장 스카이랩

1960년 대 중반 NASA는 달 탐사의 최종 계획을 세움과 동시에, 미래를 위한 계획으로 화성으로 가는 중간 단계 역할을 하는 영구적인 유인우주정거장을 지구궤도에 건설하는 계획을 세웠다. 이것은 인간이 우주공간에 오랜 기간 머물 수 있음을 증명하고 지구에서 관측하는 것 이상으로 태양계에 대한 지식을 늘리기 위한 것이다. 그 초기 단계로 아폴로를 위해서 개발한 부품을 사용하여 잠정(interim) 우주정거장을 건설하기로 결정했다. NASA는 폰 브라운에 의해서 널리 알려진 거대한 바퀴 모양의 우주정거장으로 구심력을 얻는 대신 미소한 중력 하에서 실험을 하는 궤도 실험실을 채택했다.

이 계획은 아폴로응용프로그램(AAP)으로서 달로 최후의 아폴로를 보낼 때 발사하기로 하였다. AAP는 후에 스카이랩으로 불리게 되었고, 이것이 1970년대 초 2년 동안 NASA의 우주개발 노력의 중심으로 되었다. 스카이랩은 새턴V 발사체의 3단계인 S-4B와 아폴로의 하드웨어를 이용해서 건설되었다.

스카이랩의 주요 부분은 궤도작업실(OWS)로서 S4B 구조물인 이것의 길이는 14.6m이고 지름은 6.7m로 두 개의 층에 거주와 작업 공간이 마련되었다. 아래층에는 옷장, 부엌, 욕실, 그리고 거주 공간이 있고 지구를 바라볼 수 있는 큰 창문이 달려있다. 바닥에는 에어록(airlock)이 있는데 이것은 쓰레기 통으로 사용되는 빈 액체수소 통과 연결되어있다. 위층은 승무원들의 소모품 대부분과 작업장이 있다. OWS의 꼭대기는 우주유영을 할 수 있는 에어록 모듈과 연결되어있다. 이 에어록은 다중도킹통로(MDA)로 연결되는데, 이것은 사령서비스모듈(CSM)이 고장을 일으켜 구조가 요구될 때 다른 CSM을 정거장과 결합할 수 있게 하기 위한 것이었다.

MDA의 옆구리에는 스카이랩의 가장 중요한 기기인 아폴로망원경 설치대가 부착되어 있다. 이곳에는 태양 연구를 위해서 서로 다른 파장으로 관측할 수 있는 다섯 개의 망원경이 갖추어져있다. 실제로 스카이랩의 주요 성과의 하나는 지구와 가장 가까운 별에 관한 방대한 관측 데이터를 얻은 것이다.

100t의 스카이랩 1호 궤도작업실(OWS)은 소련이 소유즈 1호를 발사한지 2년이 지난 1973년 5월 14일에 당시의 케네디우주센터에서 새턴V 로켓에 실려서 발사되었다. 최초의 승무원은 발사 1일 후에 궤도를 돌고 있는 스카이랩과 만나게 계획되었다. 그러나 발사는 성공적이지 못했다. 발사 때 이미 스카이랩의 측면에 있는 유성체(流星体) 방어벽이 우주정거장에 실을 화물인 두 개의 태양 전지판의 하나와 함께 떨어져 나가고 다른 하나는 찌그러졌다. 그럼에도 불구하고 스카이랩 1호는 목표대로 434km의 고도에서 거의 원에 가까운 궤도를 돌았다. NASA의 비행통제센터는 최대의 전기를 얻을 수 있도록 하기 위해서 스카이랩의 태양전지판이 태양을 향하도록 자세 조정을 시켰다. 그러나 유성체 방어벽의 상실로 이 자세에서 작업실의 온도는 52℃로 올라갔다.

최초의 유인 비행인 스카이랩 2호는 1973년 5월 25일 세 명의 우주

미국의 우주정거장 스카이랩

인을 태우고 발사되었다. 일상적인 비행보다는 전면적인 구조 임무를 수행했다. 베테랑 달 보행자인 콘래드는 두 명의 초임 승무원을 데리고 28일 간 대담하고 위험한 우주유영으로 스카이랩 1호의 남아있는 태양전지판을 회수하고 태양 파라솔 등을 설치하는 등으로 우주정거장을 수리하여 작업실 온도를 24℃로 낮추어 우주 작업기지로 전환시켰다. 이들은 궤도를 404번 선회하는 동안 6시간 20분간 우주유영(EVA)을 하고, 1973년 6월 22일 지구로 귀환했다.

1973년 7월 28일 발사된 알란 빈이 이끈 59일의 스카이랩 3호 비행은 가장 성공적인 것으로 여겨지고 있다. 이들은 59일간 스카이랩에 머물면서 생명과학, 태양물리학, 지구 자원탐사, 재료과학 등의 과학실험을 성공적으로 수행했다. 그 뒤를 이어 1973년 11월 16일에는 1973~1974년에 걸쳐 84일의 기록을 세운 스카이랩 4호가 발사되었다. 스카이랩 4호는 주로 태양 변화의 사진 촬영을 하고 지구 관측을 수행했다. 이들이 떠난 후는 정거장은 비어있었다. 수년간 더 활용될 수 있었지만 정거장으로 우주인을 실어 갈 아폴로 로켓이 남아있지 않았다. 예산삭감으로 다음 우주정거장으로 가는 우주인은 1998년까지 발사되지 못했다.

스카이랩은 위대한 과학적인 성과를 올렸고 5년 더 궤도에 머물다 1979년 7월 11일 대기권에 재진입해서 남동 인도양으로부터 오스트레일리아 오지에 이르는 넓은 영역에 작은 파편 조각들의 소나기가 찬란하게 내리게 하면서 수명을 다했다.

세 번의 유인 비행에 각각 세 명의 아폴로 우주인들이 총 171일 13시간을 궤도에 머물렀다. 이것은 우주에 머문 시간의 기록을 깬 것이다. 이들은 300가지의 과학적 기술적 실험을 수행했다.

우주택시 소유즈

러시아의 소유즈는 1967년부터 2003년까지 거의 100회를 비행한 유인 우주선으로 세계에서 가장 오랜 기간 비행한 우주선이다. 소유즈는 1960대 초 소련의 세르게이 코롤레프가 인간의 최초 달 탐사를 위해 디자인 한 코드 이름 OKB-1의 우주선이다. 소유즈는 지구 저궤도에서 조립되는 세 개의 부분으로 이루어진 우주선으로 설계되었으나 점차 이 계획은 축소되었다. 유인 달 착륙을 시도한 점과 두 사람이 승선한다는 점에서는 아폴로 계획과 비슷하다. 소유즈의 변형 모델이 존드로 재 명명되고, 아폴로 8호 이전에 달 주위를 도는 유인 비행 임무를 시도했다. 그러나 이것이 성사는 되지 못했다.

코롤레프는 지구궤도에서 달 비행을 위한 랑데부 동작을 연습하기 위해서 7K-OK라 불리는 변형된 소유즈를 디자인했다. 이것은 미국의 제미니와 아주 비슷했다. 미국이 달 경쟁에서 이길 것을 감지한 코롤레프는 그의 노력을 우주정거장으로 돌리고 소유즈를 우주택시로 변형시켰는데 이것을 개선시킨 것이 지금도 국제우주정거장(ISS)에 왕복 비행을 하고 있다.

그러나 소유즈는 미국 아폴로의 성공에 대항하기 위해서 급하게 서둘러 개발되었고 그 결과 초기 임무에서 여러 명의 우주인이 사망했다. 1967년 4월 23일 충분히 검증되지 못한 채 블라디미르 코말로프(Vladimir Komalov)를 태운 최초의 소유즈가 궤도로 발사되었다. 소유즈 1호는 하루 후에 발사되는 세 명을 태운 소유즈 2호와 도킹하고 우주유영으로 두 명의 우주인이 갈아탈 계획이었다. 소유즈 1호는 여러 가지 결함을 보여 소유즈 2호는 취소됐다. 궤도에서 여러 문제로 어려움을 겪던 코말로프는 결국 귀환은 했으나 낙하산이 펴지지 않아 지상에 충돌하여 폭발했다.

소유즈 3호는 1968년 10월에 무인 소유즈 2호와 도킹하는데 실패했다. 그러나 1969년 1월 소유즈 1호의 승무원을 교환하고 지구로 귀환하는 비행 계획이 소유즈 4와 5호를 사용하여 완료되었다. 1970년 6월에는 소유즈 9호가 장기간 우주비행에 대한 두 명의 승무원에게 주는 영향을 시험하기 위해서 기록적인 17일 간의 비행을 했다.

소유즈 10호는 1971년 4월 화물을 싣고 가서 세계 최초의 우주정거장인 살류트 1호와 도킹을 시도했으나 실패했다. 이 작업은 같은 해 7월에 소유즈 11호에 의해서 성공하고, 세 명의 승무원들은 살류트 1호 우주정거장에 첫 번째로 머물면서 23일간 궤도를 도는 기록을 세웠으나 지구로 돌아오는 길에 소유즈의 압력이 떨어지면서 우주복을 입지 않은 세 명의 우주인은 사망했다. 그 후 소유즈는 우주복을 입지 않은 세 명의 승무원 대신 두 명의 우주복을 입은 승무원이 탑승하도록 다

우주 택시 소유즈

시 디자인되어 우주인을 살류트 우주정거장으로 나르는 일을 했다.

1975년에는 특별하게 변형된 소유즈가 미국과 소련의 아폴로-소유즈 합동 프로그램을 위해서 개발됐다. 도킹 모듈을 갖춘 아폴로 18호에 탄 세 명의 미국인이 양쪽 도킹 메커니즘을 사용해서 두 명이 승선한 소유즈 19호와 결합하고 승무원들이 합류했다. 그러나 이와 비슷한 일은 그 후 19년 동안 일어나지 않았다. 아폴로-소유즈는 우주왕복선이 개발되기 전에 미국으로 하여금 유인 우주체류를 할 수 있게 해주었다.

1975년 살류트 4호의 62일 우주체류 기록이 1977년 소유즈 26/살류트 6호 승무원들에 의한 30일 체류로 깨졌다. 그 후 1978-1980년 동안 소유즈 29호, 32호 그리고 35호 승무원들에 의해서 우주 체류 기록이 각각 139일, 175일 그리고 184일로 늘어났다.

소련은 장기 우주비행에 관한 많은 데이터를 축적하고 특히 재료의 처리와 지구관측과 천체물리학에 관한 광범위한 실험을 수행했다. 소련은 인터스푸트니크(Intersputnik) 계획 하에 다른 공산 국가들의 우주인들을 우주정거장에 짧게 비행하게 함으로써 이들 국가와의 관계를 더욱 공고하게 했다. 그 첫 번째가 1978년 체코슬로바키아의 조종사였고 몽고와 베트남의 조종사들도 포함되었다. 우주 체류 200일 기록이 1982년 소유즈 T5호 우주인들이 살류트 7호에 승선하여 수립되었다. 프랑스의 우주인도 같은 해에 비행했다. 236일의 체류 기록이 1984년에 수립되었다.

1980과 1986년에는 세 명의 승무원이 승선하도록 변형된 소유즈 T와 TM이 등장했다. 개선된 소유즈 TM은 미르 우주정거장 프로그램에 사용되었다. 개선된 부분으로는 무게를 줄인 새로운 비행제어 시스템과 개선된 비상 탈출시스템 등이 있었다. 소유즈 TM은 무게가 7,100kg이고 전면에 도킹 메커니즘을 가진 1,300kg 궤도 모듈, 비행 승무원실 또는 하강 모듈, 그리고 2,600kg의 기기와 추진 모듈로 이루어졌다. 이것은 30kg의 화물을 국제우주정거장(ISS)으로 실어 가고 50kg을 싣고 내려올 수 있다. 하나의 주 낙하산으로 내려와서 착륙 전에는 역추진 로켓을 발사한다. 소유즈 TMA라는 새로운 형태의 소유즈가 2002년 10월에 최초로 비행했다.

미국의 우주정거장 프리덤

1979년 이후 스카이랩이 사라진 후 아폴로의 기쁨은 서서히 식어가고 예산은 극적으로 삭감되었다. 1981년 우주왕복선의 비행이 시작되었으나 왕복할 마땅한 곳이 없었고, 그래서 정부와 민간이 필요로 하는 짐을 일주일에 한 번씩 실어 나르는 우주 트럭의 역할을 했다. 그러나 소련의 계속된 인간의 우주 진출과 살류트를 타고 얻는 장기 우주비행 경험, 특히 이미 발표된 화성 탐사의 목표 등은 미국으로 하여금 가슴앓이를 하게 했다.

냉전은 계속되고 정치적인 분위기는 1960년대 우주 경쟁이 시작되었을 때와 비슷했다. 1980년대 초부터 NASA는 궤도상에서 연구를 수행하고, 행성 탐사의 출발점이 되는 우주정거장의 건설을 추구했다. 1984년 NASA 지도자들은 인간이 영구적으로 거주할 수 있는 우주정거장의 건설을 지원해줄 것을 레이건 대통령에게 건의하기 시작했다. 그 다음해에는 80억 달러의 비용이 들어가는 우주정거장의 디자인도 내어놓았다.

레이건은 마지못해 1994년에 완전 가동을 목표로 1984년 우주정거장을 승인했다. 레이건은 "미국은 위대해지려고 노력할 때마다 항상 위대하게 되었다. 우리는 다시 위대해질 수 있다. 우리는 우주에서 평화롭고 경제적이고 과학적인 성과를 거두기 위해서 장기간 머물러 작업하면서 먼 별을 향한 우리의 꿈을 이루어나갈 수 있다. 오늘 나는 NASA가 영구적인 유인 우주정거장을 개발하여 10년 내에 이를 건설해 내도록 하겠다."고 선언했다. 그러나 그는 이것이 캐나다, 유럽, 일본이 포함된 국제적인 계획이어야 한다고 덧붙였다.

예산은 80억 달러로 정해졌고, 결국 이것은 프리덤(Freedom)으로 이름 붙여지고 야심찬 디자인이 이루어졌다. 프리덤호는 1992년부터 매년 12번의 왕복선 비행으로 우주인들의 우주유영으로 건설하는 거대한 이중 용골(龍骨) 구조를 갖게 되어있다. NASA는 13개국에 프리덤

우주정거장 프로그램에 참여하는 국제 협정에 참여할 것을 종용했다. 1985년 일본, 캐나다, 그리고 유럽우주국(ESA)에 참여하고 있는 나라들이 참여할 것에 동의했다.

NASA와 미국 의회는 프리덤이 너무 야심적이고, 예산 내에서 건설하기 어렵다는 사실을 서서히 인식하기 시작했다. 또한 일정도 지연되고 있었다. 프리덤은 1990년, 1991년, 1992년 다시 디자인됐다. 그 때마다 더 작아지고 더 싸지고 애초의 계획은 축소되었다.

미 의회에서는 일정보다 점점 더 늦어지는 프로젝트에 수입억 달러를 소비한데 대한 불만의 목소리가 나오기 시작했다. 하드웨어의 개발과 조달이 지연되면서 유럽우주국과 같은 국제 참여자들도 점점 더 실망하게 되었다. 1992년 이미 250억 달러가 소비됐지만 우주로는 아무것도 올라가지 못했고 곧 발사될 전망도 없는 가운데 의회는 러시아가 참여하지 않는 한 프리덤은 없을 것이라고 NASA에 통보했다. NASA는 1993년에 프리덤의 디자인을 바꿔서 가장 적절한 비용과 기능을 가진 최종 모델을 확정지어 당시 클린턴 대통령의 재가를 얻어냈다.

1993년 프리덤호는 결국 현재의 국제우주정거장, ISS로 전환되었다. 같은 해 11월 7일 미국은 러시아에 ISS의 건설에 참여할 것을 요구했다. 1993년 NASA는 ISS를 건설하는 한 가지 방법으로 미국의 왕복선과 러시아의 미르가 협동하고 승무원이 함께 비행하는 잠정 프로그램을 발표하여 러시아와 미국의 우주정거장 건설 노력을 더 가깝게 했다. 이러한 변화는 소련이 붕괴하여 가능해졌다. 당시 소련의 미르 2호 계획은 재정적인 문제로 취소되었다. 그래서 양국은 서로의 우주기술에 접근할 수 있는 기회를 얻고 우주정거장을 원했다. 결국

우주정거장 프리덤 호

러시아가 ISS 프로젝트에 참여하게 되었고, NASA의 황당해하는 초기 참여자들은 밀려났다.

그러나 문제는 아직도 남아 있었다. 러시아는 서방의 방법에 익숙하지 않았고, 남아있는 우주 프로그램은 점점 더 재정적인 어려움을 겪었다. 미국의 회사들은 러시아로 몰려 들어가서 최고의 기술을 미국으로 빼내왔다. 문화적인 차이가 관계를 어렵게 만들었고 진전은 느리고 복잡하게 이루어졌다. 러시아는 미국인을 미르에 태우는 것을 마음 내켜하지 않았고, 미국도 왕복선에 러시아인을 태우기를 싫어했다. 그럼에도 불구하고 ISS는 미국이 홀로 시도하기에는 너무 크고 비용이 많이 들어 그러한 상호 협동에 의해서만 가능한 프로젝트가 되었다.

소련의 우주정거장 미르

우주왕복선 챌린저의 사고로 미국의 유인우주선 계획이 위기를 맞고 있을 때인 1986년 2월 20일 소련은 미르의 중심 모듈을 발사했다. 무게가 2만900kg인 미르는 다섯 개의 운반선을 수용할 수 있도록 다중 도킹 시설을 가지고 있다. 1987년 3월 무게가 1만1,050kg인 크반트(Kvant)1 모듈이 미르의 후방에 도킹하여 미르의 길이는 거의 19m로 길어졌다. 무게 1만8,500kg의 크반트2 모듈이 1989년 11월 전면 도킹 포트(port)에 추가되고 망원경, 카메라와 여러 장비가 실렸다. 무게 1만9,640kg의 크리스탈(Kristall)이 1990년 작은 로봇 팔과 함께 추가되었다. 1995년에는 출발 때 무게가 1만9,700kg으로 지구과학과 대기 모니터링을 위해서 스펙트르(Spektr)가 추가됐다. 마지막 미르의 모듈은 원격탐사 카메라를 가지고 1996년에 도착한 프리로다(Priroda)이다.

미르는 우주인들이 1년 이상 체류할 수 있게 하여 장기 우주비행이 인체에 미치는 영향에 관한 생리 의학적 데이터를 다량으로 축적했다. 1986년부터 계속적으로 우주인 팀이 미르로 보내졌고, 2000년대에 들어와서도 이 일은 계속되었다. 승무원 팀은 세계 여러 나라의 사람들로 이루어져서 미르를 최초의 국제우주정거장으로 만들었다. 소련이 붕괴한 후에 러시아는 이러한 외국인들의 비행과 실험 시간 할애에 대한 비용을 부과했다. 정규적이고 통상적인 우주유영(EVA)이 실험과 수리를 위해서 미르의 외부에서 행해졌다.

1986년 3월에는 소유즈 T15호의 레오니드 키짐(Leonid Kizim)과 아나톨리 솔로비요프(Anatoli Solovyov)가 미르와 살류트 7호로 125일을 비행했고, 1987년 2월 5일부터 1987년 12월 29일까지 유리 로마넹코

(Yuri Romanenko)를 포함한 승무원들이 기록적인 326일을 비행했고, 블라디미르 티토프(Vladimir Titov)와 무사 마나로프(Musa Manarov)는 1987년 12월 21일부터 1988년 12월 21까지 366일을 머물면서 최장 우주체류기록을 세웠다.

1987년 6월에는 시리아 우주인을 시작으로 몇 개의 국제 팀이 미르로 비행했다. 1990년 12월 소유즈 TM11호에는 최초의 상업적인 승객으로 일본인 저널리스트 토요히로 아키야마(Toyohiro Akiyama)가 포함되었는데 그는 몸이 아파서 아주 비참한 7일간의 비행을 했다. 1991년

우주정거장 미르

5월에는 소유즈 TM12호의 세르게이 크리칼레프(Sergei Krikalev)는 311일간의 비행을 했는데 소련의 붕괴로 그는 소련 시민으로 떠나서 러시아 시민으로 돌아왔다. 발러리 폴리아코프는 1994년 1월 8일부터 1995년 3월 22일까지 439일의 기록적인 우주 비행을 했다.

1995년에는 미국과 러시아의 왕복선/미르 협동 프로그램이 시작되어 장기 체류 STS-71/아틀란티스 왕복선이 미르와 도킹했다. 그 후로 미국의 우주왕복선은 아홉번 미르와 도킹했고 미국의 우주인들이 미르에 장기체류했다. 소유즈 TM28호는 1998년 8월 13일에 우주로 가서 미르와 도킹하여 11일간 비행했는데 승무원 중 한 명인 세르게이 아브데예프는 미르에 198일간 머물렀다. 그는 총 세 번의 비행으로 748일의 우주 체류 기록을 세웠다. 2000년 4월에는 소유즈 TM30호의 세르게이 잘레틴(Sergei Zaletin)과 알렉산더 칼레리(Alexander Kaleri)가 72시간을 머무는 미르로의 마지막 비행을 했다. 14년에 걸친 미르의 시대는 종말을 고했는데 그 기간 동안 수 주를 제외하고는 1987년부터 계속해서 우주인들이 그곳에 머물렀다.

미르는 소련의 엄청난 성공 스토리로서 소련의 화려한 과거와 밝은 미래를 약속해 주는 쾌거였다. 미르는 계획된 수명의 3배인 15년 동안 우주 궤도에 머물렀다. 미르는 2001년 3월까지 궤도에 머물다가 남태평양에 추락하여 지구로 돌아왔다.

미국과 러시아의 우주 협동

국제우주정거장(ISS)의 건설이 곧 시작될 예정으로 있던 1993년 미국과 러시아의 우주 협동의 시대가 열렸다. 이 해에 두 명의 러시아 우주인 티토프와 크리칼레프가 우주왕복선 비행 훈련을 위해서 텍사스 휴스턴에 있는 NASA에 도착했다. 미국인의 미르 비행도 곧 이루어질 예정으로 있었다. 1994년 2월에 크리칼레프가 STS-60/디스커버리로 8일간 우주에 머물렀다. 티토프는 1995년 2월에 STS-63/디스커버리로 왕복선과 미르의 합동 비행을 준비하기 위해서 미르와의 도킹은 하지 않고 랑데부만 하는 시범 비행을 했다.

1995년 3월 14일에는 미국의 우주인 노르만 타가드(Norman Thagard)가 러시아의 소유즈 TM31호로 미르에 비행하여 그곳에 115일간 머무는 역사적인 임무를 시작했다. 6월 27일에는 역사적인 STS-71/아틀란티스 왕복선/미르 비행임무(SMM)1이 발사되어 미르와 도킹했다. 러시아 우주인들은 한 때 활발하던 소련의 우주프로그램이 쇠퇴의 길로 접어드는 것을 슬퍼하고 미국의 간섭을 불쾌해 했다. 그러나 미국과의 협조가 그들의 우주프로그램을 다시 살릴 수 있다는 사실을 인지한 후로는 이를 받아들였다.

한편 미국의 우주인들은 기술적인 문화적인 차이로 미르에서 러시아 동료와 함께 일하는 것이 아주 어려움을 실감하고 있었다. 11월에는 STS-74/아틀란티스가 보급 물자와 장비를 가지고 SMM 2호를 비행했고, 1996년 3월에는 STS-76/아틀란티스/SMM 3호가 NASA의 천체과학자인 섀넌 루시드를 태우고 188일간의 비행을 위해서 발사됐다. 그녀는 미르 여행을 즐기고 동료와도 잘 지냈다.

STS-79/아틀란티스는 9월에 공군 조종사이고 전 왕복선 선장이었던 존 블라하(John Blaha)를 미르로 보내고 루시드를 데려오는 SMM 4호 비행을 했다. 그의 128일간의 비행은 쉽지 않아서 그는 우울증에 걸렸다고 털어놨다.

NASA의 영국 출신 우주비행사 마이클 포알(Michael Foale)은 1997년

5월 STS-84/아틀란티스/SMM6으로 발사되어 러시아 승무원과 가장 잘 어울리며 지냈다. 그는 미르와 도킹하는 과정에서 비상 상황을 잘 극복하여 러시아 승무원을 감동시키기도 했다. 8월에는 두 명의 승무원을 태운 소유즈 TM26호가 미르에 필요한 긴급 수리를 위해서 197일간의 임무를 띠고 발사되었다. 그 다음 달에는 STS-88/아틀란티스가 포알을 데려오고 의사인 데이비드 월프(David Wolf)를 보내는 SMM7 비행을 했다. 이 비행 도중 최초의 미-러 우주유영이 티토프와 스캇 파라진스키(Scott Parazinsky)에 의해서 행해졌다.

1998년 1월 29일에는 STS-89/인데버가 앤드류 토머스(Andrew Thomas)를 태우고 미르로 가서 그를 미르에 남겨두고 대신 월프를 데려왔다. 최후로 6월 2일에는 STS-91/디스커버리가 러시아의 살류트 베테랑 우주인인 발레리 류민(Valeri Ryumin)을 포함한 승무원들을 태우고 최후의 SMM으로 발사되어 토머스를 데려왔다. SMM은 위대한 성공을 거두었고 미르가 계속 활동하도록 하는데 도움을 주었다. 이 프로그램의 경험이 없었다면 ISS의 초기 궤도 활동이 어려웠을 것이다.

국제우주정거장의 건설

1993년 NASA의 우주정거장 프리덤 계획이 국제우주정거장 ISS로 전환되었고, 1998년 후반기부터 ISS의 최초 구성요소가 궤도로 발사되었다. 2000년에는 최초의 승무원이 탑승했다. ISS의 조립작업은 그 후 계속되어 아직도 진행되고 있다. ISS는 최초로 시도되는 국제 공동 우주 사업이지만 비용 초과의 어려움을 겪고 있다.

ISS에는 16개국이 참여하고 있고 총 1,600억 달러의 비용이 들어

국제우주정거장 ISS

갈 것으로 전망되는 가장 큰 국제 협동 우주프로그램이다. ISS에 참여한 국가는 미국, 러시아, 캐나다, 일본, 브라질, 그리고 유럽우주국(ESA)에 가입한 11개 국가 등이다. 이 프로그램은 여러 가지 이유로 지연을 거듭하다 1998년 12월 최초의 모듈인 러시아의 자르야와 미국이 건설한 유니티 모듈이 발사되어 우주에서 결합되었다. 2012년 ISS가 완성되면 무게가 45만1,289kg, 길이가 축구장 크기인 109m가 된다. ISS의 승무원은 1명의 미국인과 1명의 러시아인을 포함하는 총 6명이 될 것으로 예상된다. ISS는 고도 278~460km의 궤도에서 91분을 주기로 지구를 한 바퀴 돈다. ISS는 2020년까지 궤도에 머물 예정으로 있지만 어쩌면 2028년까지도 활동을 계속할 수 있을 것으로 기대하고 있다.

ISS는 두 개의 미국 실험실 모듈, 유럽 모듈, 일본 모듈, 러시아 모듈, 그리고 서비스를 위한 모듈을 조합하여 건설된다. ISS는 보잉 747의 내부에 해당하는 1,624m^{3}의 가압(加壓) 생활 및 작업 공간을 갖추게 된다. 완전 조립을 위해서는 주로 우주왕복선에 의해서 이루어지겠지만 46번을 발사해서 100개 이상의 부품을 실어 날라 24번에 걸친 305시간 20분의 우주유영으로 조립해야 한다.

네 개의 광기전(光起電) 모듈은 각각 길이가 34.16m, 폭이 11.89m인 배열판을 가지고 23kW의 전기를 생산한다. 이 배열판의 총 표면적은 약 반 에이커인 2,500m^{2}이다. 전력 시스템은 1만2,800m 길이의 선으로 연결된다. 배터리는 끝에서 끝 길이가 883m로 연결되어 있다. ISS는 지구를 관측하기 위해서 네 개의 창문이 달려 있어 돔형 모듈 내에서 360°로 볼 수 있다. 52개의 컴퓨터가 방향 조종, 전력 스위치, 그리고 태양집열판 배열 등을 조종한다. ISS의 크기와 배열판의 반사 능력으로 보아 ISS는 밤하늘에 인상적인 모습을 보일 것이다. 소유즈 한 대는 비상시 승무원을 철수시킬 수 있도록 항상 도크하고 있다. 무인 러시아 프로그레스 운반선이 물자, 물, 산소를 실어 나르고 쓰레기를 수거하기 위해서 여러 번 비행했다. 우주왕복선도 하드웨어와 승무원을 실어 나르기 위해서 여러 번 다녀왔다.

1999년 5월과 2000년 5월에 두 번의 왕복선이 화물을 운반했고, 2000년 5월에는 미국의 재정지원으로 러시아에서 제작된 즈베즈다(Zvezda) 서비스 모듈이 발사되어 ISS의 세 번째 모듈로 조립되었다. 10월에는 왕복선이 가장 어려운 임무인 통합 트러스(truss) 구조물, 가압 모듈, 통신 시스템, 자세제어 자이로의 설치를 위해서 발사됐다. 같은 달 31일에는 최초의 탐험 승무원인 NASA의 선장 윌리엄 셰퍼드(William Shepherd), 러시아의 세르게이 크리칼레프, 유리 기드젱코(Yuri

Gidzenko)가 소유즈로 발사됐다.

그들이 우주에 머무는 동안 2000년 11월과 2001년 1월 두 번의 왕복선이 발사되어 최초의 태양 배열판, S-밴드 통신 안테나, 라디에이터, 그 이외의 여러 장비, 그리고 미국의 실험실 모듈인 데스티니(Destiny)를 설치했다. 2001년 3월에는 왕복선으로 두 번째의 실험 승무원이 임무를 교대하고, 이탈리아에서 만들어진 병참 모듈이 운반되었다. 4월에는 왕복선이 UHF 안테나, 최초의 캐나다 우주정거장 원격조종 시스템의 최초 부품을 ISS로 전달했다. 같은 달에 소유즈가 세계 최초의 자비 승객인 데니스 티토(Dennis Tito)를 ISS로 보냈다. 티토는 이 6일간의 짧은 여행을 위해서 2,000만 달러를 지불했다. 7월에는 왕복선이 우주인의 우주유영을 위한 에어록과 고압실을 갖춘 러시아의 피르스(Pirs)를, 그리고 8월에는 병참 모듈과 새 승무원을 운반했다. 10월에는 네 번째의 실험승무원이 승선했다.

2002년에도 ISS 건설은 계속되어 4월에는 왕복선이 중심 트러스 부분과 이동운반기를 운반했고, 6월에는 다섯 번째 실험 승무원이 승선했다.

2007년에는 미국과 유럽이 함께 만든 서비스모듈인 하모니(Harmony)가 올라갔고, 2008년에는 실험실 모듈인 유럽의 콜럼버스(Columbus), 일본의 ELM과 키보(Kibo)가 ISS에 조립되었다. 2009년에는 러시아의 포이스크(Poisk), 2010년에는 유럽과 미국의 트랜퀼리티(Tranquility)와 쿠폴라(Cupola), 그리고 러시아의 라스버트(Rassvert)가 올라갔다. 2011년에는 이탈리아와 미국이 제작한 레오나드(Leonard)가 부착되었다. 2012년 러시아의 나우카(Nauka)가 부착되면 ISS의 건조작업은 끝나게 된다.

2010년 12월 15일까지 ISS에는 196명의 우주인이 297번 방문했다. 한국 최초의 우주인인 이소연도 2008년 4월 8일 바이코누르 우주기지에서 러시아의 소유즈 우주선에 탐승하여 약 1주일간 ISS에 체류하면서 각종의 우주 과학실험을 한 뒤 4월 19일 지구로 귀환했다.

1993년 ISS 계획이 처음 나왔을 때 NASA는 이것을 10년에 걸쳐서 174억 달러의 비용으로 건설할 수 있을 것으로 생각했다. 그러나 1997년 9월 NASA는 이 비용으로는 불가능하다고 시인했다. 건설비용은 증가해서 2001년까지 ISS에 들어간 미국의 비용은 예상을 뛰어넘는 210억 달러였다. 이에 조지 부시 2세 대통령은 계획의 일부를 축소하고 NASA에게 새로운 소비를 260억 달러로 줄이고 2006년까지 조립을 완성시키라고 지시하기도 했다.

상업용 우주정거장

최근 상업용 우주정거장 건설을 위한 시험이 본격적으로 시작되었다. 미국의 호텔 체인인 버젯 스위츠(Budget Suites)사의 로버트 비걸로(Robert Bigelow) 회장이 설립한 민간 우주탐사업체인 비걸로 에어로스페이스(Bigelow Aerospace)사는 2006년 7월 12일 러시아 남부 우랄산맥에 있는 기지에서 실험용 무인 우주선 제네시스(Genesis) 1호를 쏘아 올렸다. 이 우주선은 수분 후에 지상 고도 514km에 도달해서 통제소와 통신을 개시하고 태양판도 전개했다. NASA의 트랜스햅(TransHab)에 근거를 둔 이 우주선은 우주에서 선체를 2배로 팽창시켜 무게 약 1,360kg, 길이 약 4.4m, 지름 2.5m의 대형 참외 형태를 이루게 되며 추후 쏘아 올려지는 우주선들과 마치 소시지를 연결하듯 연결되어 호텔, 위락시설 등으로 사용될 대형 우주정거장으로 변화한다. 선체를 부풀리는 실험은 과거 1990년대에 NASA가 화성탐사 위성에 적용하려 했다가 경비가 많이 든다는 이유로 포기했던 기술이다. 비글로 회장은 이 사업에 모두 5억 달러를 투자할 계획이다. 이 회사는 두 번째의 실험용 우주선 제너시스 2호를 2007년 6월 28일 발사했다. 이 우주선은 현재까지도 압력 유지와 열 환경 적응에서 거의 완벽한 기능을 하고 있다.

비걸로사는 2014년 역시 우주에서 팽창하는 우주선인 선댄서(Sundancer)를 NASA의 애틀라스 로켓으로 발사할 계획으로 현재 제작 중에 있다. 이 우주선이 팽창했을 때의 크기는 길이가 8.7m, 지름이 6.3m, 부피가 180m^{3}이 되고 생명유지 시스템과 자체 자세 제어 및 궤도 조종 시스템도 갖출 예정이다. 2015년에는 이보다 더 커서 길이 13.7m, 지름 6.7m, 부피 330m^{3}인 우주선 BA330을 발사해서 선댄서와 도킹시켜 우주정거장을 건설할 계획으로 있다.

한편, 러시아의 우주개발 회사들인 오비탈테크널러지(Orbital Technology)사와 RSC에너지아(RSC Energia)사는 합동으로 호텔과 실험실을 갖춘 우주정거장을 2015년과 2016년 사이에 발사하여 상업적인 운영을 할 계획이라고 밝혔다. 그러나 이 회사들은 구체적인 내용을 밝히지 않고 있다.

제 7 장

수성과 금성의 우주선 탐사

수성과 금성은 지구 궤도의 안쪽에서 태양을 도는 행성들이다. 수성은 태양에 가장 가까운 행성으로 항상 태양의 곁에 있기 때문에 육안으로는 관측이 쉽지 않다. 현재까지 2대의 우주선이 수성을 탐색했다.

수성과 금성의 우주선 탐사

수성과 금성은 지구 궤도의 안쪽에서 태양을 도는 행성들이다. 수성은 태양에 가장 가까운 행성으로 항상 태양의 곁에 있기 때문에 육안으로는 관측이 쉽지 않다.

현재까지 2대의 우주선이 수성을 탐사했다. 우주선 관측에 의하면 수성은 표면이 온통 크레이터로 덮여 있는 황무지의 행성이다. 지구에 가장 가까이 접근하는 행성인 금성은 해 뜨기 전 동쪽 하늘에서 그리고 해 진 후에는 서쪽 하늘 지평선 위에서 밝게 빛을 낸다. 금성은 하늘에서 태양과 달 다음으로 밝은 천체이면서 푸른색을 띠고 있어 가장 아름답게 보이는 천체 중 하나이다. 금성은 짙은 구름으로 덮여 있어 표면을 직접 볼 수 없다. 현재까지 30여대의 탐사선이 금성 탐사에 나서서 표면의 여러 모습을 밝혀냈다.

수성은 어떤 천체인가

수성은 상당히 찌그러진 타원 궤도로 태양 주위를 돌고 있다. 그래서 태양으로부터의 거리도 가장 가까울 때는 4,600만km, 가장 먼 때는 6,982만km로 변하지만 평균거리는 5,800만km로 태양에서 지구 사이 평균 거리의 3분의1 보다 조금 크다. 수성의 공전주기는 87.97일이고, 자전주기는 공전주기의 2/3에 해당하는 58.64일이다, 이러한 자전과 공전주기로 생기는 수성의 하루는 176일로 길다. 수성이 궤도 상에서 움직이는 평균 궤도속도는 초속 47.87km로서 행성들 중에서 가장 빠르다. 수성의 궤도가 작고 속도가 빠르기 때문에 태양을 일주하는데 걸리는 시간 즉, 공전주기도 행성들 중에서 가장 짧은 약 88일이다.

수성은 태양에 가깝기 때문에 지구에서 볼 때 태양과 떨어진 각도, 즉 이각(離角)이 18°~ 28°로 작다. 그러므로 수성은 해뜨기 전, 또는 해가 진후에 태양 근처 지평선 상에서 육안으로 잠시 볼 수 있을 뿐이다. 수성의 밝기는 거리에 따라 -1.9~4 등급 사이로 변한다. 하지만

수성의 모습

지구 대기에 의한 빛의 굴절 때문에 수성의 상세한 모습은 지구에서 관측되지 않는다.

지구에서 보는 수성의 크기는 각으로 6″(초)에 불과하다. 이 각은 수성의 거리에서는 4,879.4km의 크기에 해당하는데 이것이 수성의 지름이다. 수성은 태양계의 행성들 중에서 가장 작고, 달 보다는 1.4배 정도로 크다. 수성의 질량은 지구 질량의 0.055배인 3.3×10^{23}kg 이다. 이 질량으로부터 구한 수성의 밀도는 $1cm^3$ 당 5.4g으로서 이는 지구의 밀도와 거의 같은 값이다. 수성의 밀도가 이같이 높은 것은 수성에 지구와 같이 철과 니켈로 이루어진 큰 중심핵과 규산염으로 이루어진 맨틀이 있음을 의미한다.

수성이 태양에 가장 가까울 때, 즉 근일점(近日點)에 있을 때 수성의 적도 부근에서 정오경의 온도는 약 430℃ 까지 올라간다. 이 온도는 온실효과 때문에 온도가 높은 금성 다음으로 행성들 중에서 가장 높은 것이다. 그러나 해가 질 때쯤 되면 온도는 150℃ 로 내려가고 자정 때에는 -170℃가 되어 극단적인 대조를 보인다. 수성의 온도 변화는 행성들 중에서 가장 크다. 수성은 이와 같이 최고 온도가 높고 이탈속도가 낮으므로 기체가 모두 이탈해서 대기는 거의 없다. 수성의 표면 중력은 지구의 0.38배, 달의 2.4배이고 수성의 중력권을 탈출할 수 있는 이탈속도는 초속 4.2km이다.

수성을 최초로 탐사한 매리너 10호

수성은 태양계 행성들 중에서 가장 적은 수의 우주선이 탐사한 행성이다. 수성을 최초로 탐사한 우주선은 NASA의 매리너 10호이다. 1973년 11월 3일 발사된 매리너 10호의 주 임무는 수성 주위 궤도를 돌면서 수성의 대기, 표면 그리고 물리적인 성질을 관측하고 알아내는 것이다. 실제로 수성 표면의 모습을 처음 밝힌 것도 매리너 10호이다. 매리너 10호는 무게가 474kg, 높이가 4.6m, 지름이 1.38m의 8각형의 몸체를 가지고 두 개의 태양 집열판으로 820W의 전기를 생산했다. 이 우주선에는 지구로 전송되는 700개 선으로 이루어지는 영상을 만들어내는 두 개의 눈 모습을 한 두 대의 TV 카메라가 부착되어 있었다.

수성이 태양과 너무 가깝기 때문에 우주선은 수성 주위를 돌게 하는 것은 아주 어려운 일이다. 그래서 매리너 10호는 처음에 금성으로 가서 금성의 중력에 의한 가속력으로 수성을 1974년 3월 29일 703km의 거리에서 근접 통과했다. 매리너 10호는 그 후로 임무를 끝낼 때까지 1974년 9월 21일과 1975년 3월 16일에 두 번 더 수성을 근접 통과했다. 이 때 최단 접근 거리는 327km였다. 우주선이 근접 통과할 때마다 수성은 항상 같은 쪽이 태양을 향하고 있어 한쪽 면만이 밝았기 때문에 매리너 10호는 금성 표면의 45%만 촬영할 수 있었다. 이 우주선은 1975년 3월 24일 연료의 소진으로 수명을 마쳤다.

매리너 10호는 지구 자기장과 비슷한 수성의 자기장을 탐지했다. 수성의 자전속도가 느린 점을 감안하면 이 같은 자기장은 놀라운 일이다. 행성의 자기장은 행성이 융해된 중심부를 가졌을 때에 일어나는 다이나모(dynamo) 효과에 의해서 형성된다. 그러나 수성은 액체 상태의 중심부를 갖기에는 너무 작다고 생각되었으나 최근 레이더의 관측 결과 수성이 흔들리는(wobbling) 회전을 하는 것으로 보아 수성의 외핵이 액체 상태인 것으로 판명됐다.

매리너 10호가 최초로 밝힌 수성의 모습은 온통 크레이터로 덮여있는 달과 비슷하다. 폭이 200km의 크레이터, 산맥, 용암 홍수 지역, '칼로리스(Caloris) 분지'라 불리는 지름 1,550km의 충돌 분지의 산과 같은 고리 등이 보인다. 온도는 −180℃에서 납을 녹일 정도로 뜨거운 430℃임이 확인됐고, 금속성의 중심핵은 행성의 80%를 이루고 있다.

매리너 10호가 밝힌 수성 표면

수성에서 물의 흔적을 발견한 메신저호

NASA는 매리너 10호 후 34년이 되는 2004년 8월 3일 수성의 두 번째 탐사선인 메신저(MESSENGER)호를 발사했다. 무게가 485kg, 길이 1.85m, 폭 1.42m인 이 우주선은 수성에 도달하기 위해서 지구를 한 번, 금성과 수성을 각각 두 번씩 근접 비행을 하면서 중력 가속을 받았다. 메신저는 실제로 지구를 2005년 2월에, 그리고 금성을 2006년 10월과 2007년 10월에 각각 근접 비행했다. 메신저는 수성을 2008년 1월 14일, 2008년 10월 6일, 그리고 2009년 9월 29일 세 번 통과한 후 2011년 3월 17일 수성 주위 타원형 궤도에 진입해서 수성의 유일한 인공위성이 되었다. 메신저는 80°의 경사각을 가지고 수성의 표면으로부터 200km와 1만5,190km의 거리 사이에서 궤도 운동을 시작했다. 메신저는 카메라, 분광기, 자력계를 포함한 일련의 기기들을 싣고 있었다. 메신저는 2011년 4월 4일부터 본격적으로 관측을 시작해서 수성 표면 전체의 지도를 그리고 표면, 내부, 대기 그리고 자기권을 상세히 분석했다.

메신저가 2008년 1월 수성 200km 상공을 근접비행하면서 촬영한 사진들을 판독한 결과 수성 곳곳에서 구덩이 수가 빠르게 증가하고 있었다. 수성의 핵은 주로 액상 고체 상태인 철로 이뤄져 있는데 철의 특성상 내부의 온도가 하락하면 급속하게 부피가 줄어들어 핵을 둘러싸고 있는 지각에서는 구덩이 같은 흔적이 생긴다. 사진에서 그 구덩이의 형성 속도가 빨라지는 것이 관측돼 수성이 줄어들고 있다는 것이 확인됐다. 화산활동으로 수성의 표면도 변화하고 있다. 지름 1,300km에 달하는 수성 최대의 지형 '칼로리스 분지'가 화산활동으로 인한 용암으로 점점 채워지고 있었다. 그동안 논란이 뜨겁던 수성의 자기장 형성은 메신저가 보내온 사진을 분석한 결과 지구와 같이 내부에 있는 핵으로 인해 형성된 것으로 판명됐다.

메신저는 2008년 1월 이후 약 55시간 동안 수성을 200여km 거리에서 근접비행하면서 수성에서 우주공간으로 방출된 원자를 포착, 구성 물질을 분석했다. 분석 결과 실리콘, 나트륨, 황 등과 함께 물의 흔적이 확인됐다. 수성은 태양 직사광을 받는 표면 온도가 340℃를 넘는 뜨거운 행성으로 그동안 물은 존재하기 어려울 것으로 여겨져 왔다. 그러나 태양광을 받지 않는 극지방에 물이 얼음 형태로 존재할 가능성이 있는 것으로 추측된다.

메신저는 2011년 3월 29일 사상 최초로 수성 궤도상에서 수성 표면 사진을 촬영했다. 최초 촬영된 사진에는 '드뷔시(Debussy) 크레이터'를 포함해서 그간 탐사선에서 한 번도 관측되지 않았던 수성 남극 근방의 모습이 들어있다. 메신저가 3개월간 수성궤도를 돌면서 촬영한 사진들을 분석한 과학자들은 수성 형성에 가장 큰 영향을 끼친 것은 화산 폭발이며 이로 인해 황이 공급된 것으로 나타났다고 말했다.

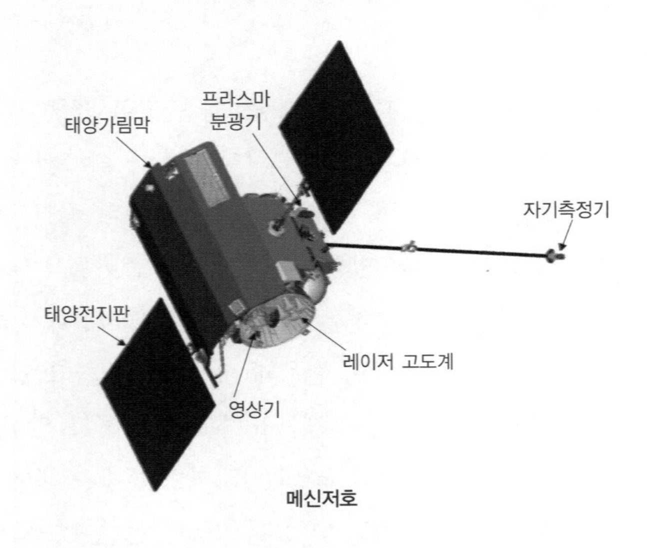

메신저호

메신저는 2012년 연료가 떨어지면 수성 표면에 충돌하여 수명을 다 할 것이다.

베피콜롬보호 수성 탐사 예정

유럽우주국(ESA)은 일본과 함께 베피콜롬보(Bepi Colombo)라 불리는 수성 탐사선을 계획하고 있는데 이 우주선은 2014년 발사될 예정이다. 베피콜롬보는 태양 전기 추진체를 사용하고 달, 금성, 그리고 수성의 중력 도움을 받아 수성의 주위 궤도에 진입한다. 수명은 1년에서 2년 정도가 될 전망이다.

태양 전기 이온 추진 시스템을 사용하고 400℃의 온도에 대해서 보호받는 베피콜롬보는 수성 궤도에 2020년에 도착하여 수성 주위 타원궤도를 돌면서 궤도선은 카메라, 여러 파장의 분광기, 이온분광기, 망원경 등으로 측정하고, 자기권을 관측하기 위해서 작은 자기장 관측위성을 띄울 예정이다. 작은 착륙선도 내려 보낼 예정이었지만 예산상의 문제로 이 계획은 생략될 운명인 것으로 보인다.

금성은 어떤 천체인가

금성은 아침저녁으로 동쪽이나 서쪽 하늘 지평선 위에서 가장 밝게 빛나는 행성이다. 태양에서 두 번 째 행성인 금성은 태양에서 평균거리가 1억820만km로 태양에서 지구까지 거리의 0.72배다. 짙은 대기가 태양 빛을 잘 반사시켜서 밝기가 하늘에서 태양과 달 다음으로 밝다. 태양 주위 공전 주기는 224.65일이고, 자전주기는 243일이다. 그러니까 금성의 1년은 지구 시간으로 225일인 셈이다. 금성이 태양에서 가장 먼 때에는 거리가 1억900만km이고 가장 가까울 때는 1억7만km로서 금성의 궤도는 모든 행성들 중에서 가장 원에 가깝다.

금성의 자전 방향은 지구 자전과는 반대 방향인 역행자전(逆行自轉)을 한다(동에서 서). 이러한 자전 방향 때문에 금성에서는 태양이 서쪽에서 떠서 동쪽으로 지게 될 것이다. 금성의 하루는 지구의 날로 117일에 해당할 것이며 58.5일은 낮, 58.5일은 밤이 계속될 것이다. 그러나 실제로는 짙은 구름 때문에 낮에도 빛이 표면에 도달하는 강도가 지구에 비하면 1백분의 1 밖에 되지 않아 낮과 밤이 구별되지 않을뿐더러 태양도 보기 힘들 것이다.

금성은 크기와 질량, 그리고 태양으로부터의 거리가 지구와 비슷해서 지구와는 쌍둥이 행성으로 불린다. 금성의 지름은 10만2,100km로 지구의 지름보다 5% 정도 작고, 질량은 지구 질량의 0.82배인 4.87×10^{24}kg이다. 밀도는 1cm^3 당 5.2g으로 지구와 비슷하다. 금성은 크기가 지구와 비슷하지만 대기와 표면의 모습은 전혀 다르다. 금성은 지구 대기압의 93배의 짙은 이산화탄소(CO_2)의 대기로 둘러싸여 있어서 가시광선으로는 표면을 보기가 어렵다. 금성은 아름다운 모습과는 달리 생명체가 도저히 살 수 없는 아주 열악한 환경을 가지고 있다.

금성의 모습

산소도 물도 없고, 온도는 납을 녹일 수 있을 정도인 460℃ 이상으로 높다. 그래서 금성은 아름다운 모습과는 달리 지옥에 비유되기도 한다.

금성 크기와 밀도로 미루어 내부구조는 지구와 아주 비슷할 것으로 짐작된다. 즉 암석의 지각과 맨틀, 그리고 금속성 물질의 핵으로 이루어졌다. 금성의 밀도가 지구보다 작으므로 핵도 조금 작을 것이다. 금성의 자기장은 아직도 풀리지 않는 문제로 남아있다. 즉 부분적으로 액체 상태인 금속성 핵이 있으면 지구에서와 같이 금성도 자기장을 가지고 있어야 함에도 불구하고 지금까지 금성에서 자기장이 탐지되지 않고 있다. 자기장이 없기 때문에 이온층도 존재하지 않는다.

베네라와 매리너호의 초기 금성 탐사

금성으로 보내진 최초의 탐사선은 소련이 1961년 2월 12일에 발사한 베네라(Venera, 러시아어로 금성) 1호이다. 그러나 이 우주선은 방향 감지기의 과열에 의한 고장으로 임무 달성에 실패했다.

금성을 최초로 탐사한 우주선은 NASA가 1962년 8월 26일 발사한 매리너 2호이다. 매리너 2호 이전에도 소련과 미국의 우주선이 금성으로 보내졌으나 모두 실패했다. 매리너 2호는 금성에 1962년 12월 14일에 도달했는데, 이것이 모든 행성을 통틀어 최초의 행성 탐사이다. 매리너 2호는 무게가 203kg으로 바닥 지름이 1.04m이고 두께가 0.36m인 6각형 구조로 전체 모양은 높이 3.66m의 피라미드형이고, 222W의 전기를 생산하는 길이가 1.8m와 1.5m인 두 개의 태양 전지판을 달고 있었다.

금성은 짙은 대기로 둘러싸여 표면이 보이지 않기 때문에 표면 상태가 알려지지 않고 있었다. 이것이 미국과 러시아가 이 행성의 탐사를 서두르게 한 이유이다. 매리너 2호가 측정한 금성 표면의 온도는 460℃로 뜨거웠다. 온실효과를 일으키는 이산화탄소의 대기는 고도 80～56km 사이에서 가장 짙은 것으로 나타났다.

소련은 비록 여러 번 실패하기는 했지만 가장 먼저 우주선으로 금성을 탐사하고 우주선을 금성 표면에 착륙시키려 시도했다. 소련은 최초의 금성 탐사 우주선인 베네라 1호가 실패로 끝난 후인 1964년 4월 2일 존드 1호를 발사했으나 또다시 고장을 일으켜 실패했다. 1965년 11월 소련이 발사한 베네라 2호는 금성에 가까이 가기는 했으나 통신이 두절됐고, 같은 해 베네라 3호는 금성 표면에 충돌했다.

1967년 6월 12일 소련이 발사한 베네라 4호는 금성 대기를 최초로 침투했다. 이 우주선은 대기권으로 들어서면서 지름 1m, 무게 383kg의 착륙선을 분리시켰다. 이 캡슐은 초속 10km의 속도에 이른 350G 감속을 견디고 열 방패는 1만1,000℃의 온도도 견디도록 설계됐지만 1967년 10월 18일 하강 때 표면에 충돌했다. 대기권을 하강할 때 기압이 지구 대기압의 22배이고 온도가 280℃인 고도 27km에서 통신이 끊겼다. 착륙선은 대기의 온도, 압력, 밀도를 측정하고 대기 성분을 분석했다. 베네라 4호는 대기의 95%가 이산화탄소로 이루어졌고 약간의 질소와 1% 이하의 산소와 물 분자도 있음을 탐지했다. 표면 기압은 75~100기압으로 높은 것으로 측정했다. 미국의 매리너 5호는 금성 근접 통과 임무를 띠고 베네라 4호보다 이틀 늦게 발사됐다. 이 탐사선은 금성 자기장의 강도를 측정했다.

1969년 발사된 베네라 5호의 하강캡슐은 5월 16일 낙하산으로 하강하면서 고도가 26km에서 내부 온도가 280℃이고 기압이 27기압이 될 때까지 53분간 데이터를 전송했다. 베네라 6호의 캡슐은 같은 해 5월 17일 하강을 시작했는데 51분의 전송 후에 압력 26기압, 고도 12km에서 송신이 끊겼다. 베네라 5와 6호는 표면 상공 18km에서 높은 기압에 의해서 파괴되었다.

베네라 7호는 1970년 12월 15일 최초로 금성 표면에 확실하게 착륙하는데 성공했다. 여러 번의 시도 끝에 500kg의 캡슐이 540℃의 온도와 180기압의 압력을 견디도록 설계해서 결국은 성공을 거두었다. 베네라 7호는 금성 좌표 5°S/351°E의 표면에 안착했다. 표면 온도는 455~475℃로 측정됐다. 베네라 8호는 1972년 7월 22일 금성 표면에 착륙했다. 금성의 구름이 층상 구조를 가졌고 표면 위로 35km로 두껍게 펼쳐져 있었다. 이 우주선은 금성 지각의 화학성분을 감마선 분광기로 분석했다.

베네라 9호가 보낸 금성 표면

전혀 새로운 디자인으로 개선된 베네라 9와 10호가 1975년 6월 8일과 14일에 각각 발사되어 10월 22일과 25일 목적지에 도달했다. 이 우주선들은 처음으로 금성 궤도를 비행하면서 금성 표면의 최초 영상을 보내왔다. 베네라 9호는 궤도로 들어가기 전에 착륙선을 내려 보냈다. 660kg의 착륙선은 고도 64km에 도달하여 낙하산을 작동시켰다. 고도 50km에서 낙하산이 떨어져 나가고 우주선은 구름층을 통해서 자유 낙하하여 도넛 형태의 공기주머니를 쿠션으로 사용해서 32°N/291°E인 '베타레기오(beta Regio) 화산' 근처 언덕 밑 15° 경사진 곳에 시속 8km로 착륙했다. 기기들은 시속 2km의 바람, 온도 460℃ 그리고 90기압을 측정했다. 통신은 43분 동안 이루어졌는데 그 동안에 옅은 색의 30~40cm 크기의 날카롭게 모서리가 진 바위가 널려있는 암석지대를 보여주는 표면의 흑백 영상을 포함한 데이터를 보내왔다.

베네라 10호는 16°N/291°E에 편평한 바위의 풍경을 가진 경사진 3m 크기의 바위에 착륙했는데 그곳의 온도는 465℃이고 대기압은 92기압이었다. 통신은 65분간 이루어졌다.

파이어니어비너스호의 금성 탐사

NASA는 1978년 5월 20일과 8월 8일에 두 대의 우주선인 파이어니어비너스(Pioneer Venus) 1과 2호를 각각 금성으로 발사했다. 궤도선인 파이어니어비너스 1호는 12월 4일 궤도에 진입한 후 레이더를 이용하여 궤도에서 금성의 지도를 그렸다. 이 우주선은 무게가 553kg, 지름 2.53m, 높이 4m의 원통형의 몸체를 가졌다. 이 우주선은 궤도의 가장 낮은 지점의 고도가 150km, 가장 높은 고도가 6만6,889km, 주기가 24시간인 궤도에 진입했다. 레이더 지도 작성기는 분해능 75km로

73° N과 63° S 사이 영역의 금성 전체의 지형 지도를 그려냈다. 이 지도의 영상에는 두 개의 거대한 대륙인 '이슈타 테라(Ishtar Terra)'와 '아프로다이트 테라(Aphrodite Terra)', '막스웰 몬테스(Maxwell Montes) 사화산', 그리고 특이하게 굴곡진 표면 등이 보인다.

다중 탐사선인 파이어니어비너스 2호는 무게가 316kg인 것 한 개와 이보다 작은 93kg인 것 세 개 등 총 네 개의 탐사선을 대기로 내려 보내 12월 9일 표면에 충돌시켰다. 이들의 관측으로 최초의 상세한 금성 대기 모델이 나왔는데 구름은 주로 황산의 작은 방울로 이루어져 있고 약 30km 상공에서 구름은 없어지고, 표면에서 보이는 하늘은 어둡고 붉은 색을 띄고 있었다. 탐사선 하나는 표면에 도착한 후에도 45분 동안 작동을 계속했다. 이 우주선은 금성 대기를 관통하면서 대기의 조성 성분, 태양 플럭스의 양, 적외선의 분포, 입자의 크기와 분포, 공기의 이동 등도 측정했다.

베네라 11호에서 16호까지의 금성 탐사

1978년에 9월 9일과 14일에 각각 발사된 소련의 베네라 11과 12호는 그 이전의 탐사선과 같은 임무를 수행했으나 사진을 보내오지는 못했다. 어쩌면 표면에서 일어난 전기적 폭풍 때문에 많은 데이터가 상실된 것 같았다. 베네라 11호는 구름에 염소가 상당량 포함되어있음을 알아냈다. 또한 15분간의 천둥소리의 반향을 녹음했다.

1981년 10월과 11월에 각각 발사된 베네라 13 · 14호는 최초의 표면 칼라 사진을 보내오고, 토양을 분석하여 높은 현무암 함량을 나타내는 데이터를 보내왔다. 표면에 도달하는 햇빛의 양은 2.4~3.5% 사이인 것으로 측정되고 오렌지-갈색의 암석과 오렌지색의 하늘,

그리고 신기루효과 때문에 160km나 떨어져 있는 것과 같은 지평선을 보여주는 영상을 보내왔다. 금성 지각에서 일어나는 지진활동도 탐지했다.

1983년 6월 2일과 7일에 각각 발사된 베네라 15와 16호는 같은 해 10월 10일과 11일에 각각 금성 주위 극궤도에 들어갔다. 이들이 찍은 영상의 해상도는 지구상에서 가장 좋은 레이더의 해상도보다 좋은 1~2km로 높았다. 베네라 15호는 적외선 푸리에(Fourier) 분광기로 상층 대기를 분석하고 분포도를 그렸다. 11월 11일부터 다음 해 7월 10일까지 이 두 궤도선은 합성개구(synthesis aperture) 레이더로 이 행성의 북쪽 1/3의 지도를 그렸다. 이 관측으로부터 우리는 거대 화산의 발견을 포함해서 금성의 표면 지질을 최초로 상세하게 알아낼 수 있었다. 이 행성의 북쪽 1/3이 하나의 판이지 않은 한 금성에는 판구조(plate tectonics)의 증거가 없다.

착륙선으로 금성을 탐사한 베가 1호와 2호

1985년 핼리 혜성이 지구에 접근했을 때 소련이 핼리 혜성의 탐사를 위해서 발사한 두 대의 혜성 탐사 우주선들인 베가(Vega) 1과 2호가 핼리 혜성과의 랑데부를 하러 가는 길에 6월 11일과 15일에 각각 금성에 접근했다. 이 우주선들은 두 대의 베네라 착륙선과 비슷한 테프론으로 코팅된 플라스틱 기기를 실은 헬륨 기구의 착륙선을 금성 표면에 떨어트렸다. 이 기구는 표면에서 50km의 높이까지 내려가서 금성의 가장 활동적인 부분의 동력학을 연구할 수 있게 했다. 13m 길이의 줄 끝 아래에는 아홉 개의 기기를 가진 세 부분으로 된 곤돌라가 있어 더 많은 데이터를 보냈다. 구름의 상층 두 개의 층은 황산방울로 발견되었으나 그 아래층은 인산(燐酸) 용해제로 이루어져 있었다. 때때로 빠른 속도로 하강하는 난기류와 대류 현상이 발견됐다. 베가 우주선들은 비행을 계속해서 9개월 후 핼리 혜성과 랑데부를 했다.

금성 표면지도를 그린 마젤란호

1986년 챌린저 사고 후에 우주왕복선의 발사가 금지되어 지연되던 마젤란(Magellan) 우주선이 1989년 5월 4일 우주왕복선 STS-30/아틀란티스에 실려 지구 궤도로 발사되었다. 우주선의 무게 1,035kg, 연료의 무게 2,414kg로 총 무게 3,449kg이고 높이 6.4m, 지름 4.6m의 10각형 원통 모양인 이 우주선은 상층 단계로켓에 의해서 지구 궤도를 벗어나 태양 주위 궤도에 진입하여 한 바퀴 반을 돈 다음 1990년 8월 10일 금성 주위 궤도에 진입했다.

고체 추진 역 로켓이 마젤란호를 거의 극궤도에 진입시켜서 아주 천천히 자전하는 금성을 3년에 걸쳐 구경 합성 레이더가 2.38GHz의 주파수로 표면의 지도를 그리게 했다. 마젤란 레이더 영상의 분해능은 120m×300m이었다. 마젤란은 또한 금성의 중력도 측정했다.

마제란호가 보낸 금성 표면

구경 합성 레이더는 경도를 따라 1만5,996km 길이를 17~28km 폭에 걸쳐서 1,852개의 영상을 작성했다. 이것들이 표면의 모자이크 지도로 결합되었다. 표면 현상의 높이는 고도 30m의 정확도로 측정되었다.

금성의 복잡한 지형은 최근 이 행성의 표면 모습을 바꿔 놓은 화산 활동에 의해서 생긴 것으로 보인다. 충돌 크레이터의 수가 적은 것이 이것을 확인시켜주고 있다. 마젤란 영상은 밝은 분출물을 가진 충돌 크레이터, 금이 간 평원, 화산, 용암의 흐름 그리고 '이쉬타르 테라 고원' 등 다양한 지형을 보여주었다. 마젤란은 금성 표면의 99%에 대한 고해상도 지도를 완성했다.

1994년 10월 12일 마젤란은 금성 대기로 진입하기 시작해서 속도가 높아지고 결국은 연소되어 4년간의 임무를 끝냈다.

비너스익스프레스호의 금성 대기권 탐사

유럽의 ESA는 궤도에서 금성의 대기와 표면 특성을 관측하기 위해서 2005년 11월 9일 유럽 최초의 금성 탐사선 비너스익스프레스(Venus Express)호를 카자흐스탄의 바이코누르우주기지에서 러시아 로켓에 실어 발사했다. 이 우주선은 2006년 4월 11일 금성 궤도 진입에 성공하여 500일 동안의 본격적인 금성 탐사활동에 들어갔다. 궤도는 금성표면에서 가까울 때는 거리가 400km, 멀 때는 35만km인 타원 궤도이다. 이 우주선의 무게는 1,270kg이다. 이 우주선은 장기간에 걸쳐 대기권의 동력학을 분석하고 금성의 진화 역사를 밝히는 관측을 했다. 금성의 남극에 21km 깊이의 구름으로 덮여있고 시속 354km의 속도로 회오리치는 황산성 구름의 사진을 전송했다. ESA는 이 우주선을 2012년 12월 31일까지 운영할 예정이다.

미래의 금성 탐사계획

금성 탐사를 위한 미래 계획도 이미 수립되어 있다. 유럽과 일본이 2014년에 수성을 향해서 발사할 예정인 베피콜롬보가 금성을 근접 통과한다, 미국이 2013년에 바이스(VISE)를, 러시아가 2016년에 베네라-디(Venera-D)를 금성에 연착륙시켜서 표면을 탐사할 계획이다. NASA는 금성표면 탐사차도 개발할 예정이다.

2013~2022년 사이에 NASA는 뉴프론티어스 사업의 일부인 금성 대기와 표면의 탐사 프로젝트로 탐사선 세이지(SAGE)를 발사해 금성 표면에 착륙선을 내려 보내면서 대기에 관한 정보를 수집하고 금성 표면 토양 표본을 채취해 화학 및 광물질 성분을 상세하게 분석할 것이다.

제 8 장

화성의 우주선 탐사

1960년 이후 현재까지 화성으로는 총 42개의 우주선이 발사되었으나 성공률은 아주 낮아서 50%에 불과하다.

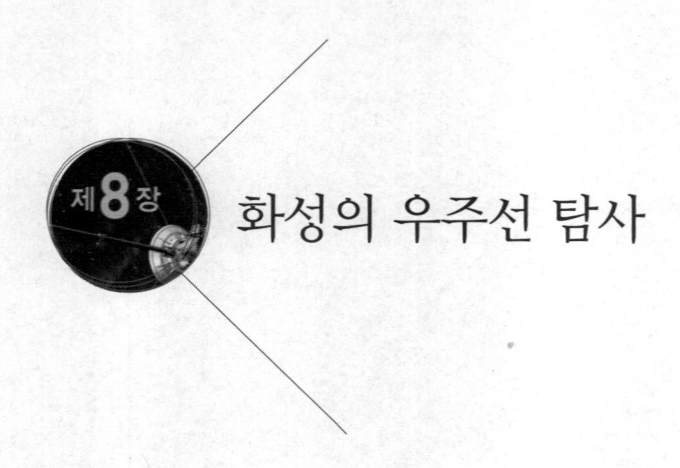

화성의 우주선 탐사

지구의 바로 바깥쪽에서 태양을 돌고 있는 화성은 태양계 행성들 중에서 인간이 오래 전부터 가장 많은 관심을 가졌던 행성이다. 밤하늘에 보이는 화성은 붉은 색을 띠고 있어 '붉은 행성' 또는 '불의 행성'으로 불렸다.

17세기 초 화성 표면의 무늬와 양극의 흰 색 극관(極冠)이 발견되어 화성에 대한 관심이 높아졌다. 화성의 극관이 눈과 얼음으로 구성돼 있을 것이라 추측하고 화성의 표면이 계절에 따라 주기적으로 변하는 것으로 미루어 그곳에 대기와 생명체가 있을 것이라 생각하게 되었다. 19세기 말에는 화성 표면의 줄무늬가 인공적으로 파놓은 운하라는 주장이 나오면서 화성인의 존재가 더욱 부각되었다. 또한 화성 표면 운하의 지도가 발표되고 웰즈(H. G. Wells)의 과학소설 '우주전쟁(The War of the World)'에서 화성인이 지구를 침략하는 이야기가 다루어지면서 화성인 선풍이 세계를 휩쓸었다.

이렇듯 인간의 많은 관심을 대변하듯 화성의 우주선 탐사는 1960년대 초부터 시작되어 지금까지 40여대가 발사되어 20여대가 성공적인 탐사를 마쳤다. 여러 대의 탐사차도 화성 표면을 이동하면서 탐사했다.

화성은 어떤 천체인가

태양에서 네 번째 행성인 화성과 태양 사이의 평균 거리가 지구와 태양 사이 평균 거리의 1.52배이다. 그러나 화성의 궤도가 약간 찌그러진 타원이므로 이 거리는 약 9% 변하여 최대거리가 2억4,900만km, 최소거리가 2억700만km이다. 지구와 화성 사이의 거리는 태양에서 볼 때 이 두 행성이 같은 방향에 놓일 때 가장 가까운데, 이때에는 5,600만km로 접근하나 이들이 태양을 사이에 두고 반대편에 설 때는 거리가 1억100만km로 멀어진다.

화성의 공전주기는 687일이고, 자전주기는 24시간 37분으로, 화성의 하루는 지구의 하루보다 37분이 길다. 화성의 자전축도 지구와 마찬가지로 약 25° 기울어져 있으므로 화성에서는 지역에 따른 계절의 변화가 뚜렷이 나타난다.

화성의 지름은 지구의 53%인 6,794km이다. 질량은 지구의 약 11%인 6.4×10^{23}kg이다. 화성의 밀도는 1cm^3 당 3.9g으로 달의 밀도(3.3g) 보다는 조금 높고 지구의 밀도(5.5g) 보다는 훨씬 낮다. 화성의 밀도가 낮기 때문에 화성의 구조도 지구와는 달라야 한다. 특히 중심핵이 작아야 하고 핵을 구성 하고 있는 물질도 지구 중심핵의 물질 보다 밀도가 낮은 철과 황화철의 혼합물로 이루어져 있을 것으로 추측된다. 화성 표면의 최고온도는 적도에서 여름에 18℃까지 올라가지만 평균은 −63℃로 낮고 대기는 엷은 이산화탄소(CO_2)로 되어있고, 대기압은 지구 대기압의 1%에 지나지 않는다.

화성의 모습

화성을 망원경으로 보면 붉고 오렌지색을 띄고 있고, 양극에는 흰 극관, 그리고 곳곳에 줄무늬와 어두운 곳이 보인다. 거대한 화산 분화구, 운석공, 그리고 큰 협곡 등도 보인다.

화성의 표면이 붉게 보이는 것은 토양에 산화철(Fe_2O_3)이 포함돼 있기 때문이다. 표면 물질 중에 산화철은 19%를 차지하고 있고, 규토(硅土,SiO_2)가 약 45%로 주성분을 이룬다. 고운 모래들이 강한 바람에 날려 화성 전체에 먼지 폭풍을 일으킨다. 이 때문에 화성 표면의 일부가 어둡게 보이고 하늘이 붉게 나타난다. 극관은 주로 얼음으로 되어있어 겨울에는 커지고 여름에는 줄어든다. 그러나 겨울에만 얼어붙는 극관의 외곽 부분은 물의 얼음보다 더 낮은 온도에서만 응고하는 이산화탄소의 얼음, 즉 드라이아이스(dry ice)다. 극관에 있는 얼음의 두께는 수 백m에 이르고 겨울에는 위도 60~70° 까지 확장된다. 만일 극관에 있는 얼음을 녹여서 물로 만들어 화성 전체를 덮는다면 그 깊이는 10m에 이를 것이다. 화성에는 이렇게 물이 풍부한 편이므로 앞으로 화성에 인간이 기지를 만든다 해도 물 걱정은 하지 않아도 된다.

화성의 위성은 두 개로 크기가 27×22×18km, 질량이 1.072×10^{16}kg인 포보스(Phobos)와 크기가 15×12×10km이고 질량이 1.48×10^{15}kg인 데이모스(Deimos)가 있다. 포보스는 궤도 주기가 화성의 하늘을 서쪽에서 동쪽으로 7시간 39.2분으로 4시간 반에 가로지르고 11시간 후에 다시 나타난다. 데이모스는 더 먼 궤도를 도는데 궤도 주기는 30시간 18분으로 화성의 2일 반 동안 하늘에 남아있다. 이 위성들은 모두 크고 작은 크레이터로 덮여있다.

실패한 초기 화성탐사선들

1960년 이후 현재까지 화성으로는 총 42개의 우주선이 발사되었으나 성공률은 아주 낮아서 50%에 불과하다. 화성 탐사선은 궤도선, 착륙선, 표면탐사선 등 세 종류가 있다. 행성의 탐사선들 중 화성 탐사선의 실패율이 가장 높다. 그만큼 화성 탐사는 복잡하고 변수가 많다. 그래서 '화성의 저주'라는 말까지 나왔고 화성인이 존재하여 인간의 화성 탐사를 방해하고 있다고 말하는 사람도 있다.

최초의 화성 탐사 계획은 소련의 마스닉(Marsnik) 계획으로 이 계획에 따라 소련은 1960년 10월에 마스(Mars) 1960A호와 마스 1960B호를 화성으로 발사했다. 그러나 발사체의 추진력 부족으로 이 우주선들은 고도 120km에 이른 후 다시 지구로 떨어졌다. 그 다음으로 1962년 10월 24일에 발사된 화성 근접통과선 마스 1962A호와 1962년 12월 후반기에 발사된 착륙선 마스 1962B호도 지구궤도에 진입도중 분해되었거나 지구궤도에서 화성으로 보내는 과정에서 폭발이 일어나 실패로 끝났다.

1962년 11월 1일 화성을 향하여 발사된 마스 1호는 약 1만1,000km의 거리에서 화성을 통과하면서 표면의 영상을 찍고 우주선 복사, 미소운석 충돌, 자기장, 복사 환경, 대기 구조, 그리고 유기물질에 관한 데이터를 보내오도록 계획되었다. 이 우주선은 많은 양의 행성 간 데이터를 보내왔으나 화성으로 가던 도중 지구에서 1억600만7,600km의 거리에서 안테나 지향 장치의 고장으로 통신이 두절되었다. 1964년

7월 4일에는 존드 1964A호, 11월 30일에는 존드 2호를 발사했으나 모두 화성에 도달하는데 실패했다. 소련은 1971년 5월 5일 최초의 화성 궤도선인 코스모스(Cosmos) 419호를 발사했으나 발사 단계에서 실패했다.

1971년 5월에 소련이 발사한 화성 궤도선인 마스 2와 3호가 1971년 11~12월에 성공적으로 화성 궤도에는 진입했지만 먼지 폭풍과 착륙선의 실패로 탐사가 실패로 끝났다. 이 우주선들은 착륙선을 싣고 있었으나 마스 2호의 착륙선은 표면에 충돌했고, 마스 3호의 착륙선은 연착륙은 했으나 착륙 15초 후에 통신이 두절되었다.

1973년에 소련은 4대의 화성 탐사선을 발사하여 1974년 2~3월에 화성에 도착시켰지만 그 중 마스 5호만 궤도에 진입하여 성공을 거두었다. 마스 4호는 엔진이 정지되어 화성 궤도를 돌 수 없었다. 이 우주선들도 질이 좀 떨어지는 영상을 보내왔다.

1973년 8월에 발사한 마스 6과 7호는 화성을 통과하면서 착륙선을 분리시키게 되어있었으나 마스 6호의 캡슐은 착륙은 하였지만 낙하산이 덮어버렸고, 마스 7호의 착륙선은 엔진이 정지되어 이 두 임무가 모두 실패했다.

초기 화성 탐사의 실패는 미국도 예외는 아니었다. 1964년 11월 5일 미국 최초의 화성 탐사선인 매리너 3호는 화물칸이 분리되지 않아 화성에 도달하는데 실패했고, 1971년 5월에 발사된 매리너 8호 역시 실패했다.

최초로 화성을 근접 탐사한 매리너 탐사선들

NASA는 1964년 화성 근접통과 우주선인 매리너 3과 4호를 발사했다. 매리너 3호는 실패했으나, 3주 후인 11월 28일에 발사된 매리너 4호는 7개월 반 동안 성공적인 비행 후 1965년 7월 14일 화성을 근접 통과했다. 무게 260kg의 이 우주선의 몸체는 지름이 8각형으로 대각선 지름이 1.27m이고, 두께는 45.7cm인 8각형이다. 길이 7m인 7,000개의 태양 전지로 이루어진 네 개의 태양 전지판이 700W의 전력을 생산한다. 매리너 4호는 TV 카메라와 6개의 과학 관측기구를 싣고 떠났다. 이 우주선은 화성을 9,846km의 거리를 통과하면서 37°N과 55°S 사이의 띠를 커버하는 22개의 영상을 보내왔다. 각 영상은 카메라가 받는 빛의 양에 따라 숫자로 전송되는 4만개의 화소로 구성되었다. 이 영상들이 다른 행성에 대한 최초의 근접 표면영상이다. 영상에 나타난 화성의 표면은 우리 달과 아주 비슷하게 보였다. 이 영상으로 우리는 최초로 화성 표면을 비교적 상세하게 볼 수 있었고 후에 아틀란티스라 불린 영역에서 거대한 크레이터와 그 안에 여러 개의 다른 크레이터가 들어 있는 모습도 볼 수 있었다. 화성 표면의 대기압은 4.1~7.6mb이고 낮의 온도는 −100℃로 나타났다. 화성에서는 자기장이나 복사대가 탐지되지 않았다. 매리너 4호와의 통신은 1967년 12월 20일에 두절되었다.

1969년 2월 24일과 3월 27일에 각각 발사된 매리너 6과 7호가 화성에 더 가까운 3,431km로 근접 비행하면서 더 상세한 관측을 했다. 이 우주선들은 매리너 4호와 비슷한 8각형의 모습을 가졌지만 무게가 더 커서 412kg이고 더 성능이 좋은 카메라를 달았다. 이 우주선들이 보내온 영상에는 수백 개의 크레이터, 이산화탄소의 서리, 사막과 같은 평지, 그리고 극관 등이 보인다. 적도의 온도는 −73℃, 극지방은 −125℃로 측정됐다.

매리너 9호

1971년 5월 30일 559kg의 매리너 9호가 발사되어 11월 13일에는 최초로 화성의 주위를 도는 궤도선이 되었다. 이 우주선은 자외선과 적외선 분광계를 포함한 6가지의 관측기구를 싣고 있었다. 매리너 9호는 80° 의 궤도로 전체 표면의 70%를 커버했다. 초기의 영상은 1972년 1월까지 표면을 덮은 거대한 모래 폭풍을 보여주었다. 위성인 포보스와 데이모스의 크레이터로 덮인 사진도 보내왔다. 매리너 9호는 가장 큰 해상도로 먼지 폭풍이 걷힌 후 한 때는 물이 흘렀을 것으로 추측되는 건조한 하상(河床), 길이가 4,000km이고 폭이 100km인 발레스 마리네리스(Valles Marineris)를 포함한 거대한 협곡, 높이가 22km이고 지름이 550km인 거대한 화산인 올림푸스 몬스(Olympus Mons) 등 다양한 지형을 보여주었다.

화성 표면에 착륙 탐사한 바이킹호

NASA는 1975년 8월 20일과 9월 9일에 최초의 화성 착륙 탐사선 바이킹 1과 2호를 각각 발사해서 1976년 7월 20일과 9월 3일 화성에 연착륙시켰다. 바이킹 우주선은 궤도에서 화성 표면의 사진을 촬영하는 궤도선과 표면에 연착륙하여 표면 상태를 관측하는 착륙선으로 구성되었다. 궤도선은 착륙선과의 통신을 중계하는 역할도 했다. 바이킹의 주요 임무는 화성표면의 고해상도 영상 획득, 대기와 표면의 구조와 조성 규명, 화성 생명체의 증거 발견 등이다. 이 우주선들은 표면에서 찍은 사진 수천 장을 보내왔고 궤도선은 화성 전체를 관측했다.

궤도선은 8각형으로 무게가 900kg, 지름이 2.5m이다. 궤도선은 착륙선을 화성까지 운반, 착륙선의 착륙지점을 탐사, 착륙선과의 통신 중계, 그리고 자체의 과학 관측의 임무를 수행했다. 궤도선의 동력은 1.57m×1.23m 크기의 태양전지판 8개가 제공했다. 이 태양전지판은 620W의 전기를 생산한다.

착륙선은 길이가 1.09m와 0.59m인 면이 번갈아 구성된 6면체 알루미늄 몸체로 이루어져있다. 발받침을 가진 세 개의 착륙용 다리가 몸체를 받쳐주고 있었다. 착륙선은 두 개의 방사능 플루토늄 산화 방사선동위원소 열전기 발전기에 의해서 전기를 공급받는다. 이 우주선은 렌즈 모양의 방호막(aeroshell)으로 둘러싸여서 화성 상층대기 속으로 돌진할 때 1,500℃의 높은 온도를 견뎌냈다. 지름 16.2m인 낙하산이 고도 약 5km에서 열렸고 보호막은 떨어져 나가고 다리가 펴졌다. 표면 1.5km 상공에서 추진기가 점화되어 약 초속 2.4m의 속도로 착륙했다.

착륙선은 카메라를 비롯해서 화성의 생물학, 화학조성, 기상, 지진, 자기장 등 표면과 대기의 모습과 물리적인 성질을 알아낼 수 있는 여러 가지 기기를 싣고 있었다. 3m 길이의 로봇 팔이 퍼낸 토양은 생물 분

바이킹 1호

배기, 가스 분석기(chromatograph), 질량분광기, 그리고 X선 분광기로 이루어진 내부 실험실로 옮겨진다. 박테리아와 같은 살아있는 유기체를 증식시키기 위하여 표본을 가열한 후 물과 영양분이 첨가되어 화성에서 생명의 존재 여부를 탐지했다. 그러나 두 대의 착륙선 모두가 생명의 결정적인 증거를 찾아내지는 못하였다.

착륙선이 보낸 표면 컬러 영상에는 표면과 하늘이 붉은 색깔을 띠고 있고 지평선 끝까지 암석이 널려있으며, 하늘에서 반원을 그리면서 지는 태양, 그리고 땅에 서린 이산화탄소의 서리 등이 나타나있다. 착륙선은 4,500개 이상의 영상을 보내왔다, 이산화탄소의 대기는 표면 압력이 7.6mb로 밝혀졌고 겨울에는 30% 떨어진다. 온도는 오후 중간에 −33℃이고 풍속은 초속 51km까지 탐지되었다.

바이킹 1호가 착륙한 '크리세 평원(Chryse Planita)' 은 암석이 흩어져 있는 사막과 같은 모습을 가지고 있었고, 바이킹 2호가 착륙한 '유토피아 평원(Utopia Planita)' 은 더 평평한 평야이고 암석이 많았다. 이 암석들은 약 100km 떨어진 '미(Mie) 크레이터' 에서 분출된 것으로 보인다. 바이킹 궤도선들도 화성 표면의 97%를 30m의 분해능으로, 그리고 2%를 25m 이상의 분해능으로 지도로 그렸다. 화성 표면은 현무암 용암으로 덮여있고 토양에는 실리콘과 철이 풍부하고 마그네슘, 알루미늄, 유황, 칼슘, 티타늄 등도 탐지되었다.

화성 표면 지도를 완성한 궤도선 MGS호

NASA는 화성 궤도선인 MGS호를 1996년 11월 7일 발사했다. 무게 1,060kg으로 궤도 카메라를 비롯해서 여섯 가지의 실험 장치를 갖춘 MGS호는 우주 공간에 진입한 후 두 개의 태양전지판 중 하나가 완전하게 펴지지 않아 실패하는 것 아닌가 하는 우려도 일었으나 일부 전력 손실의 문제가 해결되어 1997년 9월 11일에 역 추진 점화로 화성 궤도에 진입했다. 이 우주선은 그 후 화성 대기를 브레이크로 사용하여 서서히 궤도를 줄여나가서 화성 표면에서 평균 고도가 378km가 되도록 만들었다. 이 고도에서 MGS는 화성을 두 시간마다 한 바퀴씩 돌았다.

MGS호는 화성 표면 전체에 걸쳐서 여러 가지 지형의 고해상도 영상 24만개를 보내오는데 성공했다. 영상들은 일기와 바람이 만든 지형과 모래언덕, 수억 년 전에 물이 흘렀던 증거인 협곡들을 보여주고 있다. 지각의 두께는 10km 이상이고. 북반구에도 남반구만큼 크레이터가 많으나 대부분 땅속에 묻혔고 화성 전체에 화산으로 생긴 암석이 덮고 있음을 알아냈다. 남극관에는 마치 치즈의 구멍과 같이 수m 깊이의 구멍들이 있는데 이것들이 매년 더 커지고 있어 화성에서도 온난화가 일어나고 있음을 암시하고 있다. MGS호는 2001년 태양에서 방출된 태양 플레어의 강력한 복사가 지구에서와 같이 화성에서도 상층 대기권에 영향을 주고 있음을 밝혔다.

MGS호가 1997년부터 2006년 수명을 다할 때까지 화성을 돌며 찍은 사진을 비교 분석한 결과 화성 남반구의 크레이터 2곳에서 특이한 변화가 포착되었다. 크레이터 벽면에 액체가 새어나와 경사면을 따라 흘러내리면서 수 백m에 이르는 흔적을 남기고 있다. '테라 시레눔

(Terra Sirenum)'과 '센타우리 몬테스(Centauri Montes)' 지역 크레이터에서는 서북쪽 벽에 전에는 보이지 않던 뭔가가 새어 나온 흔적이 나타났다. -100℃~-8℃를 오르내리는 화성 지표면은 얼어붙은 상태지만 대기층이 극도로 얇아 태양의 열기로 지표면에 새어나온 얼음은 곧 끓어 증발한다. 엷은 색조의 긴 띠가 크레이터의 지형을 따라 이어지는 것으로 보아 액체가 흐른 흔적으로 추정되고 크레이터마다 수영장 5~10개 분량의 물이 새어 나와 흘러내리다 증발한 것으로 분석했다. 그러나 이것이 반드시 물에 의한 것이 아니라 모래나 먼지가 액체처럼 흘러 비슷한 결과를 낳을 수도 있다는 의구심도 있다.

MGS호는 계획된 임무를 2001년에 마쳤지만 2006년까지 활동을 계속하다가 그 해 11월 2일 보내는 신호에 반응을 하지 않아 복구 노력을 했으나 성공하지 못하여 2007년 1월 NASA는 공식적으로 임무의 종결을 선언했다.

표면 탐사선 소저너를 실은 마스패스파인더호

1990년대 초 NASA는 '더 빠르고, 더 좋고, 더 값이 싼' 우주선을 개발할 수 있음을 보여주기 위해서 마스패스파인더(Mars Pathfinder)라고 이름 붙여진 우주선을 계획했다. 패스파인더호의 등 위에는 소저너(Sojourner)라는 작은 우주선이 업혀져 있었는데 이는 경비를 줄이기 위한 새로운 프로그램인 '소형로버비행실험(Microrover Flight Experiment)'이라는 기술을 적용한 것이다. 바이킹우주선 경비의 1/5을 들인 이 우주선은 요즈음 NASA가 주력하는 저비용 우주개발의 개척자이다.

마스패스파인더호는 화물인 소저너를 싣고 1996년 12월 4일 발사되어 열 보호막으로 보호받으면서 화성 대기로 직접 돌진했다. 11m

화성 표면탐사선 소저너

지름의 낙하산을 달고 낙하한 후 소저너는 거대한 에어백으로 보호받으면서 1997년 7월 4일 표면에 떨어졌다. 착륙선과 로버(rover)인 소저너의 무게는 각각 264kg과 10.5kg이었다.

패스파인더호는 바이킹 1호의 착륙지점인 '크리세 평원'에서 가까운 북반구의 '아레스 협곡(Ares Valles)'에 착륙했는데 이 지점이 선정된 이유는 고대에 있었던 홍수로 형성된 평원이고, 재난 수준의 홍수가 일어나는 동안 쌓인 여러 종류의 암석이 널려있는 화성에서 가장 돌이 많은 지역이기 때문이다. 화성은 한 때 따뜻하고 물이 많았으며 지금보다 훨씬 더 두터운 대기를 가지고 있었음을 암시하는 여러 개의 지류를 가진 건조한 강바닥을 보여준다.

착륙선이 표면에 착륙한 후 헬륨 풍선에서 공기가 빠져서 화성의 환경에 노출되자 마이크로파 전자오븐 크기로 바퀴가 여섯 개 달리고 태양의 힘으로 움직이는 소저너가 패스파인더호에서 굴러 내려가서 컴퓨터의 조종에 따라 탐사를 시작했다. 알파양성자 X선분광기인 APXS와 3대의 카메라를 갖춘 로버는 짧은 여행을 하면서 암석과 토양의 성분을 분석하는 작업을 시작했다. 패스파인더호에 실린 카메라가 사진을 찍는 가운데 소저너는 착륙선 주위 50m 거리를 시계방향으로 탐사했다.

소저너의 카메라는 초광역 컬러영상을 보내왔다. 이 영상에는 암석, 초승달 모양의 모래언덕, 충돌 크레이터의 가장자리 등이 흔하게 보였다. 칼 세이건(Carl Sagan)의 이름을 따서 '세이건기념정거장(Sagan Memorial Station)' 이라는 새 이름이 붙여진 패스파인더호는 토양의 자기 특성과 바람 방향 측정기기, 그리고 대기와 기상 상태를 측정하는 기기가 갖추어져있다.

착륙으로부터 1997년 9월 27일 활동이 정지될 때까지 패스파인더호는 1만6,500개의 영상과 대기압, 온도, 그리고 풍속에 대한 850만 번의 측정 데이터를 보내왔고, 소저너는 550개의 영상과 16곳에서 암석의 화학 분석을 하고 바람을 측정했다. 조사된 암석은 지구에서 발견된 고대 화성생명체의 작은 화석이 들어있다고 생각되는 '화성 운석' 과는 암석 화학 성분이 다른 것으로 발견됐다. 그래서 이제 화성생명체 화석 여부를 떠나서 이 운석들이 실제로 화성에서 온 것들인지에 의문을 제기하게 되었다. 소저너는 암석들이 바이킹 1과 2호가 본 것과 비슷한 현무암과 화산작용으로 생긴 안산암임을 알아냈다. 측정된 온도는 약 10℃로 높았고, 바위를 깎이게 하고 작은 모래 언덕을 형성하는 먼지의 폭풍도 자주 일어났다.

1980년대 이후에 실패한 화성탐사선들

화성 탐사 초기에 거듭되었던 탐사 실패는 1980년대에 들어와서도 이어졌다. 인간의 화성 탐사를 화성인들이 방해하고 있다거나 화성을 상징하는 '전쟁의 신' 이 인간의 접근을 막고 있다는 말이 나올 정도로 다른 어느 행성 탐사와는 비교될 수 없을 만큼 화성 탐사에는 재난이 빈번했다.

소련은 화성과 화성의 위성 포보스를 탐사하기 위해서 이 위성과 이름이 같은 포보스 1과 2호를 1988년 7월에 화성으로 보냈다. 포보스 1호는 발사 두 달 후 화성으로 가는 도중 엔진을 정지하라는 명령을 사고로 보내어 지구에서 1,900만km의 거리에서 실종됐고, 포보스 2호는 1989년 3월 화성에 도착했으나 탐사 직전 컴퓨터의 고장으로 실종됐다.

화성의 표면과 대기, 자기장 등을 관찰하기 위해서 NASA가 1992년 9월 25일 발사한 화성 궤도선 마스옵저버(Mars Observer)호는 1993년 8월 화성 궤도에 진입할 때 궤도 진입을 위한 엔진이 폭발하여 실종됐다. 소련이 주도한 국제탐사선인 마스 96호는 1996년 11월 16일 프로톤 로켓으로 발사되었으나 초저 지구궤도에서 실종된 후 지구 대기로 재진입하여 일부는 태평양에 다른 일부는 남아프리카에 떨어졌다.

1997년 마스패스파인더가 성공한 후 NASA는 연속적으로 두 번의 실패를 겪었다. 마스클라이멧오비터(Mars Climate Orbiter)호는 1998년 12월 11일에 발사되어 1999년 9월 23일에 화성에 도착하여 엔진을 점화하고 궤도에 진입할 때 궤도 각도의 오류로 화성 표면을 향해서 직접 돌진했다. 이 우주선의 개발에 관여한 두 개의 독립된 팀 간에

단위의 혼돈이 일어나 궤도 각도 계산이 잘못된 결과이다. 1999년 1월 3일 NASA가 발사한 화성 연착륙선 마스폴라랜더(Mars Polar Lander)호와 화성 표면침투선 디프스페이스(Deep Space) 2호는 모두 같은 해 12월 3일 화성에 도착했지만 표면으로 하강할 때 엔진이 정지해서 표면에 충돌하여 통신이 두절되었다.

일본이 1998년 7월 3일 발사한 화성 대기 탐사선 노조미(Nozomi), 일명 플래닛(Planet)-B호는 전기 공급 장치에 문제가 생겨 화성 궤도 진입에 실패했다. 이 우주선은 화성 상층 대기 및 대기와 태양풍과의 상관관계를 관측할 예정이었다.

물의 얼음을 발견한 마스오디세이와 마스익스프레스호

2001년 4월 7일 NASA는 화성에 과거나 현재 물의 증거를 찾고 화산활동을 탐사하기 위해서 2001마스오디세이(Mars Odyssey)호를 발사했다. 발사 후 이 우주선은 유명한 과학 소설가이고 우주 예언자인 아서 클라크(Arthur C. Clarke)를 기념하기 위하여 그의 소설 '2001:A Space Odyssey' 의 이름을 따서 현재의 이름으로 개명되었다.

오디세이호는 화성 표면과 표면 아래에 포함된 화학성분과 광물, 특히 수소의 양과 분포의 지도를 그렸다. 얕은 지하에 물이 얼음 형태로 존재할 가능성이 가장 높으므로 수소를 통해서 물의 존재를 확인하려는 것이었다. 열 방출 영상시스템과 감마선분광기가 탐지에 사용되었다. 감마선분광기가 아주 춥고 얼음이 많은 영역에 수소가 많은 영역이 존재함을 확인했다. 높은 수소 함량과 얼음 영역과의 상관관계는 수소가 얼음의 형태로 존재함을 의미한다. 얼음이 많은 층은 남반구 위도 60° 표면 아래 약 60cm에 있고 남반구 75° 에는 표면에서 약 30cm 아래에 광범위하게 분포되어 있다. 발견된 물의 양은 미국의 미시건 호수를 두 번 채우고도 남을 양이다. 물은 앞으로 사람이 화성을 직접 탐험하거나 장기 체류할 때 절대 필요한 물질이다. 그래서 이번의 발견은 미래에 인간이 화성에서 물을 충분히 공급받고 물에서 뽑아낸 수소를 지구로 돌아오는 우주선의 연료로 사용할 수 있게 하는 등의 희망적인 결과이다.

오디세이호는 화성에 생명이 생겼는지와 기후와 지질 특성을 알아내고 인간의 직접 탐사를 준비하는 일도 했다. 이 우주선은 화성 방사능 환경 실험을 하고 미래의 화성 비행 임무를 위한 통신 중계기 역할을 했다. 2010년 12월 15일 임무가 정지된 이 우주선은 화성에서 가장 오랜 기간 활동한 우주선으로 기록되기도 했다.

유럽의 ESA는 그들 최초의 행성 탐사선인 마스익스프레스(Mars Express)호를 2003년 6월 2일 화성으로 발사해서 같은 해 12월 25일 화성 궤도에 진입시켰다. 이 우주선은 화성이 6만년 만에 지구에 가장 가까이 접근했을 때 발사하여 최단거리 비행으로 화성에 도달할 수 있었다. 이 우주선은 궤도선과 영국이 만든 비글(Beagle) 2라는 착륙선으로 이루어져있다. 궤도선은 궤도에서 고해상도로 표면을 관측하고, 표면의 광물학적인 지도를 작성하고, 원시 미생물의 존재를 암시하는 대기 중 메탄의 존재 증거를 찾아내는 임무를 띠었다. 비글 2호는 화성 표면에 착륙하여 생물학적인 활동의 증거를 찾기 위해서 가스 크로모토그래피(chromatography)와 분광기를 사용하여 현장 분석을 하고 기후를 관측하도록 했다. 두더지와 같은 역할을 하는 작은 기기가 큰 암석 아래 표면 속으로 구멍을 파고 암석 내에서 표본을 수집하여 유기 물질의 증거를 찾는 분석을 하도록 했다.

표면탐사선 스피릿-오퍼튜니티 호

비글 2호는 2003년 3월 19일 모선에서 분리되어 25일에 화성 대기로 진입했으나 하강하는 도중 통신이 두절되었다. 반면 모선인 궤도선은 궤도에서 표면을 고해상도로 촬영하고 표면의 광물학적 지도를 그리고 지하의 구조를 알아내고 대기를 분석하는 등의 임무를 성공적으로 수행했다. 2004년에는 남극에서 얼음을 발견했고, 극관이 85%의 CO_2 얼음과 15%의 물의 얼음으로 이루어져 있고, 대기에서 소량의 메탄과 암모니아를 발견했다. 마스익스프레스호는 2007년 12월 화성 북극 근처의 한 분화구 바닥에서 현재 활동 중인 것으로 추측되는 빙하를 발견했다. 분화구의 크기는 지름이 35km, 최대 깊이가 약

2km에 달한다. 이 빙하는 지난 10만~1만년 동안 땅 속에서 물이 솟아올라 빙하 위에서 물이 계속 얼어붙었을 것으로 믿어진다. 마스익스프레스호는 2014년까지 활동을 계속할 예정이다.

쌍둥이 로버 스피릿과 오퍼튜니티호

NASA는 화성 표면을 이동하면서 탐사할 수 있는 고성능의 화성 로버(rover)인 머-A 스피릿(MER-A Spirit)호와 머-B 오퍼튜니티(MER-B Opportunity)호 두 대를 2003년 6월 10일과 7월 7일에 각각 발사해서 2004년 1월에 모두 화성 표면 반대쪽에 안착시켰다. 쌍둥이 모양의 이 로버들은 무게가 180kg이고 크기는 높이가 1.5m, 폭이 2.3m, 길이가 1.6m이고 여섯 개의 바퀴를 달고 있다. 이 로버들은 다섯 가지의 기기로 고해상도 영상을 촬영하고, 암석과 토양을 분석해서 과거 물의 흔적을 분석했으며 생명체가 서식할만한 환경을 가졌는가를 조사했다. 이 탐사선들은 원래 90일간의 탐사를 위해 제작됐으나 당초 임무를 끝낸 뒤인 현재까지도 왕성한 활동을 벌이고 있다.

이 로봇 탐사선들은 지금까지 수십만 장의 칼라영상을 보내왔다. 스피릿은 7.7km를 이동하면서 '구세브(Gusev) 크레이터' 근처에서 탐사 활동을 벌였다. 스피릿은 암석에 작은 구멍을 뚫고 성분을 분석했고, 스피릿이 서있는 언덕 아래쪽으로 소용돌이 바람이 먼지를 일으키며 지나가고 있는 먼지 폭풍의 모습도 관찰했다. 스피릿은 2009년 3월 부드러운 토양의 모래 언덕에 빠져 움직이지 못해서 한곳에만 머물면서 탐사를 계속했다. 스피릿과는 2010년 3월 통신이 두절되면서 임무가 종료되었다.

쌍둥이인 오퍼튜니티는 스피릿과는 반대방향인 황무지로 불릴 정도로 먼지로 덮인 '메리디아니(Meridani) 평원'에 착륙하여 90일 동안 하루 100m씩의 느린 속도로 총 30km를 이동하면서 운석공의 내부를 비롯해서 여러 지형의 암석과 토양을 탐사했고, 수백만 년 전 화성이 얕은 물로 덮여 있었다는 강력한 증거를 발견했다. 토양에는 많은 양의 소금과 인(燐)이 포함되어 있었고 화성 크레이터에서 수분을 함유한 암석이 발견되었다. 오퍼튜니티는 바퀴로 토양을 파내어 폭 50cm, 깊이 10cm의 웅덩이도 만들었다. 2004년 5월에는 미끄러운 모래 언덕에 빠져서 5주 동안 꼼짝 못 하기도 했으나 NASA의 조종으로 마침내 그곳을 빠져 나오는 시련을 겪기도 했다. 이 로버는 아직도 탐사 활동을 계속하고 있다.

화성의 상세한 지도를 작성한 MRO호

2005년 8월 10일 NASA는 스파이 위성과 같은 능력을 가진 강력한 지도 작성 화성 궤도선인 MRO호를 발사했다. 이 우주선은 이전의 궤도선들이 탐지한 물의 아리송한 힌트를 확인하는 노력으로 20m의 해상도로 지도를 그리게 계획되었다.

무게 2,180kg의 MRO호는 카메라, 화성 대기와 대기먼지를 분석하는 분광기, 그리고 지하 투시 레이더 등 장비를 장착하고 발사 7개월 뒤인 2006년 3월 화성에 도착하여 약 300km 상공을 타원 궤도로 선회하면서 미래의 착륙지점을 탐색하고 날씨를 조사하고 고해상도 지도를 만들기 위한 작업을 했다.

MRO호는 화성 일부 지역에서 탄산염 성분을 발견했다. 탄산염이 발견된 장소는 '이시디스(Isidis) 운석공' 가장자리 지역, 침식된 암구대의 일부 측면, 운석공 내부의 퇴적암, 이 운석공의 분수령에 있는

MRO호

계곡의 드러난 측면 암석 등이며 복잡한 지형의 '테라 티레나(Terra Tyrrhena)'와 산맥인 '리비아 몬테스(Libya Montes)'에서도 탄산염의 흔적이 발견됐다. 탄산염은 생명체가 살 수 없는 조건에서는 남지 못하는 것으로 탄산염이 발견됐다는 것은 화성의 과거 환경이 생각보다 혹독하지 않았음을 시사하는 것이다. 한 때는 화성 표면에 물이 많아 진흙 성분이 많이 함유된 광물질이 형성됐지만 그 후 점점 건조해지면서 소금기 많은 산성물이 화성 표면 대부분에 영향을 미쳐 생명체가 생존할 수 없었을 것으로 밝혀지고 있다.

MRO호가 촬영한 사진에 화성의 적도지대에서 지름 최대 20km의 호수 바닥 흔적이 보이는데 이 호수들은 약 30억 년 전 화산활동에 의해 생긴 것으로 밝혀졌다. 이 호수들이 작은 지류와 강으로 연결돼 있어 물이 이동하여 미생물 서식 환경이 조성되었을 것으로 보인다. 그러나 화성에서는 40억~38억 년 전에 대기층이 모두 달아나버려 춥고 건조한 환경으로 변해서 30억 년 전에는 건조한 환경이었을 것으로 생각되어 왔다. 결국 화성은 지금까지 알려진 것보다 훨씬 나중까지 온난 다습한 시기가 있었음을 시사하고 있다. MRO호는 이전의 모든 탐사선이 보내 온 데이터 보다 더 많은 데이터를 전송해 왔다. 화성은 흔히 '불모의 행성' '붉은 사막의 행성' 으로 불리지만 60만 년 전에는 지금보다 더욱 메마른 먼지구덩이였을 것으로 보인다. MRO호가 보내온 데이터의 분석으로 북극에 있는 얼음의 부피가 그린란드의 얼음과 비슷한 82만1,000km^{3}이고, 화성 남극 지역 지하에 호수 슈피어리어호 크기의 동결된 이산화탄소, 즉 드라이아이스의 호수가 있음이 알려졌다. 이는 과거 화성 대기 중의 이산화탄소 농도가 지금보다 30배나 높았음을 의미한다.지질학적으로 가까운 과거에 화성의 축이 기울어졌을 때는 햇빛이 남극 빙관까지 도달해 드라이아이스를 일부 녹였을 것이며, 그 결과 대기 밀도가 더욱 높아지고 많은 양의 먼지가 일어 하늘로 솟으면서 심한 먼지폭풍을 일으켰을 것이다. 그 후 시간이 지나면서 이산화탄소는 계절적 순환에 따라 화성 표면에 다시 내려앉았을 것으로 추측되는데 대기 밀도가 높았던 이 때 액체 상태의 물이 화성의 여러 지역에 존재했을 것으로 추측된다. MRO호에 실린 레이더 장비를 이용 바위와 돌 부스러기로 덮여 있는 중위도대의 산맥 밑 지형을 관찰한 결과, 최고 800m 두께의 빙하들이 수백 개가 발견됐다. 중위도 지역인 '헬라스 분지(Hellas Basin)' 의 빙하는 규모가 극관지역에 분포된 얼음의 1~10%로 추정된다.

MRO호가 보내온 영상을 3D 모델로 합성한 모습에는 '뉴턴(Newton) 크레이터' 안쪽 경사면에서 봄 여름에 액체의 흐름을 나타내는 검은 줄들이 보인다. 이 줄들은 겨울에는 사라졌다가 봄에 다시 나타난다. 짙은 선의 폭은 0.45~4.5m이고 길이는 최고 수 백m에 이르는데 지형에 따라서는 이런 줄이 1,000개 이상 보인다. 과학자들은 이런 줄이 소금물이 흘러서 생긴 지형일 것으로 추측하고 있다. 화성에 액체의 물이 흐른다면 생명체의 존재 가능성도 그만큼 높아진다. 이 우주선은 현재도 활동 중이다.

생명체를 탐색한 피닉스호

화성의 물 존재를 확인하고 생명이 살아갈 수 있는지를 확인하기 위해서 NASA의 피닉스(Phoenix)호가 2007년 8월 4일 발사되어 2008년 5월 25일 화성 표면에 착륙했다. 무게 350kg의 이 우주선은 길이 2.4m의 로봇 팔이 화성의 영구 동토층 밑에 있는 토양을 굴착하여 실험실 내 실험기구에서 가열하여 물의 존재를 확인했다. 로봇 팔은 지하 0.5m까지 파낼 수 있었다. 피닉스호가 지구로 전송한 영상에는 표면에서 4km 상공에 떠있는 구름에서 얼음 결정체로 보이는 것들이 약 2.4km 상공까지 눈처럼 떨어지다가 도중에 증발되는 모습이 보였다. 그러나 화성의 눈이 어떤 성분으로 구성됐는지는 밝혀지지 않았다. 피닉스호는 토양샘플에 수증기 성분이 있음을 알아냈다. 화성 토양에서 탄산칼슘이 발견되었는데 이는 지질학적인 과거에 토양이 물에 젖어 있었음을 의미한다. 표면 토양에서 과염소산염(ClO_4), 중탄산염, 마그네슘, 나트륨포타슘, 칼슘 등과 어쩌면 황산염이 검출되었다.

지난 1976년 바이킹 1과 2호가 찾아내지 못했던 탄소 성분의 분자인 과염소산염성분을 발견했음은 생명체의 존재를 시사한다. NASA 과학자들은 이에 따라 화성과 환경이 매우 비슷한 것으로 알려진 칠

피닉스 착륙선

레의 아타카마(Atacama) 사막에서 이런 성분이 어떤 반응을 일으키는지 관찰했다. 이들은 사막의 흙을 과염소산염과 섞어 가열해 나오는 기체에서 이산화탄소와 염화메틸 성분을 검출했다. 이는 30여 년 전 바이킹호 착륙선들이 화성의 흙을 가열했을 때 생겼던 기체와 똑같은 것이다. 연구진은 또한 흙 속의 유기화합물이 화학반응에 의해 모두 파괴됐다는 사실도 발견했다. 이들은 "연구 결과는 바이킹 1, 2호의 착륙 지점에 유기물 뿐 아니라 과염소산염도 존재했을 가능성을 시사하는 것"이라고 말했다.이들은 그러나 이런 연구 결과를 토대로 화성에 생명체가 존재했을 것이라는 결론을 내리는 것은 시기상조라면서 "다만 화성의 생명체 존재 증거를 찾는 방식에서 진전을 이룬 것 뿐"이라고 말하고 있다. 유기물은 생물체나 비생물체에서 모두 검출될 수 있으며 지구에 떨어지는 많은 운석들에 유기물질이 들어 있다고 지적했다. 또한 염소와 산소의 이온인 과염소산염은 수십억 년 동안 화성에 존재하다가 가열됐을 때 비로소 그 존재를 드러내며 흙 속의 모든 유기물을 파괴할 가능성이 있다.

앞서 바이킹호의 자료를 분석할 때 과학자들은 과염소산염이 우주선 선체 세척제로부터 오염된 것으로 해석했었다. 그러나 이 유기물 성분이 화성 고유의 것인지, 운석에 실려 날아온 것인지는 아직 확실치 않은데 NASA는 2011년 12월 발사된 새 우주선 화성과학실험선(MSL)의 표면 탐사 로봇 큐리어시티(Curiosity)를 통해 이를 확인할 계획이다. 피닉스호는 2010년 11월 10일 임무를 마쳤다.

최근 또는 미래의 화성 탐사계획

여러 나라가 미래의 화성 탐사계획을 수립해 놓고 있다. 러시아는

큐리어시티호

2011년 11월 9일 궤도선, 착륙선, 그리고 샘플 회수선으로 이루어진 포보스-그룬트(Phobos-Grunt)를 포보스 위성에 보내서 포보스의 표면과 주변을 탐사하고 토양 샘플을 지구로 가져올 계획이었다. 이 우주선 이름의 그룬트는 러시아어로 토양을 의미한다. 이 우주선에는 중국 최초의 화성탐사 궤도선인 잉훠(Yinghuo)-1호도 실려서 화성으로 보내질 예정이었다. 잉훠는 중국어로 반디불이를 의미한다. 잉훠는 1년간 화성 주위 궤도를 돌며 화성 및 주변 우주공간 환경을 관측할 예정이었다. 그러나 바이코누르 우주기지에서 발사된 이 우주선이 정상궤도 진입에 실패했다. 로켓에서 분리된 우주선의 자체 엔진장치가 작동하지 않아 화성으로 비행하지 못하고 지구궤도에 머물다 추락했다.

NASA는 2011년 11월 26일 화성 표면 탐사선인 큐리어시티호를 아틀라스V 로켓으로 화성에 쏘아 보냈다. 플루토늄 방사선동위원소로 추진력을 얻는 이 로버는 화성에 2012년 8월에 화성의 적도 부근에 있는 지름 약 154kg인 '게일(Gale) 크레이터'에 착륙한다. 무게가 탐사선들 중 가장 무거운 900kg, 길이 3m 인 큐리어시티호는 시속 약 30m로 움직이면서 카메라와 표본분석기 등 10여종의 기기로 과거 생명체의 흔적을 찾고 토양과 대기에 대한 물리 화학적 분석을 할 예정이다. 이 로버는 토양의 표본뿐 아니라 암석을 갈아서 나온 가루도 분석한다.

2013년에는 메이븐(MAVEN)호를 화성에 보내서 상층 대기와 이온층을 탐사하고 이들이 태양과 어떻게 반응하는지를 연구할 것이다. 이 탐사로 화성이 표면에 액체 상태의 물이 존재할 수 있게 한 짙은 표면의 대기를 왜 상실하게 되었는가를 밝히게 될 것이다. 대기의 역사를 파악하여 생명체 거주 가능성을 탐사하는 것이다.

NASA는 2016년에는 엑소마스(ExoMars/Trace Gas Orbiter)를 화성으로 보내서 그 때쯤 수명을 마칠 MRO호를 승계하여 표면과 대기를 탐사할 계획이다. 유럽의 ESA와 NASA는 합동으로 2020~2022년 사이에 화성 토양 샘플을 지구로 회수할 계획도 세워놓고 있다. ESA는 2025년까지 화성에 사람을 보낼 계획이고, NASA는 2037년까지 화성에 인간을 착륙시키고 우주문명을 건설하는 장기 계획을 갖고 있다.

NASA는 다른 우주선들이 도달하기 어려운 화성 부분에 글라이더와 같이 날 수 있는 화성 비행기와 같은 새로운 계획을 제안해 놓고 있다. 이 비행기는 화성의 역사를 밝히기 위해서 3시간 동안 5km 깊이의 '마리네리스(Marineris) 협곡'을 1,700km 가량 비행하도록 동력장치가 없는 글라이더로 설계되었다.

제 9 장

목성형 행성의 우주선 탐사

현재까지 목성에는 9대, 토성에는 4대, 천왕성과 해왕성에는 각각 한 대씩의 우주선이 탐사작업을 벌였다. 특히 이들 거대 행성을 최초로 탐사한 파이어니어호와 심층 탐사한 보이저호는 이 행성들을 탐사한 후 태양계를 벗어나 항성들의 세계로 진출하여 외계인과의 조우도 기대하고 있다.

목성형 행성의 우주선 탐사

목성형 행성은 목성과 같이 질량이 크고 수소와 헬륨 등 주로 가벼운 물질로 이루어진 태양계 외곽의 행성으로 목성, 토성, 천왕성, 해왕성을 일컫는 말이다.

태양에서 다섯 번째로 먼 목성은 태양계의 여덟 개 행성들 중에서 가장 크다. 목성의 표면에는 적도에 평행한 흰색깔이나 적갈색의 밝은 띠와 암갈색의 어두운 줄무늬가 덮여있어 아름다움을 뽐내고 있다. 목성의 남반구에는 거대한 붉은 점인 대적반(大赤班)도 보인다. 목성 주위에는 네 개의 밝은 갈릴레이 위성이 돌고 있다.

목성 바로 바깥에서 태양을 공전하는 토성은 목성보다는 조금 작지만 주위에 아름다운 고리가 감겨있어 신비를 더해주고 있다. 토성의 구성 물질과 구조는 목성과 비슷하나 밀도가 태양계의 모든 천체들 중에서 가장 낮다.

태양에서 일곱 번째의 행성인 천왕성은 질량이 목성형 행성들 중에서 가장 작지만 크기는 세 번째인 청록색의 행성이다. 이 행성은 자전축이 공전면에 거의 평행한 것이 특이하다.

태양에서 여덟 번째 행성이고 천왕성의 바로 바깥쪽에 있는 행성이 해왕성이다. 해왕성은 크기와 질량이 천왕성과 비슷해 이 두 천체는 쌍둥이 행성으로 알려져 있다. 해왕성은 천왕성 보다 푸른색이 더 영롱해 청록색의 진주라 불린다. 해왕성은 8등급 정도로 흐리기 때문에 우주선이 탐사하기 전에는 별로 알려진 것이 없었다.

이 행성들에는 1972년부터 탐사선이 보내졌다. 현재까지 목성에는 9대, 토성에는 4대, 천왕성과 해왕성에는 각각 한 대씩의 우주선이 탐사작업을 벌였다. 특히 이들 거대 행성을 최초로 탐사한 파이어니어호와 심층 탐사한 보이저호는 이 행성들을 탐사한 후 태양계를 벗어나 항성들의 세계로 진출하여 외계인과의 조우도 기대하고 있다.

최초로 태양계 외곽을 탐사한 파이어니어호

우주선 파이어니어 10과 11호는 목성형 행성들과 그 위성들을 탐사하고 태양계의 외곽과 경계 영역의 물리적인 환경을 파악하기 위해서 NASA가 1972년 태양계 외곽으로 쏘아 보낸 우주선들이다.

파이어니어 10호는 1972년 3월 2일 3단계 로켓인 아틀라스-센타우르(Atlas-Centaur)에 실려 케이프커내버럴에서 첫 번째 목표인 목성을 향해서 발사되었다. 이 우주선의 모양은 한 면의 면적이 36cm×76cm인 판 여섯 개로 이루어진 6각형이고 2.74m 폭의 거대한 안테나를 달고 있다. 목성의 거리에서는 태양으로 받는 에너지가 지구가 받는 양의 4%에 불과하기 때문에 이 우주선은 태양 전지판은 달지 않았다. 대신 핵보조동력시스템(SNAP) 프로그램으로 개발된 플루토늄 238을 연료로 하는 두 개의 방사능열전기발전기가 140W의 전기를

파이어니어 10호

생산한다. 이 우주선들에는 자기장측정기, 플라스마분석기, 우주선입자 탐지기, 자외선과 적외선 측정기 등 10여 종의 관측 기기가 갖추어져 있다.

파이어니어 10호는 7월 15일에 화성과 목성 사이에 있는 폭이 2억8,000km이고 두께가 8,000만km인 소행성 띠에 접근했다. 소행성 띠를 통과한 후 파이어니어 10호는 목성으로 향해서 12월 3일에는 목성 대기의 상층부에서 13만354km의 거리를 통과했다. 목성을 근접통과하면서 이 행성의 근접 사진을 촬영하고, 복사띠와 자기장의 모습을 그려내고, 목성이 주로 액체로 이루어진 행성임을 밝혀냈다. 목성을 통과한 후 파이어니어 10호는 태양으로부터 날아오는 고 에너지 입자인 태양풍(太陽風)을 관측하고 태양계를 벗어나면서 우주선 입자들을 연구했다. 이 우주선은 행성간 공간에서 헬륨 원자를 최초로 탐지하고 태양풍에서 알루미늄과 나트륨의 고 에너지 이온을 관측했다.

파이어니어 10호는 1997년 3월 태양계 공간을 벗어나서 현재 성간(星間) 공간을 비행하고 있다. 2011년 4월 현재 이 우주선은 태양에서 103.017AU(약 154억km)의 거리에서 초속 12.061km의 속도로 황소자리의 별 알데바란(Aldebaran)을 향해서 1년에 약 2.544AU의 거리를 이동하고 있다. 알데바란은 약 68광년의 거리에 있으므로 파이어니어 10호가 그곳에 도달하는 데는 200만 년이 걸릴 것이다. 이 우주선은 오래전인 2003년 1월 23일 지구에서 80AU의 거리에서 통신이 두절되었다.

쌍둥이 파이어니어 우주선인 파이어니어 11호는 1973년 4월 6일 지구를 떠났다. 4월 19일 소행성 띠를 무사히 통과한 후 12월 2일에 목성의 대기 상층부에서 4만3,000km의 거리를 통과하면서 대적반과 극지방을 관측하고 목성의 위성인 칼리스토(Callisto)의 질량을 결정했다.

1979년 9월 1일에는 토성을 2만1,000km의 거리에서 통과하면서 최초의 근접촬영을 했다. 두 개의 위성과 고리 하나를 새로 발견하고 토성의 자기구(磁氣球)와 자기장의 분포를 그렸다. 파이어니어 11호도 10호와 마찬가지로 태양계의 외곽에서 태양풍과 우주선 입자를 관측했다. 이 우주선은 1999년 9월 태양계를 벗어나 성간 공간으로 진입해서 2011년 4월에는 태양으로부터 82.972AU의 거리에서 파이어니어 10호와는 반대 방향인 방패자리를 향해서 초속 11.413km의 속도로 매년 2.408AU의 거리를 움직이고 있다. 약 400만 년 후에 이 별자리에 있는 별 하나를 근접 통과할 것이다. 이 우주선은 1995년 9월 30일 마지막 신호가 수신되어 공식적으로는 임무를 끝냈다.

목성형 행성 모두를 탐사한 보이저호

태양계 외곽의 거대 행성들과 최종적으로는 성간 공간의 탐사를 위해서 NASA는 보이저 1과 2호를 발사했다. 보이저 2호는 1977년 8월 20일에 케이프커내버럴을 떠났고, 1호는 그보다 16일 후인 9월 5일에 발사되었다.

무게가 722kg으로 동일한 이 두 우주선들에는 텔레비전 카메라, 적외선과 자외선 센서, 자기 측정 장치, 플라스마 탐지기, 우주선과 하전입자 센서 등 10개의 측정 장치가 실려 있었다. 동력은 420W의 전력을 생산하는 방사선동위원소 발전기(MHW RTG)로 얻는다.

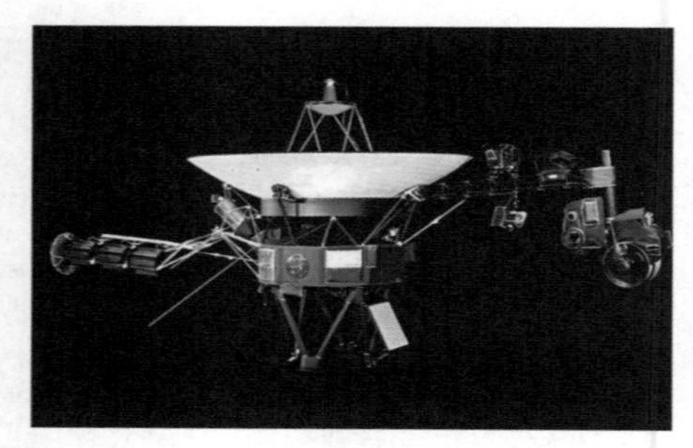
보이저호

보이저들은 X와 S 밴드 통신을 위한 지름 3.66m의 접시형 안테나가 돋보이고, 그 아래에 우주선 몸체가 있고 그로부터 세 개의 팔과 하나의 안테나가 뻗어있다. 팔들 중 하나가 광폭(廣幅)과 협폭(狹幅) 각도를 가진 TV 카메라를 포함한 대부분의 기기들을 받쳐주고 있다. 보이저에는 외계의 문명체에 의해서 발견될 것에 대비해서 금으로 도금된 30cm 지름의 오디오와 비주얼 디스크를 싣고 있다. 이 디스크는 천둥소리, 새소리, 고래의 교신소리, 화산, 인간의 웃음소리를 담고 있다. 이 판에는 90분 분량의 음악, 115개의 아날로그 사진, 그리고 여러 언어로 인사말도 싣고 있다.

보이저 1호는 1979년 3월 5일 목성에 도달해서 탐사했다. 토성에는 1980년 11월 12일에 도달해서 큰 위성 타이탄을 근접비행하고 토성의 고리 뒤를 통과했다. 이 우주선은 그 후 '말단 충격(termination shock) 지역' 을 지나 태양계 외곽을 향해 비행하면서 행성 간 공간에 대한 연구를 계속했다. 말단충격지역이란 태양에서 방출된 태양풍 입자들의 속도가 성간 매질과의 상호작용으로 음속 이하로 떨어지는 태양권의 지점을 말한다. 보이저 1호는 2005년 5월에는 태양계 끝에 도착했고, 결국 이 우주선의 기기들은 태양의 자기장 영향의 끝과 성간공간의 시작되는 곳 사이의 경계인 태양계경계(heliopause)를 알아낸 첫 번째 우주선으로 태양에서 가장 멀리 날아간 인공 물체가 되었다. 태양풍의 전파 방출을 연구하여 태양계 경계가 태양에서 90~120AU에 존재함을 알아냈다. 보이저 1호는 태양계를 벗어나 1년에 약 5억2,000만km의 비율로 약 35°의 각도로 황도면 위로 올라섰다. 2011년 5월 29일에 이 우주선은 태양에서 116.39AU의 거리에서 성간공간을 향해 날고 있었다. 2020년 플루토늄 동력원이 고갈될 때까지 보이저 1호는 계속 움직이고 기기들은 작동할 것이다. 이 우주선은 40만년 내에 기린자리에 있는 왜성(矮星)에 3광년 내로 접근 할 것이다.

보이저 2호는 1979년 7월 9일에 목성에 그리고 1981년 8월 25일에 토성에 도달했다. 보이저 2호는 성공적으로 토성과 조우한 후 모든 기기가 작동하는 상태에서 1986년 1월 24일 천왕성과 조우해서 이 행성과, 위성, 자기장과 암흑 고리에 관한 상세한 사진과 다른 많은 데이터를 보내왔다. 1989년 8월 25일 해왕성에 가장 가까이 접근한 후 황도면의 남쪽 방향으로 성간 공간으로 가는 길로 접어들었다. 보이저 2호는 2011년 4월 27일에 태양으로부터 94.914AU의 거리에서 초속 15.464km의 속도로 성간 공간을 향해 날고 있었다. 이 우주선은 약 35만8,000년 내에 하늘에서 가장 밝은 별인 시리우스에 0.8광년 거리로 접근한다. 보이저 1과 2호를 발사해서 운영하는데 들어간 총 비용은 8억7,500만 달러이다.

목성은 어떤 천체인가

목성형 행성의 대표격인 목성은 태양계에서 가장 큰 행성으로 철이나 산소와 같은 무거운 물질이 주성분인 지구, 수성, 금성, 화성 등의 지구형 행성과는 달리 주로 가벼운 물질인 수소와 헬륨으로 구성되어 있다. 구성 성분으로만 보면 목성은 태양과 비슷하다. 만일 목성이 현

목성의 모습

재 크기의 수백 배로 컸다면 목성은 스스로 빛을 내는 하나의 항성(恒星)이 되었을 것이다. 그렇게 되면 태양도 대부분의 별과 같이 이중성(二重星)이 되었을 것이고 지구에서는 두개의 태양이 번갈아 뜨고 졌을 것이다.

목성에는 지구와 같은 고체의 표면이 없고 외곽은 두꺼운 가스층으로 이루어져 있고 가스층 내부에는 액체층이 있다. 목성의 중심부에는 철과 니켈 등 무거운 원소로 이루어진 중심핵이 있고 그 주위에는 높은 온도와 압력 때문에 생긴 금속성 유체층이 있을 것으로 추측된다, 목성 주위에는 토성에서 밝게 보이는 것과 같은 고리도 있다. 현재까지 발견된 위성의 수는 64개이다. 위성들 중에서 큰 4개의 위성들 즉 이오(Io), 유로파(Europa), 가니메데(Ganymede), 칼리스토(Callisto)를 갈릴레이 위성이라고 한다.

목성의 질량은 지구 질량의 318배인 1.9×10^{27}kg이고, 적도 지름은 지구 지름의 11.2배인 14만2,800km이고 부피는 지구의 1,321배이다. 목성의 밀도는 $1cm^3$ 당 1.33g으로 태양의 밀도와 비슷하다. 목성 대기 상층부의 온도는 -143℃로 낮고, 수소 분자는 초속 1km로 움직인다. 분자의 속도가 목성을 탈출할 수 있는 이탈속도보다 훨씬 낮으므로 가장 가벼운 원소인 수소 가스조차도 목성을 빠져 나가지 못한다. 그래서 지금 우리가 보는 목성은 45억 년 전 생성될 때의 대기와 질량을 거의 그대로 간직하고 있다.

태양으로부터의 평균거리는 5.203AU로서 7억7,830만km이나 근일점에서는 4.951AU, 원일점에서는 5.455AU로 태양으로부터의 거리가 변한다. 공전주기 즉 목성의 1년은 11.86년이고 궤도가 황도로부터 기울어진 각도는 1°18′17″로 아주 작다.

목성이 거대 천체임에도 불구하고 자전 속도는 상당히 빠르다. 목성은 차등자전(差等自轉)을 한다. 즉 자전이 적도에서 가장 빠르고 극쪽으로 가면서 느려진다. 이러한 자전은 목성과 같이 고체가 아닌 천체에서만 일어날 수 있다. 적도에서 자전 속도는 9시간 50.5분이고, 극 부근에서는 9시간 55분이다. 이러한 속도면 적도에서 대기의 상층부는 시속 4만5,000km의 속도로 돌고 있는 셈이다. 목성이 이렇게 빠른 자전을 하므로 그 모양이 조금 납작한 타원체가 되었다. 목성의 적도지름은 극지름보다 약 7,500km 크다

목성 대기의 두께는 약 100km이다. 목성에서 보이는 적도와 평행한 밝은 띠와 어두운 줄무늬는 대기에 있는 안정 상태의 구름들로서 그 폭과 색깔이 시간에 따라 변하지만, 대체로 규칙적인 모습을 하고 있다. 밝은 영역은 어두운 영역보다 온도가 낮다. 그래서 밝은 영역이 어두운 영역보다 조금 상층부에 위치한다. 이러한 온도의 차이로부터 우리는 밝은 영역이 높은 압력을 가지고 상승하는 영역의 상층부이고, 어두운 영역은 낮은 압력을 가진 하강 영역의 상층부임을 알 수 있다. 이러한 대기의 흐름을 따라 행성 내부로 부터 열이 외부로 운반된다.

목성의 대기가 적도에 평행한 띠와 줄무늬를 이루고 있는 것은 목성의 빠른 자전 때문이다. 빠른 자전이 대기의 흐름을 행성 전체를 회전하는 긴 띠와 무늬로 늘어나게 한 것이다. 지구에서와 마찬가지로 목성에서 하강하는 공기는 태풍을 형성하기도 하는데 그 회전 방향은

남반구에서는 시계방향, 북반구에서는 반시계 방향을 이룬다. 반면, 상승하는 대기는 그 반대의 방향으로 회전하는 태풍을 만든다. 이러한 태풍은 우주선이 찍은 목성 사진에서 수없이 발견된다. 극에 가까운 지역에서는 최대 초속 100m의 편서풍이 불고, 적도에 가까운 지역에서는 최대 초속 50m의 편서풍이 분다. 목성의 남반구에는 사람의 눈 모습을 한 대적반이 보인다. 대적반은 거대한 태풍으로 지구가 두세 개 들어갈 정도로 크다. 대적반은 모양이 계속 변하고 시계반대 방향으로 회전하고 있다.

목성 대기의 띠나 태풍이 서로 다른 색깔(청색 적색 황색)을 띠는 것은 그곳에 포함된 물질이 다르기 때문이다. 목성의 대기에서는 메탄(CH_4), 암모니아(NH_3), 수소분자(H_2), 헬륨(He), 물(H_2O), 아세틸렌(C_2H_2), 에탄(C_2H_6), 포스핀(PH_3), 일산화탄소(CO), 시안화수소(HCN) 등이 발견됐다.

목성을 탐사한 우주선들

현재까지 목성을 탐사한 우주선은 모두 8개로 모두가 NASA가 발사한 것들이다. 최초의 우주선은 1973년에 목성을 근접 통과한 파이어니어 10호이다. 그 다음은 1년 뒤인 1974년에 탐사한 파이어니어 11호이다. 1979년에는 보이저 1과 2호가 목성과 위성, 그리고 고리 시스템을 탐사했다.

1990년 발사된 태양탐사선 율리시스(Ulysses)호는 1992년과 2000년에 자기권을 탐사했고, 1997년에 토성을 향해서 발사된 카시니(Cassini)호는 2000년에 목성을 근접 통과하면서 대기의 근접 영상을 보내왔다. 2006년 명왕성을 향해서 발사된 뉴호라이즌(New Horizon)호는 목성과 그 위성들에 대한 더 자세한 관측을 했다. 1989년 10월에 발사된 갈릴레오 우주선은 1995년 목성에 도착하여 목성 주위 궤도에 진입한 유일한 우주선이 되었다. 이 우주선은 2003년 9월까지 활동했다. 이 기간 동안 갈릴레오호는 네 개의 갈릴레이 위성들에 접근 탐사하고, 1994년 7월에는 슈메이커-레비(Shoemaker-Levy)9 혜성이 목성과 충돌하는 장면을 직접 촬영했다. 1995년 12월에는 대기탐사선을 목성 대기로 내려 보냈는데 이것이 유일한 대기탐사선이 되었다.

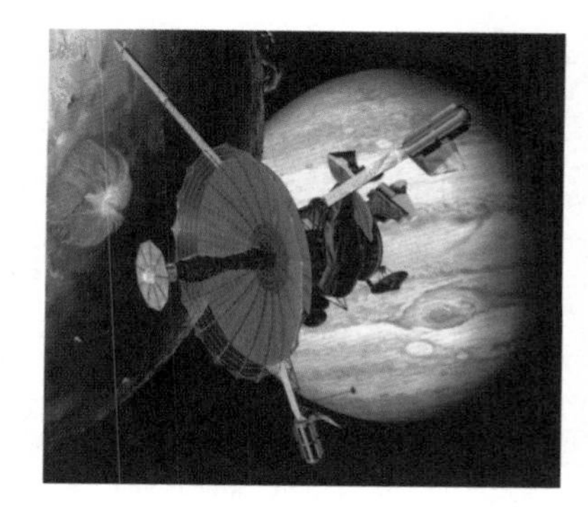
갈릴레오호

우주선으로 목성을 탐사하는 데는 여러 가지 문제가 등장한다. 먼저 우주선을 초속 9.0~9.5km의 속도로 발사하여 지구 궤도에 올려놓아야 한다. 다음 우주선을 지구 궤도에서 목성으로 보내기 위해서는 초속 약 9km의 속도가 추가로 필요하다. 우주선이 발사될 때 연료를 줄이기 위해서 지구 통과 비행을 통한 지구 중력의 도움도 받아야 한다. 다음으로는 목성에는 지구와 같은 고체의 표면이 없기 때문에 연착륙을 할 수 없다. 기체의 대기가 목성 내부로 가면서 점진적으로 액체로 변하기 때문에 대기를 통해서 하강하는 우주선은 엄청난 압력에 의해서 액체의 목성 내부로 빨려 들어가게 되는 문제가 있다. 그 다음의 중요한 문제는 목성 주위가 많은 양의 대전 입자로 둘러싸여 있어 우주선이 이들의 영향을 받는다는 것이다. 실제로 파이어니어 11호는 이 복사대의 영향으로 이오(Io) 위성의 영상을 대부분 잃었다. 갈릴레오호도 자주 고장을 일으켜서 많은 데이터를 잃게 만들었다.

파이어니어호의 목성 최초 탐사

목성을 최초로 탐사한 파이어니어 10호는 1973년 12월 3일 13만 km의 거리에서 목성을 통과했다. 이 우주선은 1973년 11월 초부터 12월 2일까지 최초로 근접 고해상도로 촬영한 목성과 그 위성들의 영상 500여개를 보내왔다. 이 영상에는 전에는 볼 수 없었던 상세한 모습이 나타나 있다. 이 우주선은 목성의 대기를 관측하고 자기장과 복사대를 측정했다. 이 자료는 후에 보이저호와 갈릴레오호의 디자인에 중요한 역할을 했다. 또한 목성이 주로 액체로 이루어져 있음도 알아냈다. 파이어니어 10호는 자신이 발견한 거대한 방사선대에 의해서 손상을 입었다.

파이어니어 10호는 갈릴레이 위성들 중 가장 안쪽에 위치한 이오를 통과하면서 최초의 근접 영상을 보내왔다. 이 우주선의 관측으로 이오의 질량을 정밀하게 측정할 수 있었고, 이오의 밀도가 갈릴레이 위성들 중 가장 높아는 사실도 알아냈다. 이오는 얼음이 아니라 주로 규산염의 바위로 이루어져 있었다. 이오에는 엷은 대기가 있음도 알아냈다.

파이어니어 11호는 1974년 12월 2일에 목성에 도착한 후 이 행성의 남쪽에서 북쪽으로 이동하면서 목성 중력에 의한 가속을 받아 토성을 향했다. 이 우주선은 목성의 구름 상층으로부터 3만4,000km까지 접근하면서 대적반의 영상을 찍고, 목성의 거대한 극지역을 최초로 관측하고 위성 칼리스토(Callisto)의 질량을 측정했다.

보이저호의 목성과 위성 탐사

목성에 먼저 가장 가까이 접근한 보이저는 1호로서 1979년 3월 5일에 목성 대기 상층으로부터 20만6,700km의 거리까지 접근했고, 보이저 2호는 같은 해 7월 9일에 목성 구름 상층으로부터 57만km 내로 접근했다. 보이저 우주선들은 목성과 그 위성들인 이오, 유로파, 가니메데, 칼리스토, 그리고 복사대와 고리의 영상을 이전보다 훨씬 선명하게 보내왔다.

보이저의 분석에 따르면 목성의 상층대기는 79%가 수소, 20%가 헬륨이고 나머지 1% 정도가 무거운 원소로 이루어져 있다(질량 기준). 이는 태양의 구성비하고 거의 같은 값이다. 이 원소들은 대부분 분자의 형태로 존재한다. 목성의 대기는 뚜렷한 경계를 가지고 있지는 않지만 그 두께가 대략 1,000km 정도이다. 대기 밀도는 아래로 내려가면서 높아져서 결국은 액체 상태로 된 내부에 이르게 될 것이다. 대적반은 시계반대방향으로 움직이는 복잡한 폭풍우임이 밝혀졌고, 이보다 작은 폭풍과 소용돌이들이 띠를 이루는 구름으로 발견되었다. 보이저 우주선들은 목성의 고리를 발견했고 위성 이오에서는 활동 중인 화산, 가니메데에서는 판구조(plate tectonics), 그리고 칼리스토에서는 수많은 크레이터를 관측했다.

목성의 고리와 위성들은 이 행성의 자기장에 묶인 전자와 이온의 강력한 복사대 내에 존재한다, 이 입자들과 자기장은 태양 쪽으로 300만~700만km 뻗어있고 7억5,000만km의 거리인 토성의 거리까지 뻗어있는 목성의 자기권을 형성한다. 자기권은 목성과 함께 회전하면서 이오를 지나가 매 초 약 1t의 물질을 쓸어낸다. 이 물질은 자외선으로 빛을 내는 도넛 형태의 이온 구름인 토러스(torus, 圓環體)를 형성한다. 토러스의 무거운 이온들은 밖으로 움직이고 그 압력은 목성의 더 큰 에너지의 유황과 산소 이온을 행성의 대기로 자기장에 따라 떨어지게 하여 오로라를 형성한다, 이오는 목성의 자기권을 움직이면서 자기장을 따라 목성의 이온층으로 흐르는 300만 암페어의 전류를 일으키는 발전기의 역할을 한다. 보이저 우주선들은 이오에서 활화산을 발견했는데 이는 지구 이외의 행성에서 처음 발견된 활화산이다. 보이저는 이오에서 9개의 화산 폭발도 관측했다. 화산의 불꽃은 표면의 300km 까지 솟아올랐다. 물질은 초속 1km의 속도로 분출되고 있었다.

이오의 화산은 조석력에 의해서 위성이 가열되어 일어나는 것으로 보인다. 이오는 가까이에 있는 두 개의 거대 위성들인 유로파와 가니메데에 의한 궤도의 섭동을 받은 후 목성에 의해서 정규 궤도로 끌려들기 때문이다. 그래서 이렇게 경쟁적으로 작용하는 조석력 때문에 이오의 표면은 조석력에 의한 배불려짐이 100m로 크다. 이오의 화산작용이 전체 목성계 천체들에 영향을 주는 것으로 나타났다. 이오의 많은 화산에서 분출된 물질이 목성의 자기장에 의해서 영향을 받는 목성 주변의 공간인 자기권에 흩어져 있는 물질의 주공급원이 된다. 자기권의 고에너지 입자에 의해서 밀려 흩어진 유황, 산소, 나트륨이 행성에서 수백만km 떨어진 자기권 바깥 쪽 끝에서도 탐지되었다. 이오는 화산으로 얼룩진 표면을 가진 특이한 세계이다. 이오에서는 유황 화산이 물질을 300km 높이로 뿜어낸다.

보이저 1호는 갈릴레이 위성들 중에서 목성에서 두 번째로 가까운 유로파에서 많은 수의 교차하는 선 무늬를 발견했다. 유로파는 목성으로부터의 거리가 가까워서 목성의 중력으로 내부가 가열된다. 이

목성의 위성 이오

중력적인 인력에 의한 조석력 때문에 표면의 얇은 얼음 층에 금이 가서 줄무늬가 생기고 얼음 층 밑에 얼음이 녹은 물의 바다가 내부를 덮고 있다. 이 물은 약간 가열되어 있어 그곳에 원시 생명체가 살고 있을지도 모른다. 유로파는 이러한 조석력에 의한 가열작용으로 내부가 활동적일 가능성이 높다. 유로파는 두께가 30km 이하인 얇은 물의 얼음으로 이루어진 지각이 있고 이것이 50km 깊이의 깊은 바다에 떠 있는 것으로 생각된다.

목성의 위성들 중 가장 큰 가니메데는 지름이 5,264km로 태양계의 위성들 중에서 가장 커서 수성보다 8%나 더 크다. 이것은 규산염 광물질과 타르 분자 때문에 어두운 색깔을 띠는 이산화탄소를 가진 물의 얼음으로 이루어진 더러운 얼음(dirty ice)으로 주로 이루어졌다. 보이저호의 사진에 나타난 가니메데는 크레이터가 많고, 밝고 어두운 두 가지로 뚜렷이 구별되는 지형을 가졌다. 가니메데 전체를 덮고 있는 얼음의 지각은 위성 전체의 지질 변화 과정으로 생기는 장력(tension)을 받고 있는 것으로 짐작된다.

위성 칼리스토에는 보이저 1과 2호가 1979년과 1980년 사이에 근접 통과하면서 1~2km의 높은 해상도로 칼리스토의 영상을 보냈다. 칼리스토는 갈릴레이 위성들 중 목성에서 가장 멀고 가장 어두우며 가장 크레이터가 많아 최근에 지질 작용의 증거를 보이지 않는 위성이다. 대부분의 크레이터는 지름이 60km보다 크다. 보이저호는 칼리스토의 표면, 온도, 질량, 형태에 관한 정확한 정보를 제공했다.

보이저호는 목성 고리의 바로 바깥쪽에서 돌고 있는 두 개의 새로운 작은 위성, 아드라스에아(Adrastea)와 메티스(Metis), 그리고 아말데아(Amaldea)와 이오의 궤도 사이를 돌고 있는 세 번째의 작은 새로운 위성 테베(Thebe)를 발견했다.

갈릴레오호의 목성과 위성 탐사

목성과 그 위성의 탐사를 목적으로 NASA는 1989년 10월 18일 갈릴레오호를 발사했다. 이 우주선은 목성 주위 궤도를 돌고 두꺼운 대기층으로 캡슐을 내려 보낸 최초의 우주선이다. 갈릴레오호는 우주왕복선 아틀란티스에서 발사되어 목성으로 가는 길에 중력의 도움을 받는 비행경로를 얻기 위해 지구를 두 번, 금성을 한번 돌아서 발사 6년 후인 1995년 12월 7일에 목성에 도착했다. 이 우주선은 목성으로 가는 도중 1992년 화성과 목성 사이 소행성대에서 소행성 가스프라(Gaspra)와 이다(Ida)를 근접통과하면서 관측데이터를 보내와 소행성을 탐사한 첫 번째 우주선이 되었다.

갈릴레오호는 무게가 2,222kg이고 하이게인 통신안테나를 달고 있었지만 이것이 불행하게도 적절하게 펴지지 않았다. 그래서 지구로 전송되는 데이터의 양이 줄어들었지만 엔지니어들이 대체 시스템을 사용하여 최대의 기능을 발휘하도록 하였다. 주 화물은 1995년 7월에 목성에서 8,000만km의 거리에서 분리된 339kg의 하강탐사선(probe)이다. 이 탐사선은 12월 7일 초속 47km의 속도로 대기층으로 돌진하여 강한 압력에 의해서 파괴될 때까지 75분간 활동했다. 이 탐사선은 대기의 화학조성, 구름 입자의 성질, 구름층의 구조, 대기의 복사열

평형, 압력, 동역학, 그리고 이온층에 관한 데이터를 궤도선으로 보냈다. 내려가면서 탐사선은 행성 주위 5만km 거리에 강한 방사능대가 있음을 확인했고, 행성에 더 가까이에는 초속 640km의 속도를 가진 구름층과 유기화합물의 흔적도 발견했다. 강한 행성 간 먼지 폭풍도 발견되었다.

갈릴레오호는 1995년 12월 8일부터 목성에 대한 획기적인 탐사, 특히 대적반과 4개의 갈릴레이 위성에 대한 탐사를 시작했다. 대적반의 소용돌이 바람의 역학적인 특성을 조사하여 속도가 시속 360km임을 밝혀냈다. 대적반의 크기는 당시 2만5,000×1만1,000km이나 종종 폭이 5만km로 커진다. 이 거대한 태풍은 매년 강도와 색깔이 바뀌고 주변 구름에 대한 위치도 변한다. 대적반의 상부는 주변의 구름보다 8km나 높고 거대한 토네이도(tornado)와 같이 아래쪽으로 선회한다. 대적반의 붉은색은 그 안에 많은 양의 삼가인(三價燐, phosphorous)이 있음을 나타낸다.

갈릴레오호는 갈릴레이 위성들의 상세한 영상을 보내왔다. 이 우주선은 보이저호와 마찬가지로 이오에서 화산폭발과 이러한 폭발로 흘러나오는 유황과 이산화황, 마그네슘을 포함한 규산염 마그마도 관측했다. 그래서 이오의 표면은 오렌지, 노랑, 그리고 하얀 색을 띤다. 표면은 녹아있거나 고화된 용액으로 덮여있다.

갈릴레오호는 1996년부터 2000년까지 6번 가니메데를 근접 통과했는데 가장 가깝게는 가니메데 표면에서 264km까지 접근해서 영상을 지구로 전송했다. 그 후에도 1년 반 동안 목성 궤도를 돌면 가니메데의 사진을 전송했다. 가니메데에서 자기장도 발견했다.

위성 칼리스토에도 갈릴레이호가 가장 가깝게는 표면에서 138km

의 거리까지 여덟 번 근접 통과했다. 갈릴레오호는 적외선 분광기로 이산화탄소의 옅은 대기와 이온층을 발견했다.

갈릴레오호는 목성의 위성 유로파가 생명의 기본인 따뜻한 얼음 또는 액체 물을 가지고 있음을 밝혔다. 과학자들은 화성과 토성의 위성 타이탄과 더불어 유로파에도 생명 존재 가능성이 있음을 제기했다. 가니메데, 칼리스토, 유로파에는 옅은 대기가 있고 표면 아래에는 액체의 물이 있음을 밝혀냈다.

2003년 2월 28일에는 갈릴레오호가 작동을 멈추고 9월 21일에는 목성 주위를 도는 구름으로 낙하하여 수명을 마쳤다.

목성을 근접 통과한 율리시스, 카시니, 뉴호라이즌호

갈릴레오호 이전에 보이저호 다음으로 목성을 탐사한 우주선은 NASA와 ESA가 공동으로 제작한 무게 370kg의 태양탐사선 율리시스(Ulysses)호이다. 이 우주선은 갈릴레오호보다 1년 늦은 1990년 10월 6일에 발사되었으나 목성에는 갈릴레오호보다 훨씬 빠른 1992년 2월 8일에 도착하여 45만1,000km의 거리에서 근접 통과했다. 태양으로 가기로 되어있는 이 우주선이 목성까지 간 이유는 황도에 80.2° 기울기를 가진 태양 주위 궤도로 진입시키기 위해서이다. 거대한 목성의 중력이 이 우주선의 비행궤적을 휘어지게 할 수 있기 때문이다. 목성을 통과하는 동안 율리시스호는 목성의 자기권을 측정했다. 이 우주선에는 카

율리시스호

메라가 없었기 때문에 영상은 얻지 못했다. 2004년 2월에도 다시 목성에 접근해서 더 많은 관측을 수행했다.

1997년 10월 15일 NASA가 발사한 토성 탐사선 카시니호가 2000년 12월 30일 목성을 근접 통과하면서 많은 과학적인 측정을 함과 동시에 2만6,000개의 고해상도 영상을 보내왔다. 카시니 영상으로부터 발견된 주요 사실은 대기의 회전 현상이다. 대기의 어두운 띠에는 솟아오르는 밝은 흰색 구름의 폭풍 세포가 있음을 알아냈다. 또한 목성의 북극 근처에 대적반의 크기와 맞먹는 어두운 회전하는 대기 안개 같은 것이 보였다. 목성의 고리를 구성하는 입자들은 목성의 위성에 충돌한 미소운석에서 나온 것으로 보인다.

명왕성 탐사를 목적으로 2006년 1월 19일에 NASA가 발사한 뉴호라이즌(New Horizon)호는 2007년 2월 28일 목성을 근접 통과했다. 이 우주선은 2006년 9월 4일 목성의 사진을 최초로 보내왔다. 이 우주선은 목성의 안쪽 궤도를 도는 위성 아말데아(Amalthea)의 궤도를 측정했고 이오의 화산도 촬영했다. 갈릴레오 위성들에 대한 상세한 관측을 하고 목성의 작은 적반(Little Red Spot), 자기권, 그리고 고리 시스템을 관측했다.

미래의 목성 탐사계획

NASA는 미래에도 목성 탐사를 계속할 계획을 수립해 놓고 있다. 뉴프론티어 사업의 일환으로 2011년 8월 5일에 발사된 주노(Juno)는 목성에 2016년에 도착하여 극궤도를 돌면서 이 행성의 구조, 중력장, 자기장, 그리고 극 자기권을 측정하게 된다. 주노는 목성이 어떤 과정으로 형성되었고, 중심에 암석으로 이루어진 중심핵이 있는가를 알아낼 것이다. 11억 달러가 들어갈 무게 3,628kg의 주노는 구름 상공 4,989km까지 접근해서 탐사를 할 예정이다. NASA와 ESA가 공동으로 2020년 발사할 예정인 유로파주피터시스템임무(EJSM) 위성은 유로파와 가니메데 등의 위성들을 관측하여 오랫동안 논란이 되어왔던 얼음 표면 아래 액체 물의 바다가 있는지를 결정할 수 있게 해 줄 것이다. NASA는 먼 장래에 인간의 목성 탐사도 가능성을 타진하고 있으나 이것은 현재 우리의 기술로는 어려운 일로 생각되고 있다. 특히 생명이 있을지도 모르는 유로파와 방사선의 강도가 낮은 칼리스토에 대한 유인탐사 가능성을 저울질하고 있다. NASA는 이 계획을 호프(HOPE)라 이름을 붙이고 추진 중에 있다.

토성은 어떤 천체인가

목성의 바로 바깥쪽에서 태양 주위 궤도를 돌고 있는 토성은 구성물질과 물리적 성질이 목성과 비슷하나 크기는 조금 작은 행성이다. 토성은 작은 망원경으로도 선명하게 보이는 아름다운 고리를 가지고 있어 천체를 관측하는 사람들의 사랑을 받고 있다.

토성의 질량은 지구 질량의 95.1배인 5.69×10^{26}kg이고, 적도 지름은 지구의 9.41배인 12만536km 이다. 토성은 크기와 질량이 태양계 내에서 목성 다음으로 두 번째이지만 밀도는 태양계 천체들 중에서 가장 낮아서(0.69g/cm^3) 물에도 뜰 정도이다.

태양으로 부터의 평균거리는 9.592AU인 14억2,560만km이다. 궤도 주기, 즉 토성의 1년은 29.46년이고, 궤도가 지구궤도인 황도에 대해서 2.49° 기울어져 있다. 토성도 목성과 같이 빠른 차등자전을 하기 때문에 자전주기는 적도에서 10시간 14분이고 극지역에서는 10시간

토성의 모습

39분으로 늦다. 빠른 자전 때문에 토성의 적도 지름이 극지름보다 약 1만2,000km 정도 커서 행성들 중에서 가장 많이 찌그러져있다. 토성의 자전축은 공전축에 26.73° 기울어져 있다.

토성 대기의 화학 성분은 목성과 거의 비슷하다. 토성 대기 상층부의 온도는 목성보다 훨씬 낮은 -178℃이다. 토성의 대기층은 목성의 대기층보다 훨씬 두껍다. 대기층이 두껍기 때문에 대기 하층부의 구조가 잘 나타나 보이지 않는다. 그래서 토성의 띠는 뚜렷하지 않고 대기 흐름의 패턴도 선명하게 나타나지 않는다.

토성의 내부 구조도 목성과 비슷하다. 구성 성분은 수소가 약 74%, 헬륨이 약 24% 그리고 나머지는 2% 정도가 무거운 원소다. 토성의 중심부에는 철 등의 무거운 물질로 이루어진 중심핵이 있다. 중심핵의 바깥에는 목성에서와 같이 금속성 수소, 그리고 액체 수소층이 놓여 있다. 토성에도 강한 자기장과 거대한 자기권이 있다. 자기축의 자전축에 대한 기울기는 1° 이내로 거의 평행이다.

토성의 고리는 토성 궤도면에 27° 기울어져 있다. 고리의 두께는 수백m로 아주 얇다. 그러나 고리의 폭은 상당히 넓어서 지구에서 보이는 세 개의 고리만도 토성의 중심으로부터 7만1,000km에서 14만km 사이에 놓여있다. 이는 큰 공에 종이와 같이 얇은 고리를 두르고 있는 모습이다. 고리를 이루고 있는 물질은 크기가 수 mm에서 수 m

인 얼음 덩어리나 암석이다. 수없이 많은 자갈만한 크기의 물체들이 토성 주위를 돌고 있다. 고리 물체의 전체 질량은 달 질량의 100만분의 1에 불과하다. 지구에서 보이는 세 개의 뚜렷한 고리는 바깥쪽에서 부터 A, B, C 고리이고 C 고리 안쪽에는 희미한 D 고리가 있다.

토성에서 현재까지 궤도가 확인된 위성은 62개이다. 토성의 위성들 중에서 가장 먼저 발견되고 가장 큰 것이 타이탄이다. 타이탄은 지름이 5,150km로 행성인 수성보다도 크고, 태양계의 위성들 중에서는 두 번째로 크다. 그래서 이 위성의 중력은 상당량의 대기를 붙잡아둘 수 있을 정도로 크다. 대기는 지구와 같이 주로 질소로 이루어져 있다. 표면 온도는 −180℃이고 대기압은 지구의 1.6배이다. 이 온도에서는 질소가 액체로 존재할 것이기 때문에 타이탄에서는 질소의 비가 내리고 질소의 바다가 형성되어 있을 것이다. 그러나 생명체의 존재 가능성은 희박한 것으로 알려져 있다.

파이어니어 11호와 보이저호의 토성과 위성 탐사

파이어니어 11호는 1979년 9월 1일 토성의 구름 상층으로부터 2만 900km의 거리에서 토성을 통과하여 최초로 토성을 방문한 우주선이 되었다. 토성과 위성들에 대한 영상도 보내왔으나 해상도가 낮아 표면 무늬를 분간하기는 힘들었다. 또한 이 우주선은 토성의 고리 시스템에 F 고리라는 가는 고리가 하나 더 있음을 발견했다. 이 고리는 A 고리의 바깥쪽으로 약 3,500km 떨어진 곳에 위치하고 있다. 이 고리는 모든 고리들 중에서 가장 가늘어서 폭이 약 320km, 두께가 3.4km에 불과하다. 고리 시스템의 입자들은 크기가 10m의 얼음 덩어리에서 0.0005cm의 작은 입자까지 다양하다. 고리는 바퀴살

(spokes)을 가지고 있는데 이것은 고리 시스템의 평면 위에 전기적으로 떠있는 마이크론(㎛) 크기의 작은 입자로 이루어져 있다.

파이어니어 11호는 프로메테우스(Prometheus)와 판도라(Pandora)라 이름 붙여진 두 개의 새로운 위성을 발견하고, 세 번째의 더 큰 위성인 지름 30km의 아틀라스(Atlas)를 고리 시스템의 안쪽에서 발견했다. 고리 시스템은 폭이 27만5,000km, 높이가 10m이다. 파이어니어 11호가 측정한 토성의 온도는 −180℃로 토성은 태양에서 받는 에너지의 두 배 반에 해당하는 열을 방출하고 있었다. 파이어니어 11호는 토성의 자기장 분포를 측정하고, 토성과 위성 타이탄의 대기를 분석했으며, 토성계의 천체들과 태양에서 들어오는 태양풍 입자와의 상호작용을 탐사했다.

보이저 1호는 1980년 11월 12일 토성 구름 상층부에서 6만4,200km의 거리에서, 그리고 보이저 2호는 1981년 8월 25일 4만1,000km의 거리에서 토성을 각각 통과했다. 보이저 1호는 토성, 고리, 그리고 위성의 고해상도 영상을 최초로 보내와서 이들의 상세한 표면 모습을 볼 수 있었다. 보이저 1호는 위성 타이탄을 근접 통과하면서 대기를 분석했다. 비교적 온화한 모습의 토성은 흥미롭지만 목성과 같이 호화롭지는 않다. 표면은 백색, 갈색, 적색 타원형 구름으로 덮여있다. 이 근접 통과는 토성 고리와 여러 모습의 위성에 관한 새로운 발견으로 더 유명하게 되었다.

고리는 혜성과 운석의 충돌로 부서진 큰 위성의 조각으로 형성된 것으로 생각된다. 이 충격으로 생긴 먼지와 덩어리들이 행성 주위 넓은 평면에 다양한 밀도로 쌓이게 되었다. 토성에서는 시속 1,800km의 초고속 바람이 불고 있었다. 이 바람은 동쪽으로 불고 있었는데 이는 바람이 상층 구름에 국한되지 않고 대기 아래쪽으로 2,000km 뻗쳐 있음을 나타낸다. 토성의 자기장은 목성보다 약하여 100~200만 km 뻗어있고 자기장의 축도 회전축과 거의 완벽하게 평행하다.

보이저 1호가 보낸 고리들의 상세한 사진에서 A 고리는 비교적 고른 모습인 반면, B 와 C 고리는 단순히 큰 가락지 모양이 아니라 가는 고리들이 마치 레코드 판모양 동심원(同心圓)을 이루고 있다. 즉, 폭이 2km 정도인 가는 고리 수 천 개가 토성을 감고 있는 모습이다. 고리 중에는 원이 아니라 타원의 모습을 한 것도 있다. F 고리는 몇 개의 가는 고리로 나누어지는데, 노끈과 같이 꼬인 모습에 매듭과 같이 불룩한 부분도 있다.

보이저 2호가 고리 근처를 통과 하면서 관측한 결과, 물질이 빠르게 움직여서 고리의 모습이 변화하고 있는 것으로 드러났다. 이것은 이 고리 근방을 돌고 있는 위성 프로메테우스의 중력 때문인 것으로 생각되고 있다. F 고리 바깥쪽으로는 아주 느린 고리들인 G 와 E 고리가 있다. 이들은 진정한 고리라기보다는 물질이 희박하게 분포돼 희미한 빛을 발하는 것으로 보인다. 고리는 지구에서는 관측되지 않는 얽힘과 바퀴살과 같은 구조물이 관측되었다. 이것은 가까운 곳에 있는 위성들의 중력효과에 기인한 것으로 여겨진다.

보이저 1호는 그때까지 알려진 모든 위성을 관측했다. 보이저의 관측으로 대기는 대부분(99%)이 지구 대기와 같은 질소이고 메탄은 1%도 되지 않는 것으로 밝혀졌다. 이들 이외에도 프로판, 에틸렌, 에탄, 아세틸렌 등도 발견됐다. 메탄 구름도 표면 위로 10~15km 지점에서 발견되었고, 아르곤도 주요 성분의 하나이다. 오렌지색인 타이탄의 대기는 가시광선을 통과시키지 않아 보이저도 표면 모습은 자세히 관찰할 수 없었다.

크기가 390km인 미마스(Mimas)에는 거대한 눈과 같은 모습의 지름 130km인 크레이터가 있다. 엔셀라더스(Enceladus)는 태양계에서 가장 밝은 표면을 가지고 있다. 표면은 밝고 틈새와 계곡이 보이는데 이는 지질학적인 변화가 있었다는 증거이다. 테티스(Tethys)에서는 지름 450km이고 전체 표면의 2/5를 차지하고 있는 충돌 크레이터 '오디세우스(Odysseus)'와 길이 2,000km, 폭 10km, 깊이 3km의 거대한 '이타카(Ithaca) 협곡(chasm)'을 관측했다. 이 협곡의 얼음 표면이 깨어져 있었는데 이는 '오디세우스 크레이터'가 생길 때 충격 때문인 것으로 생각된다. 디오느(Dione)와 레아(Rhea)에서는 흥미로운 얼음의 지형이 돋보였다. 레아와 타이탄 사이에서는 수소의 구름이 발견되었다. 토성의 가장 작은 여덟 개 위성들의 모양이 불규칙한데 이는 이 위성들이 더 큰 천체의 조각임을 암시한다.

보이저 2호는 다른 위성들도 탐사하고 보이저 1호가 탐사한 위성들의 상세한 사진도 찍었다. 위성 이아페더스(Iapedus)는 표면에 큰 갈색의 무늬가 있고 하이페론(Hyperion)은 지름이 300km인 암석 덩어리로 전에 큰 충돌을 경험했던 것으로 믿어진다. 엔셀라더스의 새로운 영상은 목성의 가니메데와 비슷한 모습을 보여주고 있고, 테디스에서는 지름 400km의 크레이터가 새로 관측되었다.

카시니-호이겐스호의 토성 탐사

미국의 NASA, 유럽의 ESA, 그리고 이탈리아의 ISA가 합작으로 토성과 토성의 위성인 타이탄의 탐사를 위해서 무게 2,523kg의 카시니-호이겐스(Cassini-Huygens)호를 1997년 10월 15일 케이프커내버럴

카시니-호니겐스호

에서 발사했다. 이 우주선은 NASA가 제작한 카시니 궤도선과 ESA가 제작한 호이겐스 착륙선으로 구성되었다. 이 우주선은 중력 가속을 받기 위해서 금성을 한번, 지구를 세 번 돈 후 2004년 7월 1일 토성에 도착하여 최초로 토성 주위 궤도에 진입했다. 카시니-호이겐스호는 두 번 타이탄을 근접 통과한 후 같은 해 12월 25일에 착륙선 호이겐스를 모선에서 분리하여 위성 타이탄으로 내려 보내서 다음해 1월 14일 타이탄 표면에 착륙시켰다. 각종의 고성능 영상장치와 분광 및 자기장 분석 장치 등을 싣고 떠난 카시니-호이겐스호의 모선은 토성 주위 궤도에서, 그리고 착륙선은 타이탄 표면에 착륙하면서 많은 양의 데이터를 보내왔다.

카시니 궤도선은 토성 북극 쪽에 지구 지름 두 배 크기인 기이한 육각형 구름의 사진을 보내왔다. 이 구름은 1980년 대 초 미국의 토성 탐사선인 보이저호가 처음 포착한 뒤 30년 만에 다시 카메라에 잡힌 것이다. 이 구름은 토성 북위 77° 지점에서 관측됐으며 제트기류가 초속 100m의 속도로 이동하는 통로인 것으로 추정된다. 그러나 이 구름 형상이 어떻게 30년 가까이 같은 모양을 유지하고 있는지는 아직도 미스터리로 남아있다.

카시니호는 토성의 남반구에서 번개 폭풍으로 방출되는 전파를 탐지했다. 이 폭풍은 미국 대륙보다 크고 전기력이 지구의 번개보다 1,000배나 더 강력했다. 몇 년째 겨울과 어둠이 계속되는 토성의 북극에서 주변부보다 훨씬 온도가 높은 열점(熱點)을 발견했다. 열점은 대기권에서 압축된 공기층이 계속 내려오기 때문에 생기는 것으로 추측된다. 대기권 상층부에서 하층부로 공기가 내려오면 마치 자전거펌프처럼 압축되면서 공기가 더워지는 것으로 설명된다.

카시니호는 토성의 A 고리 주위에서 산소분자를 탐지했다. 이 산소분자들은 식물의 광합성으로 만들어지는 지구에서와는 달리 태양 복사와 토성의 고리를 구성하고 있는 얼음 입자 간의 화학작용에 의해서 만들어진다. 또한 토성의 밝은 주 고리 바깥쪽이고 E와 G 고리 안쪽에서 전에 알려지지 않았던 새로운 고리를 발견했다. 이 고리의 물질은 토성의 두 위성과 충돌한 운석 물질인 것으로 보인다.

카시니호는 거대한 구름이 타이탄을 덮고 있는 모습도 촬영했다. 타이탄의 북극 전체를 덮은 구름의 지름은 2,400km으로 크다. 이 구름의 주성분은 메탄일 것으로 추정된다. 타이탄의 북극 근처에 탄화수소의 증거를 최초로 발견했다. 이곳에서 탄화수소는 바다를 이루고 있는데 그 크기가 거의 카스피해만하다. 카시니호는 타이탄에서 액체 탄화수소 호수를 증명하는 사진을 보내왔다. 타이탄의 남극에서 온타리오호수 크기의 어두운 점이 탐지됐는데 이것은 과거나 현재의 호수일 가능성이 높다.

카시니호는 레이더와 적외선을 사용하여 타이탄의 구름층을 뚫고 타이탄의 표면 영상을 최초로 보내왔다. 타이탄의 표면은 크레이터가 드물었는데 이는 표면이 아직 젊고 아직도 형성 단계에 있음을 의미한다. 얼음의 화산, 먼지바람과 액체가 흘러서 생긴 줄무늬와 굴곡진 경계선, 지진으로 생긴 갈라진 틈, 그리고 대규모 침식의 모습 등이 보인다. 2005년에는 타이탄에서 지름이 약 30km의 큰 화산을 발견했다. 화산으로 형성된 산이 대기로 메탄을 분출하고 있고 그로 인해서 타이탄이 짙은 대기로 덮여있는 것으로 여겨진다.

2007년 카시니호가 촬영한 타이탄 사진을 분석한 결과 수많은 액체 형태의 강과 호수가 있는 것으로 확인됐다. 이 호수를 가득 채우고 있는 것은 물이 아니라 메탄이나 에탄 성분으로 보인다. 이 두 유기물은 지구에서는 기체 상태지만 타이탄의 얼어붙은 표면에서는 액체 상태가 된다. 토성의 위성들 가운데 가장 큰 타이탄은 태양계에서 유일하게 메탄 및 질소 성분 구름층이 있는 고밀도 대기층을 가졌다. 2009년에는 타이탄 표면에 있는 호수에서 반사되는 햇빛을 처음으로 포착해 액체 호수의 존재를 확인했다. 이 반사광은 북위 71° 서경 337°에 위치한 면적 40만km^{2}의 '크라켄 호수(Kraken Mare)'의 남쪽 호안에서 나온 것으로 밝혀졌다. 과학자들은 타이탄의 차가운 표면에 액체 탄화수소로 이루어진 바다나 호수가 있을 것으로 추측해왔다. 표면 40km 상공에서 메탄의 깃털 구름이 발견됐다.

카시니호는 위성 엔셀라더스를 여러번 근접 통과했다. 엔셀라더스

표면에서 50km의 거리까지 접근하여 남극 근처에서 얼음물이 우주 공간으로 뿜어져 나오는 간헐천(間歇川, geyser)을 발견했다. 이러한 발견은 얼음으로 덮인 위성들에 물과 생명체가 있을 가능성을 시사하고 있다. 엔셀라더스가 45억 년 전 형성된 조금 후에 내부에서 일어난 방사능 붕괴가 현재의 간헐천을 일으키고 있는 것으로 믿어진다.

2004년에서 2009년 11월까지 카시니호는 8개의 새로운 위성을 발견했다. 이 우주선은 아직도 활동을 계속하고 있다.

미래의 토성 탐사계획

토성에 대한 미래의 탐사 계획도 여러 개가 NASA에 의해서 이미 마련되어 있다. 2020년 경에 NASA와 ESA가 합동으로 발사할 TSSM호는 최근 카시니-호이겐스 우주선에 의해서 여러 가지 복잡한 현상이 발견된 토성과 그 위성 타이탄과 엔셀라더스를 탐사할 것이다. 궤도선, 뜨거운 공기로 채워진 풍선, 그리고 착륙선으로 이루어진 이 우주선은 발사 후 금성과 지구의 중력 도움을 받아 2029년에 토성에 도달할 예정이다.

2015년에 발사될 예정인 크로노스(Kronos)는 토성에서 대기, 중력, 자기장을 더 상세히 관측할 것이다. 2016년에 발사될 예정인 TiME호는 타이탄에 착륙하여 메탄이나 에탄으로 이루어진 것으로 보이는 바다를 탐사할 예정이다.

천왕성은 어떤 천체인가

토성의 바로 바깥쪽에서 태양을 돌고 있는 천왕성은 지름이 행성들 중에서 세 번째로 크지만 질량은 해왕성 다음으로 네 번째이다. 천왕성의 적도 지름은 5만1,811km로서 목성 지름의 1/3로 작고, 지구 지름보다는 4.01배나 크다. 천왕성의 질량은 8.67×10^{25}kg으로 이는 지구 질량의 14.5배에 해당한다. 크기와 질량으로부터 계산된 천왕성의 밀도는 1.2g/cm^3으로 이 값은 목성의 밀도와 유사하다.

태양으로부터의 최대 거리는 30억400만km, 최소거리는 27억3,500만km로 평균거리는 19.218AU인 28억7,100만km이다. 궤도주기, 즉 천왕성의 1년은 84.01년이고 궤도는 지구 궤도인 황도에 0.77° 기울어져 있다.

천왕성에서 특이한 것은 자전축이 다른 행성들과는 달리 공전면과 거의 평행하게 놓여있다는 것이다. 즉 공전면에 누워서 자전하는 셈이다. 자전축이 공전축에 정확히 97.77° 기울어져 있기 때문에 북극이 황도면의 조금 아래쪽을 향하고 있다. 천왕성의 공전주기가 84년이니까 남극이 태양 쪽을 향한 시점에서 42년이 지나면 태양 반대쪽을 향하게 된다. 즉 양극 영역에 가장 뚜렷한 여름과 겨울이 생기고 그 바뀌는 기간은 42년이 된다. 적도에서 자전주기는 17.24 시간인 것으로 밝혀졌다.

천왕성의 모습

천왕성은 5개의 비교적 큰 위성을 포함해서 모두 27개의 위성들을 거느리고 있다. 1977년에는 천왕성에서도 고리가 발견됐다.

보이저 2호의 천왕성 탐사

천왕성을 탐사한 유일한 우주선은 보이저 2호이다. 이 우주선은 1986년 1월 24일 천왕성의 구름 상층부로부터 8만1,500km의 거리까지 접근했다. 이 근접비행에서 보이저 2호는 10개의 위성을 새로 발견하고, 97.77°의 자전축 기울기로 생기는 독특한 대기를 분석하고 고리 시스템을 관측했다.

보이저 2호는 이 행성의 자전축에 60° 기울어진 자기장이 꼬리에 주는 영향을 알아냈다. 자기 꼬리는 행성의 자전에 의해서 행성의 뒤로 긴 나선형 형태로 꼬여있다. 천왕성에 자기장이 있다는 사실은 보이저 2호 이전에는 알려지지 않았었다. 자기장의 세기는 각 지점마다 다르기는 하지만 지구 자기장에 견줄만하다. 천왕성의 자기장이 물을 전기적으로 전도체로 만들만큼 압력이 높은 천왕성 내부 중간층 깊이에서 생겨남을 자기장의 특이한 방향성은 암시하고 있다. 천왕성의 복사대는 강도가 토성과 비슷하다. '주광대기광(dayglow)'으로 알려진 현상인 자외선 빛을 대량으로 방출하는 태양이 비추는 극 주변에서 엷은 안개층이 탐지되었다. 평균 온도는 약 -213℃인데 밝고 어두운 극을 포함해서 행성의 대부분 지역의 온도가 구름상층부에서 거의 같았다.

보이저 2호는 고리가 9개로 이루어져 있음을 발견했다. 천왕성의 고리는 목성과 토성의 고리들과는 완연하게 다르다. 고리 조직은 비교적 젊고, 천왕성이 형성될 때 생긴 것이 아닌 것으로 보인다. 고리를 이루는 입자들은 고속 충돌이나 중력 효과에 의해서 부서진 위성의 잔해로 이루어진 것 같다. 고리 시스템은 지름 1m 이하의 큰 바위로 이루어져있고, 고리 사이에는 먼지 구름이 있는데 이는 고리 물질이 서서히 부식하고 있음을 나타낸다.

다섯 개의 큰 위성들은 토성의 위성들과 같이 얼음과 암석이 뭉쳐진 것으로 보인다. 타이타니아(Titania)에는 거대한 계곡과 협곡이 있는데 이는 아마도 옛날에 지질 작용, 특히 지각 활동이 있었음을 암시하고 있다. 타이타니아에서는 지름이 15km까지 크고 서리가 낀 모습의 밝은 크레이터와 깊이가 2~5km이고 길이가 1,500km인 단층벽(fault scarp)이 보인다.

오베론(Oberon)에는 표면이 수많은 크레이터로 덮여있고, 6km 높이의 산과 잘린 벽을 가진 거대한 골짜기도 있다. 오래되고 어두운 표면으로 보아 오베론에서는 지질 작용이 거의 없었던 것으로 여겨진다.

아리엘(Ariel)은 가장 밝고 아마도 가장 젊은 표면을 가지고 있고, 지질학적인 활동이 있었다는 증거를 가지고 있다. 많은 단층 협곡과 점성 물질이 흘러서 생긴 것으로 보이는 협곡의 하상(河床)이 보인다. 엄브리엘(Umbriel)은 어두운 색이고 구멍으로 덮여있다. 어두움은 메탄의 복사 때문이고 지질 작용은 거의 없었던 것으로 생각된다.

다섯 개 큰 위성들 중 가장 안쪽에 위치한 미란다(Miranda)는 태양계의 위성들 중에서 가장 특이한 모습을 가지고 있다. 태양계의 젊고 늙은 모든 지질을 한데 모아놓은 것과 같은 크레이터, 단층, 파인 골, 단구(段丘), 20km 높이의 절벽 등이 보인다. 이 같은 지형은 위성이 격렬한 충돌로 부서졌던 초기에 물질이 다시 모여서 미란다가 형성되었다는 이론을 뒷받침한다.

해왕성은 어떤 천체인가

천왕성의 바로 바깥쪽에서 태양을 돌고 있는 해왕성은 지름이 태양계 행성들 중에서 네 번째로 크다. 적도 지름은 4만9,528km로 지구 지름의 3.87배이다. 질량은 지구 질량의 17.2배인 1.03×10^{26}kg 으로 태양계 행성들 중에서 세 번째로 크다. 밀도는 1.66g/cm^3로 목성형 행성들 중에서 가장 큰 값이다.

태양에서 해왕성까지의 평균거리는 30.06AU인 45억430만km이다. 궤도는 지구의 공전궤도인 황도에 대해서 1.77° 기울어져 있고 궤도주기인 해왕성의 1년은 164.79년이다. 자전주기는 16시간 6분 36초이고, 자전축은 공전축에 28.32° 기울어져 있다.

해왕성이 청록색으로 보이는 것은 대기에 있는 메탄(CH_4) 가스 때문이다. 상층 대기는 희미한 구름의 띠를 나타내고 있다. −217℃로 낮은 온도를 가진 대기는 기체 상태의 메탄, 수소, 헬륨에 물(H_2O)의 얼음과 암모니아(NH_3)의 얼음이 혼합해서 이루어져 있다. 에탄(C_2H_6)은 천왕성의 대기에서는 발견되지 않았으나 해왕성에서는 발견되었다.

해왕성의 내부 구조는 중심핵이 조금 큰 것을 제외하면 천왕성과 비슷하다. 그러나 천왕성과는 달리, 해왕성은 태양에서 받는 에너지의 2.5배에 해당하는 에너지를 방출한다. 이 초과 에너지는 이 천체가 형성될 때부터 남은 열일 것으로 추측되고 있다.

메탄의 새털구름이 50km 아래 해왕성의 청색 대기에 그림자를 드리운다. 수소와 헬륨 대기 아래에는 물, 암모니아, 그리고 메탄의 바다가 있고 중심에는 암성의 중심핵으로 이루어져 있다. 해왕성에는 13개의 위성과 작은 고리 시스템이 있다.

보이저 2호의 해왕성 탐사

천왕성과 마찬가지로 해왕성을 탐사한 유일한 우주선은 보이저 2호이다. 보이저 2호는 1989년 8월 25일 12년간의 긴 항해 끝에 해왕성의 북극 상공 4,900km의 거리에서 초속 27km의 속도로 해왕성을 통과했다. 이로써 인류 역사상 최초로 해왕성에 관한 비밀의 장막이 걷히게 됐다. 당시 해왕성의 신비한 모습을 처음 접한 NASA 관계자들은 "두 개의 밝은 고리를 두른 이 행성의 수줍은 자태는 마치 예술가가 만들어낸 아름다운 작품을 보는 듯하다."라고 탄성을 올린바 있다. 보이저 2호는 해왕성의 대기, 고리, 자기권 그리고 위성을 탐사했다. 수천 장의 해왕성 사진을 전송하고 여섯 개의 위성을 더 발견해 위성 수를 모두 13개로 늘려놓았다.

해왕성은 조용한 천왕성과는 달리 훨씬 더 활동적이다. 수소와 헬륨의 가스로 이루어진 높은 고도의 대기가 자전 주기가 19시간인 해왕성 자체보다 더 빠르게 행성을 회전한다. 흰색 깃털 모양의 구름이 발견되었는데 이 구름은 시속 2,400km의 빠른 속도로 움직여서 스쿠터(Scooter)라 이름 붙여졌다. 스쿠터는 깊은 구름층 위로 상승하는 구름일 것이다. 해왕성에서는 어느 행성에서보다 더 강력한 바람이 측정되었는데 대부분의 바람은 행성 자전에 반대 방향인 서쪽으로 불고 있었다. 보이저 2호는 지구 크기의 역태풍(anticyclone)인 대암반(Great Dark Spot)도 발견했다. 그러나 이것은 후에 허블우주망원경이 찍은 영상에는 나타나지 않았다. 이는 이러한 구름들이 유동성임을 암시하고 있다.

해왕성의 자기장도 천왕성에서와 같이 자전축에 47° 기울어져있고 물리적인 중심에서 적어도 반경의 0.55배(1만3500km) 떨어져 있다. 해왕성의 표면의 띠와 구조가 지구의 오로라보다 훨씬 복잡하고, 옅은 오로라도 관측했다.

보이저 2호는 해왕성에서 4개의 완벽한 원주 형태의 고리와 하나의 반원 고리를 발견했다. 해왕성의 고리는 아크 형태이거나 고리의 일부로만 보이지만 실은 완벽한 고리이다. 단지 너무 흐리고 고리를 이루는 물질이 너무 잘아서 지구에서는 잘 보이지 않을 뿐이다.

보이저 2호가 발견한 6개의 위성 중 세 개, 즉 프로테우스(Proteus), 네레이드(Nereid), 그리고 트리톤(Triton)의 상세한 모습이 촬영됐다. 위성들 중 가장 큰 트리톤은 태양계에서 가장 역동적인 표면을 가진 천체의 하나이다. 온도는 −235℃로서 태양계에서 가장 추운 장소로 알려졌다. 지름 2,700km인 트리톤은 절벽, 크레이터, 산맥, 빙하, 그리고 액체질소의 간헐천(間歇川, geyser)의 복잡한 표면을 가지고 있다. 캔타루프(cantaloupe) 지형도 보이는데 이는 지름 30km의 움푹 파여진 마마 자국이 있는 긴 능선으로 그 모습이 마치 캔타루프 멜론의 껍질을 닮았다 하여 캔타루프 지형이라 불린다. 이 같은 지형은 트리톤에서만 관측되는데, 이는 보통의 화산에서 분출되는 암석의 마그마 대신 물, 암모니아, 메탄의 점성 물질이 흘러나오는 저온화산활동(cryovolcanism)에 의해서 만들어지는 지형으로 추측되고 있다.

보이저 2호는 해왕성 내부의 열 때문에 남극 상공으로 솟아오르는 여러 개의 가스 제트와 검정색의 입자들로 이루어진 기둥이 8km 고도에서 고도가 높은 바람에 의해서 옆쪽으로 편향되는 현상을 탐지했다. 트리톤은 행성의 자전 방향과는 반대로 동쪽에서 서쪽으로 움직이는 원궤도를 돈다. 트리톤의 비교적 높은 밀도와 역행 궤도는 트리톤이 처음부터 해왕성 계열의 천체가 아니라 후에 포획된 천체라는 증거이다. 해왕성의 적도와 157°의 각을 이루고 있는 이 역행궤도는 모든 태양계 위성들 중에서 유일한 것이다. 극히 희박한 대기가 트리톤 표면 위로 약 800km로 뻗혀있다. 이 옅은 구름은 질소 얼음 입자로 표면에서 수km까지 뻗어있을 것이다. 옅은 대기와 옅은 구름도 발견되었다.

보이저 2호는 지름이 340km인 네레이드 위성에 1989년 4월 20일에서 8월 19일 사이에 470만km의 거리까지 접근해서 80여장의 사진을 보내왔다. 그러나 이 사진들의 해상도가 낮아 표면의 모습을 분간하기가 어려웠다. 그래도 보이저는 네레이드의 정확한 크기를 알아낼 수 있게 했고, 표면의 색깔이 갈색이고, 표면이 높은 반사능(反射能)을 가졌음을 밝혀냈다.

제 10 장

태양계 소천체의 우주선 탐사

현재까지 미국, 유럽, 일본이 발사한 9대의 우주선이 10여개의 소행성에 접근하여 직접 탐사를 벌였다. 이 우주선들은 소행성들의 상세한 영상을 보내오고 물리적인 성질을 규명하여 태양계의 기원을 밝히는데 큰 도움을 주고 있다.

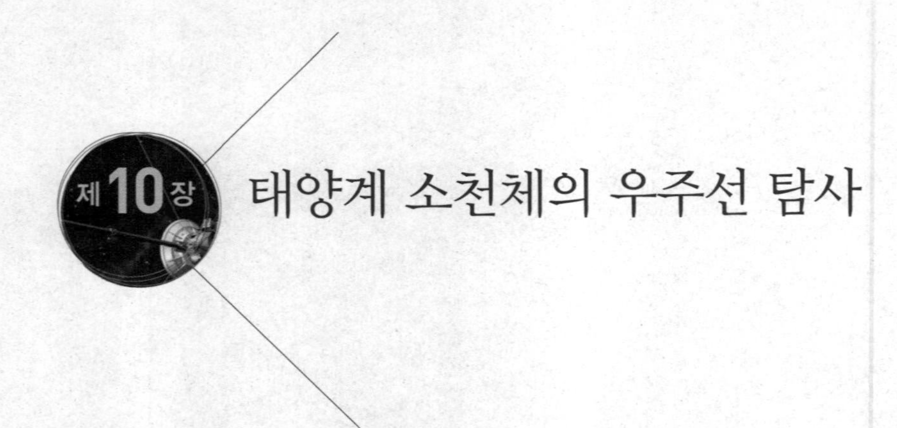

태양계 소천체의 우주선 탐사

태양계에는 행성과 위성 외에도 이들보다 규모가 작은 소천체들이 여럿 있다. 이러한 소천체로는 왜소행성, 소행성, 혜성 등이다. 명왕성으로 대표되는 왜소행성은 태양 주위 궤도를 공전하지만 행성보다는 훨씬 작은 천체들로 모양이 구형인 천체들이다. 왜소행성으로는 현재까지 5개가 알려졌다. 소행성은 화성과 목성 사이의 소행성대에 있으면서 태양 주위 궤도를 도는 작은 천체들을 말한다. 소행성의 총수는 백만 개 이상으로 알려져 있다. 혜성은 태양계 외곽에 있던 작은 천체가 태양 인력에 끌려서 태양에 접근하면서 태양열에 의해서 빛을 내고 꼬리가 형성되는 천체로 매년 10여개가 나타난다. 이들 소천체에는 현재까지 25개의 우주선이 보내져서 탐사했다.

왜소행성 명왕성은 어떤 천체인가

1930년 발견된 명왕성은 가장 작고, 가장 온도가 낮고, 태양으로부터 거리가 가장 먼 행성으로 알려져 왔다. 그러나 2006년 8월 24일 국제천문연맹(IAU)은 명왕성을 공식적으로 행성에서 왜소행성(dwarf planet)으로 격하시켰다. 왜소행성이란 태양 주위 궤도를 도는 천체로 자체 중력에 의해서 둥근 모양은 가졌지만 행성보다는 작고 행성과 같이 주변의 미소행성을 끌어들이지 못하는 천체를 말한다. 현재까지 알려진 왜소행성으로는 명왕성 외에도 소행성대에 있는 세레스(Ceres), 명왕성보다 더 멀리에 있는 하우메아(Haumea), 마케마케(Makemake), 에리스(Eris) 등이 있다.

태양에서 평균거리가 39.38AU(약 59억km), 공전주기가 248년인 명왕성의 공전궤도는 다른 행성들과는 다르게 상당히 찌그러진 이심률 0.249의 타원이다. 이 때문에 명왕성이 태양에 제일 가까울 때는 거리가 29.7AU이고, 거리가 가장 멀 때는 49.3AU로 가까울 때보다 거의 70%나 늘어난다. 그래서 명왕성은 종종 해왕성의 안쪽으로 들어오기도 한다. 명왕성의 궤도는 황도면에서 많이 벗어나서 기울기가 17°나 된다. 명왕성의 자전주기는 6.39일로 밝기도 같은 주기로 변한다. 자전축은 공전축에 약 118°나 기울어져 있는 것으로 알려졌으나 확실치는 않다.

명왕성의 질량은 지구 질량의 0.24%에 해당하는 1.3×10^{22}kg 이다. 이는 달 질량의 4분의 1에도 미치지 못하는 것이다. 지름은 2,306km로 달 질량의 66%이다. 명왕성의 밀도는 2.0g/cm^{3}인 것으로 알려졌다.

적외선 관측에 따르면 명왕성에는 엷은 메탄(CH_4)의 대기가 있으며, 표면은 메탄의 얼음으로 덮여있다. 메탄의 얼음이 존재한다는 사실로부터 명왕성의 표면 온도가 −233℃ 이하일 것으로 추측된다.

명왕성의 위성으로는 오랫동안 카론(Charon)이 유일하게 알려져 왔으나, 최근 허블우주망원경(HST)이 닉스(Nix), 하이드라(Hydra), S/2011P1 등 세 개를 추가로 발견하여 총 네 개로 늘어났다.

명왕성 탐사에 나선 뉴호라이즌호

2006년 1월 19일 명왕성 탐사 우주선 뉴호라이즌스호가 미국 케이프커내버럴에서 발사되었다. 인류 최초의 명왕선 탐사선인 뉴호라이즌스호는 43만5,000명의 이름을 수록한 CD와 1930년 명왕성을 발견하고 1997년에 죽은 미국의 클라이드 톰보(Clyde Tombaugh)의 뼛가루 일부를 싣고 있다. 인명 CD를 실은 것은 행성 탐사에 일반인의 관심을 끌어내기 위한 것이다. 질량 478kg인 이 우주선은 발사 13개월 후인 2007년 2월 목성을 230만km까지 접근 통과하면서 목성의 자

명왕성으로 가고 있는 뉴호라이즌호

기장을 측정하여 오로라를 일으키는 원인을 밝혔다. 뉴호라이즌스호는 2008년 6월과 2011년 3월에 토성과 천왕성을 각각 통과했다. 2011년 8월 2일에는 태양으로부터 20.64AU의 거리인 천왕성 궤도 바깥에서 초속 15.58km의 속도로 1년에 3.284AU를 이동하고 있다. 이 우주선은 9년 반 동안 49억km를 날아서 2015년 7월에는 명왕성에 1만km까지 근접통과하면서 2020년까지 명왕성의 대기, 표면, 내부와 주변 환경을 탐사할 것이다. 명왕성을 둘러싼 디스크 모양의 카이퍼띠(Kuiper belt)와 위성 카론에 관한 새로운 사실을 밝힐 것으로 기대된다. 카이퍼띠는 태양계 탄생 때 생겨난 찌꺼기로 추정되는 물질을 가지고 있어 태양계 생성의 비밀을 간직하고 있을 것으로 보고 있다. 이 우주선은 2029년에는 태양계를 영원히 벗어나게 될 것이다.

소행성은 어떤 천체인가

1766년 독일의 천문학자 티티우스(J. D. Titius)가 행성의 거리에 관한 간단한 수학 관계식을 발견하였다. 즉 0, 3, 6, 12, 24, 48(앞의 숫자를 두 배하면 그 다음의 숫자가 된다)의 숫자 배열로 시작해서 각 숫자에 4를 더한 후 10으로 나누면 0.4, 0.7, 1.0, 1.6, 2.8, 5.2, 10.0, 19.6 등이 나온다. 이 숫자들은 지구에서 태양까지의 거리(1AU)를 단위로 했을 때 대략 0.4는 수성, 0.7은 금성, 1.0은 지구, 1.6은 화성, 5.2는 목성, 10.0은 토성의 거리에 해당한다. 이 규칙은 수년 후에 같은 독일의 천문학자 보데(Johann Bode)에 의해서 세상에 널리 알려지게 되어 티티우스-보데의 법칙이란 이름이 붙여졌다.

이 법칙에 따르면 화성과 목성 사이 숫자 2.8에 해당하는 곳에 행성이 있어야 하나 그때까지 그곳에 어떤 천체도 발견된 것이 없었다.

1801년 이태리의 피아치(Piazzi)가 우연히 황소자리에서 거리가 2.77AU로 티티우스-보데의 거리와 일치하는 소행성 세레스를 발견했다. 이것이 처음으로 발견된 소행성이다. 현재까지 궤도가 알려진 소행성의 수는 3,300여개이고 총수는 백만 개에 이른다.

소행성들은 모두 태양으로부터 거리 2.8AU 근처에서 태양 주위를 타원궤도로 돌고 있다. 소행성중 여러 개는 긴 타원 궤도를 가지고 있어 어떤 것은 수성보다도 더 태양에 가까이 접근하기도 하고 천왕성의 궤도 가까이까지 멀어지기도 한다. 소행성 중에는 지구에 접근해서 충돌을 염려하게 만드는 것들도 있다. 소행성도 자전을 하는데 주기는 크기에 따라 다르지만 대체로 10시간 내외이다.

소행성은 크기가 다양해서 가장 큰 세레스는 지름이 1,000km 정도로 달의 1/4보다 조금 더 큰가 하면 사람의 머리보다 작은 것도 많다. 그래서 수십만 개 소행성을 전부 합친다 해도 질량이 지구 질량의 0.04% 밖에는 되지 않는다. 소행성의 구성 물질은 다양해서 규산염으로 이루어진 것, 흑연으로 이루어진 것, 철과 니켈 등 금속으로 이루어진 것 등 운석의 성분과 흡사하다.

갈릴레오호의 소행성 탐사

현재까지 미국, 유럽, 일본이 발사한 9대의 우주선이 10여개의 소행성에 접근하여 직접 탐사를 벌였다. 이 우주선들은 소행성들의 상세한 영상을 보내오고 물리적인 성질을 규명하여 태양계의 기원을 밝히는데 큰 도움을 주고 있다.

소행성을 가장 먼저 탐사한 우주선은 목성 탐사선 갈릴레오호로서 이 우주선은 목성으로 가는 도중인 1991년 10월 소행성 951/가스프라

(Gaspra)를 1,600km의 거리에서 근접 통과했다. 갈릴레오호는 이 소행성의 구조와 물리적인 성질을 관측하고 영상을 보내왔다. 이 소행성은 불규칙한 형태로 크레이터로 덮여있었다. 소행성의 이러한 모습은 화성의 위성들인 포보스와 데이모스와 비슷한데, 이것은 이 위성들이 화성에 붙잡힌 소행성이기 때문이다. 가스프라에서는 자기장을 발견하여 그곳에 금속성의 물질이 풍부하다는 사실을 밝혀냈다. 이것은 아무도 예측하지 못했던 일로서 태양계에서 자기장을 가진 천체로서는 이 소행성이 가장 작은 것이다. 가스프라의 자기장은 지구의 1억분의 1 정도로서 아주 약해서 아무것도 아닌 것 같이 보이지만, 지름이 수 십km로 작은 가스프라 규모로는 엄청나게 큰 것으로서 금속성의 물질만이 이러한 자기장을 가질 수 있다.

갈릴레오 우주선은 소행성의 두 번째 사진으로 1993년 8월 소행성 243/이다(Ida)로부터 3,500km의 거리에서 촬영한 선명한 사진을 보내왔다. 과학자들은 "이렇게 상세한 소행성 모습을 보기는 처음으로 이는 마치 금광을 발견한 것과 같다"라고 말하기도 했다.

길이가 52km인 이다는 수억 년 동안 소행성대를 이리저리 채이면서 떠돈 것으로 보인다. 이다가 상당히 크고 또한 예기치 않게 태양에 의해서 조명되는 각도가 좋아 여러 상세한 모습을 나타나게 해주고 있다. 이다는 큰 소행성으로부터 약 2억 년 전에 떨어져 나온 것으로 보인다.

소행성 이다의 모습

갈릴레오호는 이다 부근에

크기가 1.6km인 위성이 있는 것을 발견했다. 후에 닥틸(Dactyl)이라 이름 붙여진 이 위성의 발견으로 이론가들이 믿고 있던 대로 비록 중력이 작아서 위성을 잡아두기가 어렵다 하더라도 소행성에 위성이 있을 수 있음을 확인해 주었다. 이 위성의 발견은 행운의 결과이다. 갈릴레오호가 이다를 통과할 때 위성을 찾을 생각은 하지 않았다가 1993년 9월 이다를 한 번 더 촬영하게 해서 발견했다. 갈릴레오호의 근적외선 영상에도 같은 위치에 천체 하나가 발견되어 소행성 위성의 존재를 확인시켜 주었다.

갈릴레오호가 찍어 보낸 소행성 이다는 표면이 구덩이와 줄무늬로 덮여 있었다. 이로부터 과학자들은 이 소행성의 나이가 10~20억년은 될 것으로 추산했다. 그러나 지름이 1.6km로 작은 이다의 위성은 소행성대에 아직도 대량으로 남아있는 파편더미 물질과의 충돌로 그 수명이 100년 이상은 될 수가 없다.

만약 이다와 그 위성이 더 큰 천체의 충돌에 의해서 깨어져 생겼다면 그 둘의 나이가 같아야 함에도 불구하고 이 두 천체의 나이가 크게 다른 것은 수수께끼가 아닐 수 없었다. 그러나 갈릴레오호가 보내온 근접 사진이 이 문제에 해답이 될 정보를 제공하고 있다. 이다의 위성은 여러 번의 일생을 살았다는 것이다. 즉, 이 위성은 그동안 여러 번 작은 파편으로 깨어졌다가 재결합하는 과정을 거쳤다. 현재도 이 위성은 최근의 분열로부터 재결합으로 새로 태어나는 과정에 있다. 지금도 이 위성은 이다 주위에 널려 있는 이 위성과 이다에서 충돌에 의해서 떨어져 나온 파편 조각들을 끌어 모으고 있는 중이다. 이러한 주장은 이 위성이 의외로 매끈한 모습을 가지고 있어 나온 것이다. 태양계의 천체들은 작으면 작을수록 더 불규칙한 모습을 가지고 있다.

니어와 디프스페이스호의 소행성 탐사

NASA는 1996년 2월 16일 소행성 탐사선 니어(NEAR)호를 발사했다. 니어호는 1997년 7월 27일 크기가 61km인 소행성 253/마틸드(Mathilde)를 근접통과하면서 500개의 영상을 보내오고 이 소행성의 크기와 질량을 알아내게 해 주었다. 그 후 3년간 20억km를 날아가 1999년 2월 14일에 433/에로스(Eros)라는 크기가 13×13×34km인 소행성 주위 궤도에 진입하여 1년 동안 5~56km의 고도에서 궤도를 돌면서 관측했다. 궤도의 근접점은 소행성 표면 위로 24km로 낮았다. 니어호는 이전의 다른 우주선들과는 달리 비용이 저렴한 것이 특징이다. 이 우주선의 제작비용은 1억1,800백만 달러이고 제작 기간도 2년 밖에는 걸리지 않았다.

니어호에 실린 카메라는 2~3m 크기의 물체까지 구별할 수 있었다. 카메라 외에도 니어호는 적외선 분광기, X선형광분석기 등의 첨단 분석 장비들과 자기장의 측정을 위한 자력계 등을 싣고 있어 소행성을 구성하고 있는 물질의 종류와 밀도 등에 관한 정확한 분석을 할 수 있었다. 니어호 그 자체도 일종의 측정기 역할을 해서 에로스와의 최초 접근 때 에로스의 중력에 의해서 이 우주선의 속도가 얼마나 감속되느냐를 측정하여 에로스의 질량도 구했다. 니어호는 임무를 마친 후에는 에로스의 표면에 충돌해서 최후를 마치는 순간까지 표면의 상태에 관한 데이터를 전송했다. 니어호는 에로스의 역사를 밝혀주고 이 천체가 어떻게 형성되었는가에 대한 단서도 제공했다.

니어호는 크고 작은 크레이터, 협곡, 그리고 산맥을 보여주는 수천개의 화려한 영상을 보내왔다. 초기의 영상은 이 소행성이 더 큰 모천체가 깨어져서 형성되었음을 나타낸다. 이 소행성은 또한 크레이터의 밀도가 소행성 띠에 속한 다른 소행성들보다 더 높다. 우주선의 레이저 거리 측정장치의 데이터와 디지털 영상을 결합하여 최초의 상세한 지도와 3차원의 모형이 작성됐다. 에로스는 태양계의 가장 원시 물질의 일부인 부서진 암석으로 이루어졌음을 암시한다. 에로스의 표토(rigolith)는 약 90m 깊이로 험난한 지형을 평탄하게 만들고 크레이터로 흘러들어가기도 했다.

에로스의 크레이터들은 네모난 것도 있고 기대했던 것보다 작은 것이 적어서 과학자들을 놀라게 했다. 15m보다 더 넓은 크레이터 수가 10만 개를 넘는다. 표면에는 100만 개 또는 그 이상의 바위들이 보이는데 이는 기대하지 않았던 것이다. 그들 일부는 집 덩이나 그보다 크다. 니어호는 1996년 3월에는 혜성 햐쿠타케(Hyakutake)의 사진을 보내왔다.

니어호는 2000년 말경에 유명한 천체지질학자인 진 슈메이커(Gene Shoemaker)를 기념하기 위해서 이름이 니어슈메이커로 바뀌었다. NASA는 니어슈메이커호를 아주 낮은 속도로 표면에서 수m로 접근하면서 날 수 있도록 궤도를 축소하기로 했었으나 대신 연착륙시키기로 방침을 바꿨다. 2001년 2월 12일 이 우주선은 소행성 에로스에 착륙하는 쾌거를 이룩했다. 이 우주선은 하강하면서 최후의 5km 내에서 69개의 상세한 사진을 찍었다. 이 사진에는 크기가 1cm로 작은 지형까지 보여주었다. 전송은 2월28일까지 계속된 후 멈췄다.

1998년 10월 NASA는 이온 엔진과 새로운 내비게이션의 시험, 그리고 소행성 9969/브레일(Braille)을 탐사하기 위해서 무게 373kg의 디프스페이스(Deep Space) 1호를 발사했다. 이 우주선은 1999년 7월 29일에 9969/브레일에 초속 15.5km로 26km의 거리를 통과하면서

디프스페이스호

사진과 관측 데이터를 보내왔다. 브레일의 크기는 가로와 세로가 2.2×1.0km인 것으로 밝혀졌다. 2001년 9월 22일에는 초속 16.5km로 혜성 보렐리(Borrelly)의 코마를 근접 통과하면서 사진과 핵의 적외선 스펙트럼을 보내왔다. NASA는 2001년 12월 18일에 이 우주선과의 접촉을 끝냈다.

2000년대의 소행성 탐사 우주선들

2003년 5월 9일 일본 다네가시마에서 발사된 일본의 혜성탐사선 하야부사(Hayabusa, 송골매라는 뜻)호는 태양을 두 바퀴 돌아 총 20억km를 비행한 끝에 2005년 11월 소행성 25143/이토카와(Itokawa)에 도달하여 반시간 동안 표면에 착륙했다. 이토카와의 크기는 길이 500m, 폭 300m 정도로 지구로부터 3억km 떨어진 곳에 있다. 무게 510kg의 하야부사호는 이토카와에 착륙해서 지름 1cm의 금속 총알을 초속

300m로 발사했다. 이때 튕겨진 소행성의 암석 표면물질을 캡슐에 수집하여 발사 4년 뒤인 2007년 지구로 귀환할 예정이었다. 그러나 지구로 귀환하는 데 여러 가지 문제가 발생했다. 엔진 고장과 자세제어장치 불량 등으로 통신두절과 궤도 이탈 등의 문제가 발생했지만 엔진복구 장치 등을 가동시켜 하야부사호를 불사조처럼 되살려냈다. 이 우주선은 발사 7년만인 2010년 6월 13일 60억km의 우주여행 끝에 호주 남쪽의 우메라(Woomera) 부근에 착륙했다. 하야부사호는 달 이외의 천체에 착륙해 소행성의 표본을 가지고 지구로 돌아오는 세계 최초의 우주선이 되었다. 또한 이 우주선의 귀환은 일본의 과학기술력을 세계에 과시하는 기회가 되었다. 일본 우주항공연구개발기구(JAXA)의 과학자들은 하야부사호가 우주로부터 가져온 캡슐 속 미립자 1,500여개를 분석한 결과, 소행성 이토카와의 미립자로 판명됐다고 발표했다. 이 미립자 대부분이 지구의 물질과 완전히 다르고 다른 곳에서 변성됐을 가능성도 희박하다고 판단, 소행성 이토가와의 물질이라고 단정했다. 회수된 소행성 미립자는 태양계가 탄생하던 당시의 물질과 거의 같은 것일 가능성이 있어 태양계와 지구의 기원 · 형성 과정을 해명하는 데 큰 도움이 될 것이다.

NASA는 혜성 빌트(Wild)-2에 접근하여 핵의 상세한 영상을 촬영하고 이 혜성 코마의 물질을 지구로 회수하기 위한 목적으로 1999년 2월 7일 스타더스트(Stardust)호를 발사했다. 이 우주선은 빌트-2 혜성으로 가는 도중인 2002년 11월 2일 평균지름 4.8km의 소행성 5535/안네프랭크(Annefrank)에 3,300km 내로 접근하여 여러 장의 사진을 보내왔다. 이 소행성은 불규칙한 모습을 가졌고 지름이 약 8km로 예상했던 것의 두 배로 크며 크레이터로 덮여있는 표면은 어두운 색이었다.

유럽의 ESA는 혜성을 탐사할 목적으로 로제타(Rosetta) 우주선을 2004년 3월 2일 발사했다. 이 우주선은 혜성으로 가는 도중인 2008년 9월에 소행성 2867/스테인스(Steins)를 근접 비행하고 주 소행성대를 800km의 거리에서 통과했다. 2010년 7월 10일에는 로제타호가 우주선이 방문한 소행성들 중 가장 큰 21/루테티아(Lutetia)에 3,200km 이내로 접근하여 감자 모양의 이 소행성 사진을 전송해왔다. 로제타호가 촬영한 사진들은 하나의 작은 불빛의 점으로만 보이던 크기 134×101×76km인 루테티아의 질량(1.7×1,018kg)과 밀도(3.4g/cm³) 등을 밝히는데 도움을 주었다.

2007년 9월 27일 NASA의 돈(Dawn) 우주선이 소행성 베스타(Vesta)와 왜소행성 세레스를 향해 발사되었다. 무게 1,250kg의 이 우주선은 2009년 화성 근접비행으로 추진력을 얻어 2011년 7월 16일 평균지름 529km의 베스타에 접근하여 궤도에 진입 탐사작업을 벌였다. 돈 우주선은 베스타에 5,200km의 거리까지 접근하면서 여러 장의 베스타 사진을 보내왔다. 돈호는 약 1년 동안 베스타 주위 궤도에 머문 후 이온 추진 엔진을 점화하여 세레스로 향하여 2015년 2월경 세레스로 진입한다.

2009년 12월 14일 발사된 NASA의 광각적외선서베이탐사선인 WISE는 전의 어느 적외선우주망원경보다 1,000배 이상 더 높은 감도로 중-적외선(mid-infrared) 파장으로 하늘 전체를 관측하여 3km보다 큰 주 소행성대에 있는 소행성을 찾아내는 임무를 띠었다. 이 우주선은 행성, 별, 그리고 은하들의 기원을 알아내고 하늘의 적외선 지도도 만들었다. 이 우주선에 실린 망원경과 탐지기는 고체수소로 채워진 저온유지장치(cryostat)로 −258℃를 유지한다. 2010년 10월까지 이 우주망원경이 발견한 새 소행성과 혜성의 수는 3만3,500개에 이상이나 된다.

2020년 NASA가 발사 예정인 OSIRIS호는 소행성 1999/RQ36 주변을 선회하면서 상세히 관측하고 표면 물질 샘플 60g을 지구로 가져오려는 계획이다.

혜성은 어떤 천체인가

혜성은 밝은 머리에 종종 긴 꼬리를 단 모습으로 지구 근처에 나타나는 작은 천체이다. 혜성은 원래 태양계 외각에서 떠돌던 물질의 덩어리로 태양의 인력에 끌려 태양계의 안쪽으로 들어오면서 태양열에 의해서 밝은 머리와 긴 꼬리를 갖게 된다. 혜성은 태양을 한 바퀴 돌아서 다시 태양계 외곽으로 사라진다. 혜성 중에는 핼리와 같이 주기적으로 다시 돌아오는 주기혜성과 영원히 사라지는 비주기혜성이 있다. 혜성은 오랫동안 태양계 외곽에 머물면서 태양의 영향을 받지 않았기 때문에 혜성 물질은 50억 년 전 태양계가 형성될 때의 물질과 같을 것으로 짐작되고 있다. 그래서 혜성은 태양계 생성의 비밀을 풀 수 있는 열쇠가 되고 있다.

핼리 혜성의 모습

혜성은 대체로 타원궤도로 태양에 접근한다. 그러나 때에 따라서는 이 타원이 무한히 길어서 포물선이나 쌍곡선의 궤도와 구별되지 않는 것도 있다. 어떤 혜성은 목성이나 토성의 중력에 끌려 짧은 타원 궤도를 가지고 자주 나타나기도 하는데 엥케(Encke) 혜성이 그러한 것들 중 하나다. 6,500만 년 전 공룡이 모두 멸망한 것도 혜성의 충돌 때문이라고 일부 학자들은 믿고 있다.

태양계의 외곽에는 수백만 개 혜성 물질들이 허블우주망원경(HST)에 의해 최근 발견됨으로써 태양계를 둘러싼 혜성 고리의 존재설이 증명됐다. 크기가 6~13km인 혜성들이 태양에서 64억km 이상 떨어진 이른바 카이퍼띠에서 태양계를 둘러싸고 있다.

이들의 위치는 가장 먼 행성인 해왕성의 궤도보다도 바깥쪽이며, 이들은 지구를 비롯한 태양계의 행성들이 형성될 때 남겨진 40억년 이상 된 생성 초기의 얼음과 바위 조각 등으로 이뤄져 있다. 카이퍼띠에는 최소한 1억 내지는 100억 개의 혜성이 있는 것으로 추정된다.

혜성은 크기가 평균 10km 정도, 질량은 지구의 백만분의 1 이하이고 구성 물질은 흙 성분인 규산염, 흑연, 얼음, 암모니아, 메탄 등이 섞인 소위 '더러운 얼음덩어리(dirty iceball)' 이다. 이 물질은 푸석푸석하게 뭉쳐있고 색깔은 검정색이다. 혜성이 목성 근처에 오면 태양열을 받아 가스와 먼지가 증발하여 혜성 주위에 빛을 내는 가스구인 코마(coma)를 형성한다. 고체 물질인 혜성의 핵과 코마를 합쳐서 '혜성의 머리' 라 한다. 코마에서는 H_2O, C_2, C_3, CH, CN, CO, N_2 등의 가스가 발견되었고, 코마의 크기는 직경이 2만~20만km이다. 혜성이 태양에 가까워지면서 코마의 물질이 태양빛과 태양에서 날아오는 입자, 즉 태양풍의 압력에 밀려 뒤로 늘어진 꼬리를 형성한다. 그래서 꼬리는 항상 태양의 반대쪽을 향한다. 꼬리는 대부분 직선의 가스 꼬리와 곡선의 먼지 꼬리의 두 가닥으로 나누어진다. 꼬리는 혜성이 태양에 접근하면서 길이가 길어져서 긴 것은 지구에서 태양 거리만한 것도 있다. 그러나 꼬리의 물질 밀도는 극히 낮아서 지구 대기의 1만 분의 1로 낮아 우리의 감각으로는 진공에 가깝다. 현재까지 10여대의 우주선이 혜성을 탐사했다.

핼리혜성의 정체를 밝힌 우주선들

혜성의 우주선 탐사는 1986년 3월 핼리혜성의 지구 접근을 계기로 처음으로 이루어졌다. 당시 다른 천체를 탐사하고 있었거나 향하고 있던 탐사선들이 이 혜성 관측에 나섰고, 새로운 우주선이 발사되어 핼리를 탐사했다. 핼리혜성은 76년의 주기로 지구에 접근하는데 1910년에 지구에 접근했을 때는 육안으로 볼 수 있을 정도로 밝았고 지구와의 충돌 우려가 있어 공포의 대상이 되기도 했었다. 핼리는 1986년에 지구에 29번째로 접근했고 혜성의 정체를 벗길 수 있는 모처럼의 기회를 맞아 여러 나라가 우주선을 보내서 근접 탐사케 했다. 1986년 핼리는 지구에 6,200만km의 거리까지 접근 했으나 밝기가 기대에 미치지 못해서 사람들을 실망시키기도 했다.

1966년 8월 발사된 파이어니어 7호는 태양의 자기장, 태양풍, 그리고 태양과 은하의 우주선을 관측하기 위해서 발사된 두 번째의 태양 궤도선이다. 1986년 핼리혜성이 태양계 안쪽으로 접근했을 때 이 우주선은 핼리혜성으로부터 1,230만km의 거리를 날면서 이 혜성의 수소 꼬리와 태양풍 사이의 상호 작용을 관측했다. 1978년 5월에 발사된 파이어니어 비너스호도 금성 관측 도중 1986년 자외선 분광기로 핼리혜성을 관측했다.

1978년 8월 발사된 ISEE-3/ICE호는 혜성을 근접 비행한 최초의 우주선이다. 이 우주선은 1985년 9월 11일 혜성 지아코비니-진너

베가 혜성 탐사선

(Giacobini-Zinner)의 꼬리를 관통해서 비행했다. 이 비행으로 혜성이 얼음과 암석으로 이루어진 '더러운 눈덩이(dirty snowball)' 라는 이론을 확인할 수 있었다. 혜성 탐사를 계기로 이 우주선의 이름도 국제 태양-지구 탐사선인 ISSE-3에서 혜성 탐사선인 ICE로 바뀌었다. 1986년 3월 이 우주선은 궤도를 바꾸어 핼리혜성과 태양 사이를 통과하면서 핼리혜성을 관측했다.

1984년 12월 금성 탐사의 임무를 띠고 발사된 쌍둥이 우주선 베가 1과 2호 우주선들도 금성 임무를 마친 후 핼리혜성을 만나기 위한 비행을 했다. 베가 1호는 1986년 3월 6일 핼리로부터 8,889km의 거리까지 접근해서 핼리의 핵을 둘러싼 가스구름 또는 코마를 통과하면서 500여 개의 영상을 보내왔다. 이 우주선은 핼리의 핵, 먼지 생산율, 화학조성, 회전율, 등에 관한 귀중한 자료를 보내왔다. 이 우주선은 혜성과 조우하면서 많은 먼지에 의한 충돌을 일으켰으나 기기에 대한 손상은 거의 입지 않았다.

베가 1호보다 9일 후에 발사된 베가 2호도 금성 탐사를 마친 후 1986년 3월 7일 핼리혜성에 8,030km의 거리까지 접근하여 700여장의 사진을 보내왔다. 이 사진들은 먼지와 충돌이 적었기 때문에 베가 1호의 사진들보다 훨씬 더 선명했다. 이 우주선은 먼지와의 충돌로 일곱 개의 기기가 손상을 입었고 동력도 80%를 잃었다.

핼리혜성의 지구접근을 맞아 일본은 혜성 탐사선인 사키가케(Sakigake)와 수이세이(Suisei)호를 1985년 1월 7일과 8월 18일에 각각 발사했다. 수이세이호는 일본 최초의 행성 간 탐사임무를 띤 우주선이면서 본격적인 핼리혜성 탐사선이다. 사키가케호는 수이세이호와 거의 같은 우주선으로 수이세이호를 준비하기 위한 테스트용 쌍둥이 우주선이다. 사키가케호의 주요 역할은 그 외에도 지구 중력을 벗어나는 방법의 시험, 행성 간 공간의 플라스마와 자기장을 관측하는 것이었다. 사키가케호는 1986년 3월 11일 핼리혜성에 699만km의 거리에서 통과했다. 수이세이호는 1986년 3월 8일 핼리혜성을 15만 1,000km의 거리에서 근접 통과하면서 핼리의 중심핵을 둘러싸고 있는 2,000만km 크기의 코마의 자외선 영상을 얻었다. 이 우주선은 혜성에서 큰 거리에 떨어져 있었음에도 불구하고 적어도 두 개의 1mm 크기의 먼지와 부딪혔다.

핼리혜성의 지구 접근에 맞추어서 유럽의 ESA는 이 혜성의 머리를 감싸고 있는 코마(coma)를 관통하며 탐사하는 우주선 지오토(Giotto)호를 1985년 7월 2일 발사했다. 자전하지 않도록 북과 같은 모습으로 영국에서 만들어진 지오토호는 발사 때 무게가 960kg, 지름이 8.67m, 높이가 2.84m이다.

지오토호는 대서양을 1분에 건널 수 있는 속도인 초속 68km로 우주선이 혜성을 통과할 때 혜성의 먼지와 입자와의 충돌로부터 우주선을 보호하기 위해서 알루미늄과 아라미드 합성섬유 케블라(Kevlar)의 방패막으로 보호받게 제작되었다. 지오토호는 1986년 3월 14일 핼리혜성의 중심핵으로부터 605km인 코마의 상층부를 빠르게 통과하면서 약 2,000장의 사진을 보내왔다. 지오토호는 그 훨씬 후인 1992년 7월 10일 혜성 그리그-스켈러업(Grigg-Skjellerup)에 기록적인 거리인 200km까지 접근해서 통과했다. 이 근접 통과로 혜성에 관한 더 많은 정보를 얻을 수 있었다. 지오토호는 핼리혜성에서 매초 십여t의 물 분자와 3t의 먼지가 방출되고 있음을 발견했다. 이 물질이 방패막에 부딪치는 소리가 지구로 전송되어 들을 수 있었다. 영상에 보인 핼리의 핵은 검은 색이고 길이가 15km, 폭이 7~10km이고 기복이 심한 표면의 갈라진 틈에서 두 개의 거대한 가스와 먼지의 밝은 제트가 분출되고 있었다. 지오토호는 혜성이 분출하는 가스의 성분도 분석했다.

여러 혜성 탐사에 나선 우주선들

NASA와 ESA가 합동으로 1990년 10월 24일 발사한 태양탐사 우주선 율리시스호가 1996년 5월 1일 기대하지 않았던 하쿠타케 혜성의 이온 꼬리를 가로질러 갔다. 이 과정에서 율리시스는 이 혜성의 꼬리가 적어도 3.8AU로 예상했던 것보다 훨씬 길다는 사실을 알아냈다.

1998년 10월에 NASA가 이온 엔진을 비롯해서 여러 가지 새로운 기술을 시험하기 위해서 소행성 9969/브레일로 발사한 디프스페이스 1호가 2001년 9월 혜성 19P/보렐리를 초속 16.5km로 통과하면서 이 혜성 핵의 사진과 적외선 스펙트럼을 얻었다. 그러나 카메라 고장으로 영상은 선명하지 않았다.

그 다음의 혜성 탐사선은 NASA가 1999년 2월 7일에 발사한 무게 300kg의 스타더스트호로서 이 우주선은 2006년 혜성 빌트-2로부터 먼지를 수거하여 재진입 캡슐에 담아 지구로 가져오는 임무를 띠고 지구를 떠났다. 이름이 의미하는 대로 이 우주선은 최근 발견된 궁수자리 방향에서 태양계로 흘러들어오는 성간 먼지입자를 수집했다. 이 먼지는 옛날에 태양계를 형성한 성간물질과 같은 것이다. 2000년 2월에 스타더스트호는 에어로젤(aerogel) 수집기를 성공적으로 작동시켜 성간 먼지를 수집하기 시작했다. 에어로젤은 부피의 99%가 비어있는 구멍이 많은 스펀지와 같은 구조를 가진 저밀도 미소공 실리카(microporous silica)의 고체이다. 이 역사적인 수집 작업은 그 해 5월까지 계속되었다. 이렇게 수집된 먼지는 저장소에 보관되었고, 2002년 중반에도 다시 성간 먼지 수집 작업을 했다.

스타더스트호는 2004년 1월 혜성 빌트-2에 근접 통과하는 동안 최초로 혜성 먼지를 수집했다. 지름 15㎛보다 큰 먼지 1,000개 이상을 수집했다. 스타더스트호는 이 혜성이 태양에 접근하여 가장 활동적일 때 혜성에 150km 이내로 접근하여 고해상도 혜성 영상을 보내고, 탐사선에 부딪치는 혜성 먼지 입자의 수를 세고 입자들의 구성을 실시간 분석도 했다.

스타더스트호가 빌트-2 혜성 뒤편에서 먼지의 샘플을 수집한 후

스타더스트호

에어로젤 수집기에 모아진 모든 입자들은 샘플 회수용 재진입 캡슐에 저장되어 2006년 1월 15일 지구로 돌아왔다. 스타더스트호로부터 떨어져 나온 캡슐은 미 유타 주의 사막에 무사히 낙하산으로 연착륙하여 세계 최초로 혜성물질의 회수를 성공적으로 완료했다. 무게 46kg의 귀환 캡슐이 가져온 입자와 우주 먼지는 찻숟가락 하나 정도의 양이다.

NASA는 스타더스트호가 수집해 온 우주 물질 가운데서 최초의 성간 먼지가 발견되었다고 발표했다. 이 우주선의 성간먼지포집기(SIDC)에서 두 개의 성간먼지 알갱이를 찾아냈다. 스타더스트호는 7년 동안 48억km를 비행하면서 혜성 빌트-2 주변에서 혜성 구성 물질을 수집하는 외에 성간 먼지도 수집하는 임무도 수행했다. 과학자들은 이 먼지에서 알루미늄과 철, 크롬, 망간, 니켈, 구리, 갈륨 성분을 발견했으며, 새로운 광물질은 우주먼지 연구자인 브라운리(Donald E. Brownlee)의 이름을 따 '브라운리아이트(Brownleeite)'로 명명됐다.

스타더스트호가 혜성 빌트-2의 코마에서 수집한 혜성 물질의 작은 알갱이 입자들은 놀랍게도 대부분의 혜성 물질을 이루고 있는 얼음을 녹일 수 있을 만큼 높은 온도를 경험했던 것으로 나타났다. 액체의 물이 있어야 형성되는 물질이 발견된 것이다. 전에는 이는 불가능한 것으로 여겨졌다. 혜성들은 대부분의 생애를 온도가 낮은 태양계 외곽에서 지내기 때문에 혜성의 내부에서 물이 발견된 것은 의외의 일이다.

스타더스트호는 2007년 7월 템펠(Tempel)1 혜성에 근접 통과하는 다음 임무가 주어지면서 이름도 스타더스트-넥스트(Stardust-NExT)호로 바뀌었다. 템펠1 혜성은 스타더스트호보다 늦게 발사된 디프임팩트호가 2005년 충돌한 혜성이다. 스타더스트호는 2011년 2월 15일에 템펠1 혜성에 181km까지 접근해서 72개의 영상을 얻었다. 템펠1의 표면은 디프임팩트 이후 지형변화가 일어났음을 보여주고 있었다.

2004년 3월 2일에 ESA의 로제타(Rosetta) 혜성탐사선이 발사되었는데 이 우주선은 혜성 67P/추류모프-게라시멘코(Churyumov-Gerasimenko)에 접근하여 주위 궤도에 진입하고 착륙선이 이 혜성의 표면에 착륙하여 탐사했다. 이 혜성은 6.57년 주기로 태양 주위를 시속 10만km로 돌고 있고 핵의 지름이 4km인 감자 모양임을 알아냈다. 로제타

로제타호

호는 이 혜성으로 가는 도중 2007년 2월 25일 화성을 근접 비행했다. 근접 비행하는 동안 이 우주선은 화성의 자기장 분포를 측정하고 여러 다른 사진 필터를 사용하여 화성의 다양한 영상을 찍었다. 로제타호는 화성의 중력으로 추류모프-게라시멘코 혜성으로 가는 코스를 바로잡았고, 2014년 5월 이 혜성에 도착하여 탐사를 시작할 것이다.

NASA가 2005년 1월에 발사된 디프임팩트호는 발사 6개월 뒤에 얼음 덩어리인 템펠1 혜성의 궤도에 진입했다. 디프임팩트호는 근접 관측 데이터를 분석하여 2006년 2월에 템펠1 혜성의 표면에 얼음이 존재한다는 사실을 밝혀냈다. 템펠1은 1867년 빌헬름 템펠(Wilhelm Tempel)이 발견한 혜성으로 5.5년 주기로 태양 주위를 돌고 있다. 폭 4km, 길이 11km의 감자 모양으로 총면적이 1억1,100만m^2인데 얼음으로 덮여 있는 면적은 2만8,000m^2이었다. 그 나머지는 먼지로 이루어져 있다.

2005년 7월 디프임팩트호는 6개월 동안 4억3,100km를 비행한 뒤 냉장고 크기의 372kg 짜리 충돌체를 템펠1 혜성의 표면 목표지점에 시속 3만7,000km의 속도로 정확히 충돌시켰다. 이 충돌의 충격은 TNT 4.8t의 위력으로 혜성 표면에 7층 깊이의 축구장만한 구덩이를 만들었다. 모선은 특수 카메라로 충돌 때 생기는 혜성의 파편을 500km 거리에서 촬영해 NASA에 중계했다. 이를 통해 태양계 형성 초기의 물질이 고스란히 남아 있을 것으로 추정되는 혜성 내부 물질을 분석했다.

충돌 후 템펠1 혜성에서 파편과 가스 등으로 이루어진 섬광과 분출 기둥 2개가 약간의 시차를 두고 치솟았으면 그 높이가 최소 수 천km에 달했다. 분출 기둥이 2개 생긴 것은 혜성 표면과 내부가 두 가지

물질로 이루어졌을 가능성을 시사하는 것으로 충돌체가 부드러운 물질로 된 표면층에 부딪힌 뒤 두껍고 딱딱한 내부 층에 충돌한 것으로 보인다. 분출된 물질의 구름은 놀랍게도 기대했던 얼음과 먼지가 아니라 고운 가루 물질로 이루어져 있었다.

템펠 혜성과 충돌한 충돌체 분리 후 남은 디프임팩트호의 모선에게는 다음 임무가 주어지고 이름도 에폭시(EPOXI)로 바뀌었다. 이 탐사선은 하틀리2 혜성을 향한 25억km의 항해 끝에 2010년 11월 이 혜성을 근접 통과하면서 관측했다. 이 혜성과 885km의 거리를 유지한 채 두 개의 망원경과 적외선 분광계를 이용해서 이 혜성의 형태와 성분 및 활동 등을 분석하고 사진을 촬영했다. 하틀리2는 드라이아이스 성분의 몸통(핵) 크기가 1.8kg 쯤 되는 길쭉한 땅콩 모양으로 가스가 분출되는 모습을 드러냈다.

제 11 장

태양의 우주선 탐사

약 50억년 전에 탄생한 태양은 앞으로 40~50억년 후에는 팽창하여 표면이 현재의 금성궤도에 다다르게 된다.

제 11 장 태양의 우주선 탐사

태양은 우리 태양계 내에서 스스로 빛과 열을 내는 유일한 항성(恒星)이다. 주로 수소와 헬륨 가스로 이루어진 태양은 우리 은하계에 속한 2,000억 개 항성의 하나이다. 태양은 지구에 생물이 살아가기에 적당한 온도와 환경을 마련해주고 있다. 우리가 사용하는 에너지원인 화석 연료를 비롯해서 수력, 풍력, 조력 에너지도 모두 태양에 근원을 둔 에너지이다.

태양은 어떤 천체인가

질량이 지구 질량의 33만 배이고 모든 행성을 합친 질량의 750배인 태양은 태양계 내에서 유일하게 스스로 빛을 내는 지배적인 천체이지만 우주에서는 밤하늘에 반짝이는 수많은 별과 같은 하나의 평범한 항성이다. 태양이 우리에게 다른 별과 다르게 보이는 이유는 거리가 우리에게 훨씬 가깝기 때문이다. 별들 중에는 태양보다 훨씬 더 크고 온도가 더 높아서 밝은 것들도 많지만 거리가 멀어서 이들은 점으로 밖에는 보이지 않는다.

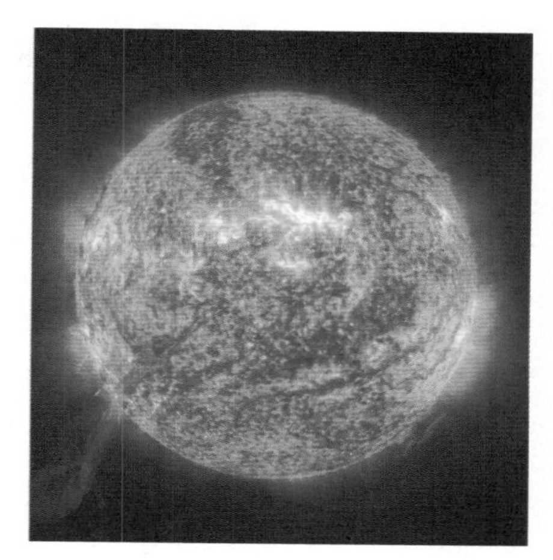
태양의 모습

태양은 뜨거운 가스의 덩어리이다. 태양의 표면 온도는 6,000℃이나 중심부의 온도는 1,500만℃로 높다. 태양의 지름은 지구의 108배이고 부피는 130만 배로 크다. 평균 밀도는 지구의 1/4 정도인 1.41g/cm^{3}으로, 이는 태양이 가벼운 물질로 이루어져 있음을 의미한다. 태양의 주요 구성 물질은 수소와 헬륨 가스로 이 가스들이 태양 질량의 99%를 차지하고 있다. 태양에는 수소와 헬륨 이외에도 산소, 실리콘 ,마그네슘, 네온, 탄소, 질소, 황, 철 등 70여종의 원소가 있는데 이 원소들이 차지하는 질량은 전체의 1% 정도에 불과하다.

이렇듯 거대한 태양도 영원하지 않다. 약 50억년 전에 탄생한 태양은 앞으로 40~50억년 후에는 팽창하여 표면이 현재의 금성 궤도에 다다르게 된다. 그렇게 되기 전에 지구는 이미 높은 태양열 때문에 온도가 높아져서 바다는 증발해 버리고 수성암에서는 탄소가 튀어나와 대기 중에서 이산화탄소를 형성하여 온실효과를 가중시킬 것이다. 그 때의 지구는 현재의 금성과 같이 용광로가 되어 어떤 생물도 살수 없을 것이다.

태양 에너지는 태양 내부에서 일어나는 핵융합반응에 의해서 발생한다. 수소탄의 원리이기도한 이 반응은 태양 중심부의 온도가 1,500

만℃에서 4개의 수소핵이 융합하여 하나의 헬륨핵이 되는 것이다. 이때 반응 전 수소의 7%에 해당하는 질량이 에너지로 변한다. 이러한 반응으로 방출되는 에너지는 막대하여 1g의 수소가 헬륨으로 바뀔 때 나오는 에너지만도 1,500억 칼로리로서 이는 석탄 20t을 태울 때 내는 에너지와 같은 양이다.

태양의 중심부에서는 매초 6억 톤의 수소가 헬륨으로 변하고 있다. 태양 내부에서 수소탄이 서서히 터지고 있는 셈이다. 태양은 이러한 반응으로 매초 9×10^{22} 킬로칼로리(kcal)의 에너지를 방출하는데, 이것은 태양면 $1cm^2$ 당 6.5kW에 해당한다. 지구의 대기 밖에서 받는 태양 에너지는 1분에 $1.95cal/cm^2$이다.

태양 에너지는 빛 말고도 여러 가지 다른 형태로 방출되고 있다. 태양에서는 X선, 자외선, 적외선, 전파 등이 나온다. 빛으로 방출되는 에너지는 전체의 43%, 적외선이 42%, 그리고 자외선이 15% 정도이다. 태양은 또한 높은 에너지를 가진 입자를 방출하고 있다.

태양을 육안으로 보면 매끈해 보인다. 그러나 천문학자들이 사용하는 특수 필터로 사진을 찍으면 태양 표면이 마치 끓는 용광로 같이 가스가 요동하고 있는 모습을 볼 수 있다. 태양은 조용해 보이지만 활동이 매우 활발하다. 태양 표면에는 어두운 반점이 보이는데 이를 흑점이라고 한다. 흑점은 태양 표면에서 주위보다 온도가 조금 낮은 영역이다. 태양 표면의 온도는 6,000℃이나 흑점의 온도는 4,200℃ 정도로 낮다. 흑점이 실제로 검은 것은 아니고 주변의 밝은 곳에 비해서 상대적으로 더 어둡게 보이는 것뿐이다.

흑점이 왜 생기는지는 확실히 알려지지 않고 있다. 흑점은 나타났다가 없어지고 또다시 나타나는데 한 흑점의 지속 기간은 수일에서 수 주일까지 간다. 가장 긴 수명을 가졌던 흑점은 1919년에 생긴 것으로 수명이 134일이나 되었다. 흑점은 반드시 쌍으로 나타나며 강한 자기장을 동반한다. 흑점이 많이 나타났을 때에는 태양 대기 활동이 활발해져서 흑점 부근 태양 표면이 갑자기 밝아지면서 폭발하는 플레어(flare) 현상이 일어난다. 플레어는 높은 에너지를 가진 X선, 자외선과 양성자, 전자 등의 입자를 방출한다. 방출된 X선은 지구 상층 대기의 전리층을 교란시켜 통신 장애를 일으키고 입자들은 지구의 자기대(磁氣帶)를 교란시킨다. 흑점의 수는 평균 11.2년을 주기로 늘었다 줄었다 한다. 그러나 이 주기가 일정한 것은 아니고 짧을 때는 7년, 길 때는 17년으로 그 폭이 크다. 흑점 수가 가장 많을 때인 극대기에는 흑점 수가 300여 개에도 이르나 극소기에는 하나도 보이지 않는 경우도 있다.

우리 눈에 보이는 태양 표면은 광구(光球)라 불리는 얇은 표층이다. 광구 위의 대기층은 채층(彩層)이라 불리는데 채층의 온도는 광구보다 높은 1만℃쯤 된다. 채층에서는 붉은 불꽃과 같이 뜨거운 가스가 솟아오르는 홍염(紅炎)이 보인다. 일식 때 보면 태양 주위에 밝은 빛이 뻗쳐 있다. 이것이 코로나(corona)로서 밀도가 희박하고 온도가 100만~200만℃로 높은 가스로 이루어진 태양 대기의 가장 바깥층이다.

초기의 태양 탐사 우주선들

우주선에 의한 태양 탐사는 1950년대 말부터 시작되었다. 초기의 우주선들은 지구나 태양 주위 궤도를 돌면서 태양에서 방출되는 전자파와 고 에너지 입자들 중에서 지구 대기 때문에 지상에서는 관측할 수 없는 감마선, X선, 자외선, 그리고 태양풍과 태양 우주선(宇宙線) 입자들을 관측했다. 그동안 태양을 관측한 우주선이나 인공위성의 수는 30여개에 이르고 참여국은 미국, 유럽, 영국, 일본 등이다.

태양관측 전담 위성은 아니지만 우주에서 최초로 태양을 탐사한 위성은 미국의 육군이 1958년 2월에 발사한 익스플로러 1호이다. 국제지구물리년(IGY)에 맞춰서 발사된 이 지구관측 위성은 지구주위 궤도를 돌면서 우주플라스마, 즉 지구자기장에 잡힌 태양에서 방출된 대전입자를 관측했다.

NASA는 1960년 초 행성 간 공간에서 자기장과 태양의 영향을 파악하기 위해서 파이어니어 프로그램을 수립하고, 1959년 3월 파이어니어 5호를 시작으로 1968년 11월까지 6, 7, 8, 9호를 잇따라 발사했다. 이 우주선들은 금성과 지구 사이에서 태양 주위 궤도를 돌면서 최초로 행성 간 공간에 자기장이 존재함을 알아내고, 태양풍 입자와 행성 간 영역에서 일어나는 입자의 이온화 현상을 관측했다.

1960년 6월 미 해군이 솔라드(Solrad) 1호를 발사하여 지구궤도를 돌면서 태양에서 방출되는 X선의 관측을 시작으로 후에 NASA도 가담해서 후속 솔라드호를 발사하여 1964년까지 태양복사를 관측했다.

NASA는 1962년 인공위성에 의한 태양 탐사 계획 OSO 프로그램을 발족시키고, 그 해 3월부터 1975년 6월까지 OSO 1호부터 8호까지 발사했다. 이 위성들은 지구궤도에서 태양의 감마선과 X선을 관측해서 태양 플레어와 방

태양 관측위성 OSO

출되는 고 에너지 복사 강도의 상관관계를 알아냈다.

OSO 다음으로 태양을 관측한 우주선은 미국이 띄운 최초의 우주정거장인 스카이랩으로 이 우주선은 1973년~1974년 사이에 80일 동안 태양에서 방출되지만 지구 표면에서는 관측되지 않는 자외선과 X선을 관측하여 태양 코로나에서 방출되는 코로나질량방출(CME)을 발견해서 상세한 태양 활동을 알아냈다.

독일과 NASA는 합작으로 무게 370kg의 태양 관측선 헬리오스(Helios) A와 B를 1974년 12월과 1976년 1월에 각각 발사했다. 이 우주선들은 태양주위 궤도에 진입해서 태양을 선회했는데, 헬리오스 B는 수성궤도 안쪽인 태양으로부터 4,700만km까지 접근해서 태양풍, 자기장, 우주선 입자들을 관측했다.

NASA가 1977년 8월에서 1979년 9월 사이에 발사한 고 에너지 관측천문위성인 HEAO 1, 2, 3호가 태양을 자외선, X선, 감마선으로 촬영하게 했고, 1978년 1월에 NASA, ESA, 영국이 공동 제작한 국제자외선관측위성 IUE가 태양을 자외선으로 관측했다.

80년대 이후의 태양 탐사 우주선들

태양의 우주선 탐사는 1980년대에도 이어져서 1980년 2월에는 NASA가 태양 활동 최대기간을 맞아 플레어를 비롯한 태양 활동을 관측하기 위해서 무게 2,315kg의 SMM 우주선을 발사했다. SMM은 1989년 12월 지구대기로 추락하여 소멸될 때까지 지속적으로 태양 플레아를 관측하여 태양이 방출하는 전체 복사량이 변한다는 사실을 처음으로 알아냈다.

NASA와 ESA는 공동으로 태양탐사선 율리시스호를 1990년 10월에 발사했다. 무게 370kg의 이 우주선은 행성이 도는 황도면을 벗어나서 태양 극궤도에 진입했다. 율리시스호는 1992년 목성을 지나 1994년 탐사선 중 최초로 태양의 극 지역을 통과해 타원궤도에 진입한 후 1994년 9월 남극 상공을, 그리고 1995년 2월 태양의 적도 위를 지났고, 1995년 6월에는 북극 상공을 지나면서 여러 가지 실험을 했다. 지난 2000~2001년에도 남극을 근접 통과했고 2007년 2월에는 두 번째로 태양의 남극 상공에 도달해 4개월 동안 태양의 남극을 근접 통과했다. 태양의 남극은 미답(未踏)의 영역으로 지구에서는 볼 수 없는 곳이다. 지금까지 대부분의 태양탐사선들은 태양의 적도대에 자리를 잡았기 때문에 고위도대의 시야가 불량했다. 유리시스호는 2009년 7월 18년의 수명을 끝냈다.

일본, 미국과 영국이 공동으로 1991년 8월 발사한 요코(Yohkoh) 우주선은 10년간 우주에 머물면서 X선과 자외선으로 태양 플레아를 관측하여 600만 개에 달하는 태양영상을 보내왔다. 이 우주선은 또한 태양 코로나를 태양 흑점의 한 주기 동안 X선으로 관측하기도 했다.

ESA와 NASA는 1995년 12월 태양탐사선 SOHO호를 발사했다. SOHO의 임무는 코로나를 형성, 가열, 유지하는 과정과 팽창하는 태양풍을 생기게 하는 과정, 그리고 태양의 내부구조를 조사하는 것이었다. SOHO는 분광기들과 입자분석기 등 11가지의 기기를 싣고 떠났다. 이 우주선은 지구에서 150만km의 거리에 있는 지구와 태양 사이의 중력 평형점인 라그랑주점(Lagrangian point) L1에 머물면서 코로나질량방출(CME) 입자들 중 지구로 향해 지구에 영향을 주는 물질을 관측하여 이 물질이 지구에 도달하기 2~3일 전에 이를 예보하고 지구 자기폭풍과 같은 지구에 미치는 영향을 미리 예보하는 시스템을

태양 관측
위성 SOHO

구축했다.

1997년 8월에는 NASA가 물질분석 우주선인 ACE호를 발사하여 태양에서 방출되는 저 에너지 입자를 측정했다. 이 우주선은 지자기 폭풍 예보에 도움을 주었다.

NASA는 1998년 4월 태양 활동과 태양이 지구 공간에 주는 영향을 모니터 하기 위해서 TRACE호를 발사했다. TRACE는 온도 측정과 SOHO를 포함해서 다른 우주선이 수집한 데이터를 보충하기 위해서 태양의 광구와 코로나 사이 전환영역(transition region)의 고 해상도 영상을 얻는 임무를 수행했다.

NASA는 태양풍 입자를 우주공간에서 수집하여 지구로 회수하는 임무를 수행하기 위해서 제네시스 우주선을 2001년 8월 8일 발사했다. 그러나 이 우주선은 2004년 7월 8일 지구로 귀환하는 도중 낙하산의 실패로 지표면에 충돌하면서 임무를 실패로 끝나게 했다.

일본은 2006년 9월 태양표면의 자기장과 표면에서 일어나는 거대한 폭발을 관측하기 위해서 미국의 NASA 그리고 유럽의 ESA와 공동으로 태양 탐사 우주선 Solar-B(일명 Hinode)호를 가고시마(鹿兒島)에서 발사했다. 이 우주선은 3년간 600km 상공 궤도를 돌면서 태양표면 활동을 관측했다. 태양의 자기장을 연구하여 태양 플레어에 관해 더 많은 것을 알게 되었다.

NASA는 2006년 10월 태양 표면의 폭발 현상과 엄청난 코로나 방출의 수수께끼를 풀어 줄 쌍둥이 태양 탐사선 STEREO A와 B호를 발사했다. 발사 뒤 3개월간 궤도 수정을 거쳐 STEREO A호는 지구 공전궤도 안쪽에, B호는 지구 공전궤도 바깥쪽에 자리 잡았다. STEREO A호는 346일, B호는 388일에 한 차례씩 태양을 공전했다. 이들은 2년간 작동하면서 코로나질량방출(CME)을 3D로 촬영했다.

NASA의 태양활동관측선 SDO가 2010년 2월에 발사되었다. 이 우주선은 SOHO의 역할을 승계하여 태양을 감시하고 태양이 지구에 주는 영향을 예보하는 역할을 한다. 이 탐사선은 태양 표면의 활동 특히 태양 플레어를 관측하여 플레어의 예보 등 태양 기상을 예보하는 임무를 맡고 있다.

미래의 태양탐사 계획

NASA는 미래의 태양 탐사 계획도 이미 수립해 놓고 있다. 태양의 대기권으로 직접 들어가 태양에 관한 귀중한 자료를 수집할 자동차 크기의 탐사선 SPP호를 오는 2015년 이전에 발사할 계획이다. 약 1억 8,000만 달러가 소요될 SPP에는 태양풍 입자검출기와 3D 카메라, 자기장 측정 장치 등 다양한 첨단장비들이 장착될 예정이다. 최초의 태양 근접 탐사선이 될 SPP는 임무 수행 중 우주 복사와 고열을 막기 위한 거대한 탄소 복합소재 외피로 보호될 것이지만 임무를 마치면 1,400℃가 넘는 고온으로 녹아버리게 될 것이다. SPP의 주요 임무는 태양의 대기권 바깥층인 코로나가 어째서 눈에 보이는 태양 표면보다 수백 배나 뜨거운 수백만도나 되는지 알아내고, 지구와 태양계에 큰 영향을 미치는 태양풍의 원인과 성질을 밝혀내는 것이다. 지금까지의 태양탐사선은 태양으로부터 수백만km 떨어진 곳을 지나가면서 멀리서 관측 자료를 수집하는 데 그쳤지만 SPP는 대기권까지 직접 들어감으로써 코로나와 태양풍 등을 직접 관찰할 수 있을 것이다.

제 12 장

우주의 활용

인공위성은 지구관측, 방송통신, 내비게이션, 기상, 과학연구, 우주관측 등 여러 목적에 활용되고 있다. 거대한 위성인 우주정거장에는 인간이 상주하면서 각종의 실험과 연구, 그리고 관측을 수행한다.

제12장 우주의 활용

1957년 소련에 의해서 우주개발이 처음 시작되고부터 50여년이 흐르는 동안 53개국에 의해서 6,578개의 인공위성이 지구궤도에 올려졌고 그 중 560여개는 현재도 지구 궤도를 돌고 있다. 가장 많은 위성을 발사한 국가는 소련을 포함한 러시아로서 1,437개를 발사했고, 그 다음은 미국으로 1,099개, 중국 130개, 일본 124개, 프랑스 49개, 독일 42개의 순이다. 한국은 15개를 발사하여 12번째로 인공위성을 많이 발사한 국가가 되었다. 이 인공위성들은 우리의 실생활에 여러모로 활용되어 생활을 편리하게 해주고 있다. 우주 공간에는 우주정거장이 건설되어 각종의 과학 실험과 우주관측이 수행되고 있다. 민간기업들이 개발한 발사체로 상업용 위성이 발사되고 있고 머지않아 전문가가 아닌 일반인에게도 우주여행이 보편화 될 것이다. 그러나 이러한 우주개발의 부작용도 만만치 않게 일고 있다. 우주에는 기능을 다한 인공위성을 비롯해서 각종의 인공 물체인 우주쓰레기가 쌓여가고 있어 인공위성과의 충돌 우려를 낳고 있다.

인공위성의 궤도와 실생활 활용

인공위성은 지구관측, 방송통신, 내비게이션, 기상, 과학연구, 우주관측 등 여러 목적에 활용되고 있다. 거대한 위성인 우주정거장에는 인간이 상주하면서 각종의 실험과 연구, 그리고 관측을 수행한다. 이들은 목적에 따라 서로 다른 지구 궤도를 돈다.

인공위성의 궤도는 그 중심이 어디에 있느냐에 따라 지구중심과 태양중심 궤도로 나뉜다. 스푸트니크나 달과 같이 중심을 지구에 둔 궤도를 지구중심궤도, 지구를 비롯한 행성들과 같이 중심을 태양에 둔 궤도를 태양중심궤도라고 한다. 대부분의 인공위성은 지구중심궤도를 갖는다.

지구중심궤도는 고도, 경사각, 그리고 이심률(離心率)에 따라 구분된다. 고도에 따른 분류는 궤도의 고도가 지표면에서 0~2,000km에 있으면 저지구궤도(LEO), 고도가 2,000km보다는 높지만 3만5,786km보다는 낮으면 중지구궤도(MEO), 그리고 고도가 3만5,786km이면 고지구궤도(HEO) 또는 지구동주기궤도(GSO)라 한다. GSO 중에서 경사각이 0°로 지구적도와 평행한 궤도를 지구정지궤도(GEO)라고 하는데, 이 궤도를 도는 위성의 공전주기가 지구의 자전주기와 같기 때문에 지상에서 보면 위성이 하늘에 고정되어 보인다. 그래서 대부분의 방송통신위성이 이 궤도를 돈다. 경사각이 지구적도에 수직인 90°인 궤도를 극궤도라고 한다. 거의 극궤도이면서 항상 같은 시각에 적도를 통과하는 궤도를 극태양동주기(polar sun synchronous)궤도라고 한다. 이러한 궤도를 도는 위성은 지표상의 그림자가 항상 같으므로 영상촬영에 유용하다.

궤도의 이심률은 궤도의 형태를 나타내는데 이심률이 0이면 원, 0~

1 사이에 있으면 타원, 1이면 포물선, 1보다 크면 쌍곡선 궤도가 된다. 타원에서 이심률이 클수록 찌그러진 정도가 크다. 위성이 두 번의 엔진 추진으로 한 원궤도에서 다른 원궤도로 이동할 때를 호흐만이동궤도(Hohmann transfer orbit)라고 한다. 지구 중력권을 벗어나서 다른 천체로 가는 우주선은 속도가 지구를 벗어날 수 있는 속도인 지구이탈속도, 즉 초속 11.2km보다 커야 한다. 이러한 우주선의 궤도는 포물선 또는 쌍곡선이다.

최근에 가장 많이 발사되는 위성은 통신위성으로 그 대부분은 지구정지궤도인 GEO에 위치한다. 통신위성은 국제 이동전화 연결, 위성 TV, 인터넷 연결 등 여러 가지 역할을 한다. 지구정지궤도에 위치하는 전형적인 위성은 크기가 집채만 하고 길이 60m의 날개를 달고 20C 밴드와 40Ku 밴드 자동응답기(transponder)를 갖추고 있다. C밴드 자동응답기는 케이블 TV에 사용되고, Ku 밴드 기기는 비디오 분배, 데이터 네트워크, 그리고 인터넷의 광역 밴드 서비스에 사용된다.

원격탐사 지구관측위성은 지질학자, 도시설계사, 그리고 환경보호학자들에게 광범위한 서비스를 제공한다. 원격 탐사 데이터는 같은 지역의 여러 형태의 정보와 지상에서의 측정치와 지도와 같은 다른 소스의 데이터와 결합시켜 지리학적정보시스템(GIS)이라 불리는 영상물로 제작된다. 이러한 위성들은 저지구궤도인 LEO를 돈다.

비행기, 선박, 그리고 자동차는 24개의 나브스타(Navstar)GPS 위성을 사용하여 길 안내를 받고 도로자동차관리(road fleet management)는 교신과 위치정보에 위성 데이터의 도움을 받는다. 러시아도 독자적으로 GPS와 비슷한 글로나스(Glonass) 위성 시스템을 가동시키고 있고, 유럽도 2014년까지 갈릴레오 위치정보 위성 시스템을 완성시킬 계획으로 있다. GPS 위성들은 중지구궤도인 MES를 돈다.

많은 위성들이 대부분의 세계인들에게 시간, 위치, 그리고 속도를 100만분의 1초, 시속 몇 분의 1km 속도, 위치를 수m 내의 정확도로 알려준다. 매일 TV의 날씨 예보는 우주선이 찍은 위성 영상을 보여주고 파도의 높이나 바다, 온도 등의 지구 환경에 관한 데이터를 제공한다.

극궤도 지구정지 위성은 전 세계를 커버하고 기상과 환경 데이터를 24시간 보내온다. 대테러 작전과 같은 군사 작전에도 통신과 정찰을 위해서 위성이 사용된다. 여러 종류의 통신 위성이 해군 함대, 비행기, 그리고 지상군의 교신을 가능하게 해 주고 다른 위성으로부터는 가장 최신의 정보 데이터를 받는다. 해양 정찰 위성은 함대의 움직임을 감시한다. 미국 중앙정보국(CIA)의 매그넘(Magnum)과 같은 엘린트(Elints, Electronic Intelligence)라 불리는 군사 정보 위성은 군사 시설에서 흘러나오는 통신과 레이더 전파를 감시하고 일반의 전화 도청도 가능하게 한다. 일부 에린트는 거대한 진공청소기와 같아 지름 100m의 접시형 안테나로 여러 종류의 신호를 동시에 수집하여 데이터가 지상 본부에서 분석된다.

상업 발사체

1986년 챌린저 사고를 계기로 상업 발사체에 대한 관심이 높아졌다. 우주왕복선이 미국의 발사체 분야를 독점하면서 많은 무인운반체는 무용지물이 되었다. 사설 상업적인 발사체 산업은 미국, 유럽과 러시아에서 진전되었다.

상업 발사체 시장은 1980년 3월 유럽의 ESA가 세계 최초로 세운 상업우주운송회사인 아리안스페이스(Arianespace)사가 이끌었다. 이 회사는 남미 기아나의 코우로우(Kourou)에서 아주 성공적으로 아리안(Ariane)5 로켓 함대를 운영하고 있다. 최초의 아리안은 1979년에 발사됐고, 그 후계자격으로 1988년부터 사용되고 있는 아리안 4호는 발사체에 액체와 고체 연료를 혼합하는 다양한 조합으로 이루어졌다. 새롭고 더 강력한 추진력을 가지고 1997년에 처음 발사된 아리안 5호는 두 개의 큰 로켓 추진체를 가졌다. 이 추진체를 위해서 네 개의 고성능 모델이 계획되고 있고, 2005년부터는 액체 수소와 산소를 연료로 하는 2단계를 가진 아리안 5ECA호가 사용되고 있다. 이 회사는 2011년 8월까지 아리안5 로켓을 59회 발사했다. 아리안스페이스가의 주문장부에는 항상 약 40개의 위성이 예약되어있다.

1995년 결성된 미국과 러시아가 합작해서 세운 국제발사서비스사인 ILS는 플로리다의 케이프커내버럴에서 아틀라스 함대를 운영하고 있다. 이 회사는 카자흐스탄의 바이코누르에서 발사되는 러시아의 프로톤(Proton) 발사체도 제공하고 있다. 현재 러시아가 개발 중에 있고 그 1단계가 한국의 나로호 발사에서도 사용된 앙가라(Angara)라 불리는 새로운 운반체가 앞으로 프로톤을 대신하게 된다. 아틀라스와 경쟁하는 것은 케이프커내버럴에서 운영되는 델타(Delta) 함대이다. 새로운 아틀라스V와 델타IV 추진체는 아리안과 직접 경쟁하고 있다.

러시아는 제니트(Zenit) 2와 코스모스(Cosmos)를 포함한 발사체 함대를 상업적으로도 운영하고 있다. 이전에 러시아의 미사일인 SS-19가 로콧(Rokot) 위성발사체로 변형되어 유로콧(Eurockot)이라 불리는 러시아-독일 회사에 의해서 시장에 나와 있다.

미국, 러시아, 노르웨이, 우크라이나의 4개 회사가 합작으로 세운 시론치(Sea Launch)사는 지구정지 궤도로의 정확한 발사를 위하여 적도에 위치한 떠있는 반은 잠긴 발사대인 오디세이(Odyssey)에서 우크라이나에서 건설된 제니트3SL을 운영한다.

상업발사체 아리안

미국의 OSC사의 페가서스(Pegasus) 위성 발사체는 항공모함 탑재 비행기의 아래 부분에서 발사되는 날개 달린 로켓이다. 전에 러시아의 군사 미사일인 슈틸(Shtil)2가 북극 근처에 있는 바렌츠(Barents) 바다 속 잠수함에서 발사된 일도 있다.

중국을 비롯한 후발국들도 로켓 상업시장 진출을 목표로 로켓을 개발하고 있다. 중국은 창정 1호이라 불리는 변형된 ICBM을 사용해서 1970년 최초의 위성을 발사했고, 오늘날에는 아틀라스나 델타와 경쟁할 수 있는 3B를 포함해서 여러 종류의 발사체를 상업 시장에 제공하고 있다. 일본은 H2A로 발전한 여러 종류의 발사체를 사용하여 여러 개의 위성을 발사했고 브라질, 인도 이스라엘 등도 위성 발사체를 개발했다. 브라질은 작은 VSL 추진체를 사용하여 위성 발사를 두 번 시도했으나 실패했다. 인도는 극위성발사체(PSLV)와 지구정지위성발사체(GSLV)를 운영하고 있고, 이스라엘은 군사 미사일을 변형시킨 샤빗(Shavit) 추진체를 가지고 있다.

2002년에 설립된 미국의 민간업체인 스페이스엑스(SpaceX)사는 창설 후 4억 달러를 들여 2종의 우주 로켓을 개발해왔으며, 그 1세대 팰컨(Falcon) 로켓이 몇 차례 실패 끝에 2008년과 2009년 시험 발사에 성공했다. 2010년 6월에는 2세대 팰컨 9호를 케이프커내버럴에서 성공적으로 발사하여 상업용 우주운항에 큰 전기를 만들었다. 팰컨 9호는 탑재한 모형 우주캡슐 드래건(Dragon)을 이륙 9분 만에 지구 상공 250km 목표 궤도에 성공적으로 안착했다. 스페이스엑스사는 2008년 NASA와 '국제우주정거장 13회 왕복에 160억 달러'의 계약을 체결해 미 정부가 사용할 첫 민간 개발 유인우주선 프로젝트를 수행하고 있다. 이 회사는 화물 6t을 싣고 우주인 4명이 탑승할 수 있는 우주선을 2013년에 실제 임무에 투입할 수 있을 것이라고 밝혔다. NASA는 앞으로 지구 궤도 진입이나 우주정거장 유지 같은 업무는 가급적 민간 업체들에 맡기고 대신 소행성이나 화성 등의 탐사에 초점을 맞춘다는 구상이다.

우주관광여행

우주관광여행은 오락이나, 레저, 또는 비즈니스를 위해서 비용을 지불하고 우주를 다녀오는 관광여행이다. 현재는 러시아연방우주국(RFSA)만이 이를 허용하고 있어 우주관광여행 기회는 제한적이고 비용도 엄청나게 비싸다. 현재 국제우주정거장(ISS)에 다녀오는데 드는 비용은 2,000~3,500만 달러 정도이다.

인류 최초로 인간의 우주여행을 생각한 사람은 기원 후 2세기경 루시안(Lucian)으로 그는 저서 '진정한 역사(True History)'에서 폭풍으로 배가 달로 여행하게 되고 그 배에 탄 선원들의 이야기를 다루고 있다. 그 후에도 많은 책에서 우주여행을 소재로 다루고 있으나 최근에는 미국의 과학소설가인 아서 클라크(Arthur C. Clarke)가 그의 소설 '달먼지의 추락(A Fall of Moondust)'과 '2001:우주오디세이(Space Odyssey)'에서 인간의 우주여행을 주제로 다루고 이 이야기들이 영화로도 제작되면서 일반인의 관심사가 되었다.

현재까지 일곱 사람이 우주관광여행을 다녀왔다. 최초로 우주관광여행을 한 사람은 미국의 사업가이면서 과거 제트추진연구소(JPL)의 과학자였던 데니스 티토로서 그는 2000년 6월 소유즈 TM-32 로켓으로 러시아의 우주정거장 미르로 날아가는 계약을 미르코프(MirCorp)사와 체결했다. 미르코프사는 미르와 티토를 우주정거장으로 실어 나를 로켓을 소유하고 있는 러시아의 우주회사 에너지아(Energia)와 티토의 브로커 역할을 했다. 미르코프사가 관광객을 유치하고 상업적 활동을 하는 우주정거장을 운영하는 원대한 계획을 세웠으나 이것을 실현시킬 벤처자금을 끌어들이는 데는 실패했다. 이들의 노력에도 불구하고 미르를 유지하기에 필요한 자금을 모으는데 실패하여 러시아는 2000년 12월 이 우주정거장을 더 이상 궤도에 머물지 않게 할 것이라고 발표했다.

그래서 티토는 우주여행의 다른 방법을 모색했고, 소유즈 로켓으로 국제우주정거장 ISS로 날아갈 것을 러시아와 교섭했다. 현금이 필요한 러시아연방우주국은 이 거래를 기꺼이 성사시켰으나 그들은 ISS를 건설하는 국제 동업자들과는 논의하지 않았다. NASA는 러시아로 하여금 그의 비행을 허락하지 않게 하기 위해서 티토를 두 달의 추가 훈련이 필요하다고 설득하면서 2001년 2월로 예정되었던 그의 비행을 연기할 것을 설득했다. 그러나 티토는 이것을 거절했다. 결국 그는 2001년 4월 28일 지구를 떠나 ISS에서 1주일을 머물러서 최초의 요금을 지불한 우주 관광객이 되었다. 그는 러시아에 2,000만 달러 이상을 지불했다. 그는 이 기간 지구를 128바퀴 돌았다.

최초의 우주관광객 티토

남아프리카의 백만장자인 마크 셔틀워스(Mark Shuttleworth)도 2002년 4월 ISS로 비행해서 두 번째의 우주관광객이면서 우주를 다녀온 최초의 아프리카인이 되었다. 그는 이 우주여행으로 보통 사람들에게 우주비행의 문을 연 셈이다. 그러나 우주여행이 보편화되기 위해서는 더 편리하고, 안전하고, 믿을만하고, 비용이 덜 들어야 한다는 과제가 남아있었다. 그는 우주에서 남아프리카 학생들을 위한 여러 가지 과학실험을 수행했다.

미국의 기업가이면서 과학자인 그레고리 올슨(Gregory Olsen)도 2005년 10월 소유즈 우주선으로 ISS에 가서 10일간 머물고 지구로 귀환해서 세 번째의 우주관광객이 되었다. 그는 이 여행 경비로 2,000만 달러가 들었다고 밝혔다.

이란 출신의 아누셰 안사리(Anousheh Ansari) 전 미국의 통신사인 TTI사 CEO가 2006년 9월 ISS에 가서 10일간 머물러서 인간 여성으로는 처음으로 ISS를 방문하는 기록을 세웠다. 그는 ESA가 계획한 우주에서의 허리 통증에 관한 의학 실험을 수행했다.

마이크로소프트(MS)의 워드 및 엑셀 프로그램을 개발한 미국의 억만장자 찰스 시모니(Charles Simonyi)가 우주를 두 번 다녀오는 최초의 민간인이 되었다. 그는 2007년 4월 카자흐스탄 바이코누르 우주기지를 떠나 15일 동안 소유즈로 ISS를 다녀와서 사상 다섯 번째 민간 우주인이 되었다. 그는 2009년 3월에 다시 ISS를 14일 동안 두 번째로 다녀왔다. 아마튜어 무선통신사인 그는 햄 라디오로 우주에서 지상의 학생들과 최초로 대화를 했다. 그는 우주여행 비용으로 2,500만 달러를 지불했다.

비디오게임 개발자이며 기업가인 미국-영국의 리처드 개리옷(Richard Garriott)도 2008년 10월 12일 소유주 우주선으로 ISS로 가서 12일간 머문 후 다시 소유즈를 타고 지구로 귀환해서 여섯 번째의 우주관광객이 되었다. 이 여행을 위해서 그는 3,000만 달러를 지불했다.

캐나다의 서커스 억만장자이면서 서크 두 솔레일(Cirque du Soleil)사의 창업자인 거이 랄리버트(Guy Laliberte)가 자비로 ISS에 승선한 일곱 번째로 2009년 9월 30일 승선객이 되었다. 그는 ISS에서 지구에서의 깨끗한 물의 점진적인 부족에 관한 심각한 메시지와 함께 광대의 재미를 혼합시킨 인터넷방송(Webcast) 용 프로그램을 제작하여 5개 대륙에 방송했다. 그는 미국과 러시아의 우주인들과 함께 소유즈 우주선으로 우주정거장에 도착한 후 11일 머문 후 10월11일 지구로 귀환했다.

민간 우주여행 상품

최근 들어 민간 우주항공사들의 우주관광에 대한 경쟁에 가속도가 붙어 우주여행 시대의 문이 훨씬 넓어질 전망이다. 민간 업체들이 상대적으로 비용이 저렴한 하부궤도(지상 100km로 우주와 대기권의 경계) 비행 상품을 앞 다퉈 준비하면서 우주여행 대중화의 길이 조금씩 열리고 있다. 이미 우주관광객을 우주로 보낸 스페이스어드벤처(Space Adventures)사, 버진갤럭틱(Virgin Galactic)사. EADS사의 자회사인 아스트리움(Astrium)사, 로켓플레인키슬러(Rocketplane Kistler)사, 비결로에어로스페이스(Bigelow Aerospace)사 등 여러 민간 회사가 우주여행을 중비 중에 있다. 그러나 이들이 제시한 여행비용이 만만치 않아서 아직은 돈이 많고 건강한 사람이 아니면 우주관광이 어려워 보인다.

우주를 다녀온 7명의 우주관광객들에게 우주적응 훈련을 시켰던 미국 버지니아 주에 있는 스페이스어벤처사는 소유즈 우주선을 타고 ISS를 다녀오는 상품을 2,000만 달러, 준궤도 우주여행을 10만 달러에 내놓고 있다.

영국의 억만장자 리처드 브랜슨(Richard Branson) 회장의 버진갤럭틱사는 1억 달러를 들여 개발한 6인승 우주선 스페이스십원(SpaceShipOne)의 시험비행을 2004년에 마쳤고, 그 후속 모델인 스페이스십투(SpaceShipTwo)를 2010년 3월 운반항공기인 화이트나이트투(White Knight Two)의 동체 날개 밑에 고정시킨 채 2시간 54분의 시험 비행으로 세계 최초의 상업용 민간 우주관광선으로 공개했다. 화이트나이트투는 스페이스십투를 날개 밑에 단 채 캘리포니아 모하비(Mojave) 사막 상공을 비행하며 고도 1만4,000m까지 올라간 후 모하비 항공우주공항(Air and Space Port)에 귀환했다. 스페이스십투는 선체 길이 18.3m에

스페이스 어드벤처사의 광고

날개 길이 8.2m의 소형항공기 형태다. 이 우주관광선은 조종사 2명에 승객 6명이 타는 구조로 개발되고 있다.

일반 우주선이 지상에서 로켓 방식으로 발사되는 데 반해 스페이스십투는 활주로에서 이륙하는 모선(母船)에 실려 올라간다. 15km 상공에 이르면 모선 이브(Eve)와 분리되면서 자체 엔진을 점화한다. 시속 4,000km 속도로 110km 고도에 올라 약 5분간 무중력 상태를 체험할 수 있다. 이후 양 날개를 이용해 활강하면서 활주로에 착륙한다. 여행객은 나흘간의 훈련을 받은 뒤 110km 상공에서 우주체험을 하게 되는데, 이 높이에서는 어느 방향으로든 지구상의 1,600km 너머를 관찰할 수 있으며 우주와 지구 대기의 경계를 볼 수 있다. 총 비행시간은 2시간 30분이며 요금은 20만 달러이다. 전 세계에서 이미 300명이 여행 티켓을 예약했다. 그러나 실제 우주여행은 시간이 좀 지난 후에나 가능할 전망이다. 버진 그룹의 브랜슨 회장은 "앞으로 18개월 동안 안전성 테스트를 거쳐야 한다."며 "첫 승객은 나와 내 가족이 될 것"이라고 말했다. 우주여행 산업은 지상과 공중에서 여러 가지 안전 문제를 안고 있다. 실은 이 문제가 해결되어야만 고액의 여행비를 낸 우주여행객이 안심하고 지구를 떠날 수 있을 것이다.

EADS사도 4인용 우주선의 독자적인 개발을 계획하고 있다. 이 우주선은 기존의 항공기 모양과 비슷하다. 제트 엔진을 달고 일반 공항에서 이륙한다. 고도가 지상 12km에 이르면 제트엔진을 멈추고 로켓 엔진을 점화한다, 고도가 60km에 이르면 로켓 엔진이 꺼지고 관성으로 최종궤도인 하부궤도 100km 상공까지 올라간다. 무중력 체험 시간은 대략 3분가량이 될 것이다. 이 우주관광선에는 15개의 창문이 설치돼 지구를 마음껏 감상할 수 있다. 총 여행 시간은 1시간30분이다. 탑승비는 대략 20만~25만 달러가 될 것이다.

미국의 로켓플레인키슬러는 13m 길이로 세 명의 승객과 한 명의 조종사를 태우는 준궤도 리어젯(Lear Jet) 비행기를 건설하고 있다. 이 비행기는 터보제트와 로켓을 이용해서 비행기와 같이 뜨고 내리게 된다. 여행비용은 19만5,000달러로 책정해 놓고 있다.

플래닛스페이스(PlanetSpace)사는 16m 길이의 3인승 준궤도 로켓을 건설 중에 있는데 이 로켓은 미국 5대호 근처지역에서 발사되어 물로 떨어져 지구로 귀환한다. 이 회사는 첫 번째 5년 동안 2,000명의 승객을 비행시키기를 희망하고 있다.

스페인의 민간 우주여행사 갤럭틱스위트(Galactic Suite)사는 322km 상공의 우주호텔에서 3일간 머무는 여행상품을 내놓았다. 2012년 발사될 이 우주호텔은 호텔 로비 우주선에 캡슐 모양의 객실 3~4개가 붙어 있는 형태로 객실에는 큰 창이 나 있어 일출과 일몰을 하루에 15차례씩 즐길 수 있다. 무중력 상태를 즐길 수 있는 프로그램에 영화 관람 등 편의시설도 갖췄다. 가격은 400만 달러이다.

미국의 비글로우에어로스페이스사는 2006년 7월 러시아 남부 우랄산맥에 있는 기지에서 실험용 무인 우주선 제네시스(Genesis) 1호를 성공적으로 쏘아 올렸다. 미국의 호텔 체인 버젯스위트(Budget Suites)사의 로버트 비걸로 회장이 설립한 비글로우사가 쏘아올린 이 우주선은 앞으로 대기권 밖에서 곤충 생존 실험 등 다양한 실험을 실시할 예정이다. 이 우주선은 활동할 지점에 이르러 선체를 2배로 팽창시켜 무게 약 1t, 길이 약 4.3m, 폭 1.2m의 대형 참외 형태를 이루게 되며 추후 쏘아 올려지는 우주선들과 연결돼 호텔, 위락시설 등으로 사용될 대형 우주정거장으로 변화한다.

가장 안전하고 가장 비용이 낮은 우주관광여행을 목표로 내건 미국 캘리포니아주의 벤슨스페이스(Benson Space)사는 15분 만에 우주에 도달할 수 있는 수직상승 우주선을 쏘아 올릴 계획이다.

2021년에는 연간 약 1만4,000명이 우주여행을 즐겨서 시장 규모도 연간 7억 달러에 이를 것으로 예측되고 있다. 현재 4~6인승인 우주선의 탑승 규모가 커지면 여행비용은 4만 달러까지 하락할 전망이다.

민간 업체의 달 탐사 경쟁도 불이 붙었다. 세계 최대 검색 업체 구글(Google)은 우주연구 후원단체인 'X프라이스 재단'과 손잡고 2021년까지 달 착륙에 성공하는 민간 업체들에 총 3,000만 달러를 지급한다고 발표했다. 스페이스어드벤처사도 달 궤도 탐사여행을 계획하고 있다. 이 회사는 국제우주정거장 방문 여부 등 여정에 따라 일정이 10~21일로 달라지는 이 여행의 경비는 1억 달러이다. 관광객은 러시아 우주비행사와 함께 여행하며 달에 착륙하지는 않고 달 주위를 돌면서 달을 둘러본 뒤 지구로 귀환한다. 이 여행은 2015년경에 시작될 전망이다.

미국의 보잉(Boeing)사는 탑승료를 받고 우주왕복을 시켜주는 상용 우주택시의 운행을 2015년쯤 시작할 계획이라고 밝혔다. 보잉사는 2010년 8월 현재 미국 정부의 지원으로 상용 우주왕복선을 개발 중인데 이에 필요한 36개의 핵심 기술 중 22개 기술을 완성했다. 보잉이 개발 중인 우주택시 CST-100엔 7명까지 탑승할 수 있다. 보잉사는 2015년부터 스페이스어드벤처스사를 통해 우주여행 상품을 팔기로 했다. 이 상품은 CST-100을 타고 국제우주정거장인 ISS에 들려 며칠을 보낸 뒤 다시 지구로 귀환하는 것이다. CST-100의 좌석은 7석이지만 승무원의 수가 4명이기 때문에 한 번에 우주로 떠날 수 있는 최대 승객은 3명이다. CST는 앞으로 비글로우사가 상용 우주정거장을 2014년 초에 발사하면 그곳을 지상기지로부터 왕복할 계획으로 있기도 하다.

우주여행을 전담할 우주공항의 건설도 박차를 가하고 있다. 미국 뉴멕시코 주에 첫 상업용 우주공항이 들어서는 것을 시작으로 싱가포르, 두바이 등이 우주공항 건설을 추진 중이다. 그러나 검증 안 된 민간 업체들이 앞 다투어 뛰어들면서 안전문제를 우려하는 목소리도 높다.

우주쓰레기

지구궤도에 버려진 채 더 이상 사용되지 않는 인공물체를 우주쓰레기(space debris)라고 한다. 지구 궤도에 최초로 버려진 인공 물체는 1957베타(β)라고 명명된 스푸트니크 1호 위성을 보호하고 있던 원뿔형의 덮개로서 1957알파(α)로 이름 붙여진 것이다. 사용된 로켓은 1957감마(γ)이다. 매년 발사되는 우주선의 수는 평균 75개 정도로 현재 지상 200~2,000km 고도에서 지구를 돌고 있는 인공위성의 수는 3,000여개에 이르지만 그 중 600여개만이 현재 활동하고 있다. 오늘날 야구공보다 큰 물체 거의 9,000개가 지구 궤도에서 추적된다. 수백 개의 통신위성이 위치하고 있는 적도 상공 3만6,000km 원형의 지구정지궤도에서도 전에는 탐지되지 않았던 20~100cm 크기의 물체가 광학적 측정으로 많이 발견되었다.

이 물체들은 사용된 후 버려진 로켓이나 못쓰게 된 인공위성 등의 큰 것으로부터 우주인들이 우주유영 중에 흘린 도구, 로켓이나 인공위성이 폭발하거나 충돌로 생긴 작은 조각까지 다양하다. 그 비율은 발사 후 분리된 로켓 부속품(17%), 퇴역 인공위성(31%), 나사못과 부품(13%), 충돌로 생긴 부스러기(38%) 등이다. 테니스공보다 더 작고 약 1cm 보다는 큰 조각 18만개도 지구 궤도에 버려져 있다. 매년 인공위성의 발사 수는 줄고 있지만 쓰레기 수는 늘어나고 있다.

러시아는 1999년 12월 전자정보위성인 코스모스 2347호를 수명이 끝날 무렵 궤도에서 자체 파괴시켰다. 이 일로 230~410km 궤도에 130개 이상의 조각을 떠돌게 했다. 이러한 자체 파괴 정책은 드물기는 하지만 과거 냉전 시대에는 종종 있었다. 2007년 중국이 자국의 저궤도 위성을 격추하는 인공위성요격(ASAT)미사일 실험을 하면서 무수한

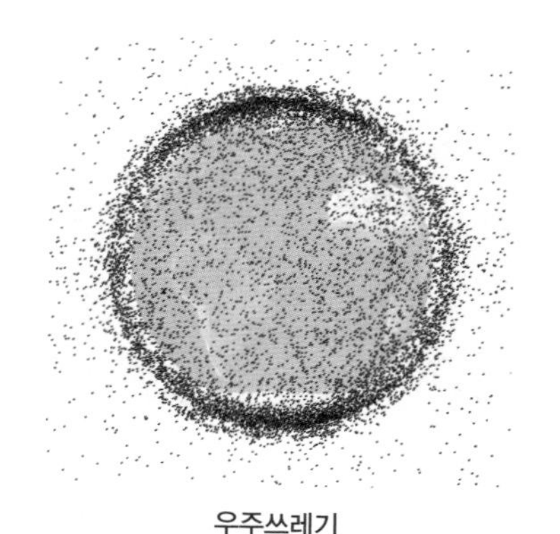
우주쓰레기

우주쓰레기를 흩뿌려 놓았는데 이 때 발생한 우주쓰레기의 양이 단번에 25%나 늘어난 것도 문제지만 더 큰 문제는 그 위치가 우주쓰레기의 최고 밀집구역인 865km 상공이라는 점이다. 여기에 지난 2009년 2월에는 시베리아 상공 800km 고도에서 러시아의 폐기 우주선 코스모스와 이리듐 위성이 충돌 역시 ASAT 실험과 같은 고도에서 충돌해서 우주쓰레기를 발생했다. 지난 50년간 누적된 위성 발사에 이 두 사건까지 겹친 결과 700~1,280km 상공에 돌아다니고 있는 크고 작은 파편 수는 몇 백 만개나 될 것으로 추정된다. 쓰고 버린 인공위성은 자체적으로 파괴나 폭발하기도 한다. 만일 인공위성이 수명을 다해 가동을 멈추면 위성의 태양을 향한 면의 온도는 영상 120℃이고 그늘 쪽은 영하 180℃에 달한다. 이러한 양쪽 면의 극심한 온도차로 위성은 깨져버리고 배터리나 남아있는 추진체가 폭발하여 우주쓰레기가 된다. 이 파편들은 총알보다 10배나 빠른 초속 10km 정도로 날아다니는데 이것에 인공위성이나 우주인이 맞기라도 하면 치명적이다.

이산화탄소를 비롯한 온실가스가 증가하면서 지구 대기권 외곽 층의 밀도가 낮아지고 있으며 이는 우주정거장의 고도를 유지하는 데는 도움이 되지만 위험한 우주쓰레기들의 수명도 덩달아서 늘어나게 한다. 이산화탄소 배출량의 증가로 100km 상공 대기권 외곽 층의 밀도가 지난 1970~2000년 사이에 약 5% 줄어들었으며 오는 2017년까지는 3% 더 줄어들게 될 것이라고 한다. 이처럼 대기권 외곽 층의 밀도가 낮아지면서 위성과 우주선, 그리고 수만 개에 달하는 우주쓰레기들이 떠돌고 있는 400km 상공에서는 항력이 줄어들어 우주쓰레기의 수명을 늘린다.

이러한 지구궤도의 우주쓰레기는 재난의 원인이 될 수 있어 큰 문제가 되고 있다. 시속 2만8,000km 또는 초속 8km의 속도로 궤도를 도는 1cm 크기의 조각이 1억 달러나 하는 위성 또는 우주왕복선이나 국제우주정거장에 손상을 입힐 수 있다. 우주유영 작업을 하는 우주인들과 충돌했을 때는 치명적인 충격을 줄 수도 있다.

그러한 예로서 프랑스의 위성 세리세(Cerise)의 긴 안테나가 1996년 상대속도가 초속 20km의 아리안 4호의 3단계에서 나온 조각인 우주물체와의 최초 충돌로 손상을 입었다. 우주선들은 매일 더 작은 조각에 의해서 궤도에서 두들겨 맞는다.

NASA의 LDEF라는 위성이 우주환경을 조사하기 위하여 우주에 68개월 머문 후 회수되어 조사되었다. 이 위성은 3만4,000개의 마이크론(μm) 크기 입자가 때렸는데 이러한 충돌로 지름 5.25mm의 파인 자국이 만들어졌다. 어떤 충돌은 고체로켓 모터의 작은 산화알루미늄 입자에 의해서 일어났다. 작은 조각이 쉽게 우주유영(EVA) 우주복에 구멍을 낼 수 있다. 우주왕복선 챌린저호의 창문이 초속 6km로 충돌하는 0.3mm 크기의 페인트 조각에 의해서 부서진 일도 있다.

2009년 11월에는 국제우주정거장 ISS에 탑승 중이던 6명의 우주비행사들이 지상 관제센터로부터 인공위성 파편으로 예상되는 우주쓰레기가 ISS를 향해 날아오고 있다는 긴급경보를 받고 승무원들이 비상탈출을 준비했지만 다행히 우주쓰레기는 ISS의 6km 밖으로 스쳐 지나간 일도 있었다. 이보다 한 달 전에도 NASA는 러시아 위성에서 떨어진 파편이 ISS 인근에서 포착되자 일본 우주선의 지구 귀환을 연기시킨 바 있다.우주왕복선이 콜로라도의 북미항공우주방어사령부 노라드(NORAD)에 의해서 추적된 작은 쓰레기 물질을 피하는 동작을 비행 중 여러 번 했다. 우주쓰레기는 레이더에서 고 분해능 광학망원

우주쓰레기의 종류

경 카메라로 전 세계적으로 추적되고 있다. 그러나 아직 완벽하지는 않다. 최근의 레이더 관측으로 10cm보다 큰 물체의 목록과 목록에 오르지 않은 것의 비율은 1:4로 밝혀졌다.

모든 쓰레기 물질이 우주에만 머물러 있는 것은 아니다. 위성이 대기권으로 재진입할 때 완전히 타서 없어지는 것으로 전에는 믿었던 위성의 상층단계 부분이 지구에서 원래 모습대로 발견되기도 한다. 이러한 우주쓰레기가 지구상의 사람이나 시설을 때릴 수 있어 또 다른 우려를 낳고 있다. 그러나 이에 대해서 국제기구들에서 여러 방안이 나오고는 있지만 아직은 어떤 대비책도 나오지 않고 있다. 실제로 지난 2002년까지 8년 동안 허블우주망원경의 태양전지판에 72만5,000개의 파편이 날아들었으며, 이 가운데 5,000여 개는 육안으로 확인할 수 있는 충돌흔적을 남겼다. 2011년 9월에는 수명을 다한 미국의 초고층대기관측위성(UARS)이 지구로 떨어졌다. 무게가 6t인 이 위성은 지구 대기로 진입하면서 산산 조각나 대부분은 불에 타버리겠지만 무게가 1kg에서 최대 158kg인 파편 26개는 살아남아 지상에 떨어졌다. 그러나 이 파편들이 사람에게는 어떤 피해도 주지 않았다.

이처럼 우주선과 우주쓰레기의 근접 접근 및 충돌 사례는 계속 늘고 있다. 지구 대기권으로 떨어져 소멸되는 양보다 훨씬 많은 우주쓰레기를 인간이 새로 궤도상에 쏟아 붓고 있는 탓이다. 특히 이로 인한 쓰레기의 양적 증가는 2개의 우주쓰레기가 충돌, 다수의 파편으로 분리되는 이른바 '케슬러 증후군(Kessler Syndrome)'을 일으켜 위험성을 더욱 배가시키고 있다. NASA에서 우주쓰레기의 위험성을 인지한 것은 지난 1976년이다. 당시만 해도 NASA는 우주탐사선 등과 우주쓰레기의 충돌이 100년당 1회 정도 일어날 것으로 예상했다. 하지만 지난 40년간 이미 4번의 충돌사고가 있었다. 이에 NASA는 충돌 가능성을 20년마다 4회로 상향조정한 상태다. 우주쓰레기의 증가 과정을 연구한 돈 케슬러(Don Kessler)도 앞으로는 20년마다 한 번 꼴로 우주쓰레기에 의한 참사가 벌어질 것으로 내다보고 있다. 이와 관련 NASA는 올해 초 연간 5개의 우주쓰레기만 제거할 수 있다면 저지구궤도(LEO)를 안전지대로 만들 수 있다는 내용의 보고서를 발표했다.

우주쓰레기의 청소기술

우주쓰레기를 없애는 기술은 없을까? 현재까지 효과적일 것으로 생각되는 우주쓰레기의 청소기술 여러 가지가 연구되고 있다. 그러한 기술의 대표적인 것으로 쓰레기그물, 태양 돛단배, 우주사슬, 레이저 요격, 우주안개 분무, 그리고 끈끈이 접착볼 등의 방법이 고려되고 있다.

우주를 떠돌아다니는 위협적인 우주쓰레기를 그물로 낚아 처리하는 방법이 미국의 민간 우주개발 업체인 스타(Star)사에 의해서 개발되고 있다. 스타사는 전기역학적잔해제거기(EDDE)라 불리는 이 그물을 2013년에 시험비행을 거쳐 2017년쯤 정식으로 우주공간에 투입할 예정이다.

EDDE는 우주 쓰레기에 시속 7.2km 정도로 느리게 접근, 나비 날개처럼 펼친 그물로 우주쓰레기를 포획한 다음 '쓰레기 처리장'으로 옮기게 된다. 양끝에 조종용 무인우주선이 있으며 그 사이에 길이 약 1km의 쓰레기 수거용 그물이 뻗어 있어 쌍끌이 어선과 비슷한 원리로 작동한다. 태양광 동력을 만들어내기 위한 발전기와 정밀한 조종을 위한 카메라도 부착할 예정이다. 이 회사에 따르면 EDDE가 우주쓰레기 한 개를 처리하는 데 걸리는 시간은 약 9일로서 EDDE 10대가 활동할 경우 현재 저 지구궤도에 돌아다니는 질량 2kg 이상의 우주쓰레기 약 2,500개를 7년 안에 수거할 수 있다고 한다. '쓰레기 처리장'으로는 대기권의 영향으로 기계가 빠르게 부식하는 고도 200km 이하의 궤도나 지구 대양 한복판 등이 논의되고 있다.

태양 돛단배 방식은 바람이 돛단배의 돛을 밀어 배를 전진시키듯 햇빛에 밀려 움직이는 초박막 섬유 소재의 돛을 제작, 위성에 부착한다. 위성이 수명을 다했을 때 돛을 펼치면 햇빛이 위성의 속도를 저하시켜 궤도 아래로 떨어뜨린다. 면적 9m^2 정도의 돛은 50kg급 소형 위성에 장착해 발사해도 될 만큼 가볍다. 이 돛은 자동시스템이나 지상관제소의 명령에 의해 펼쳐지며 궤도이탈을 유도하도록 전개되는 각도의 조절도 가능하다. 대기권에 떨어지면 위성과 함께 돛도 소각된다. 이 방법의 장점으로는 돛의 제작비가 저렴하고 중량이 가볍다는 것이지만 돛을 팽창시킬 위치와 고도를 사전에 면밀히 계산해 놓아야 하는 단점이 있다. 이 기술 자체는 이미 수십 년 전 개발 완료됐다. 지난 1970년대 중반 핼리혜성 연구를 위해 이러한 돛이 채용된 우주선을 고안했었다. 이 우주선은 발사되지 못했지만 이때의 기술로 개발된 거대한 태양 돛이 NASA의 수성탐사선 메신저호에 채용되었다. 2010년 5월에는 일본의 JAXA가 태양 돛으로 추진되는 우주 범선 이카로스를 발사하기도 했다. 단지 우주쓰레기 처리에 쓰일 만큼 정밀한 태양돛 제어기술을 확보하려면 수 년이 더 필요하다.

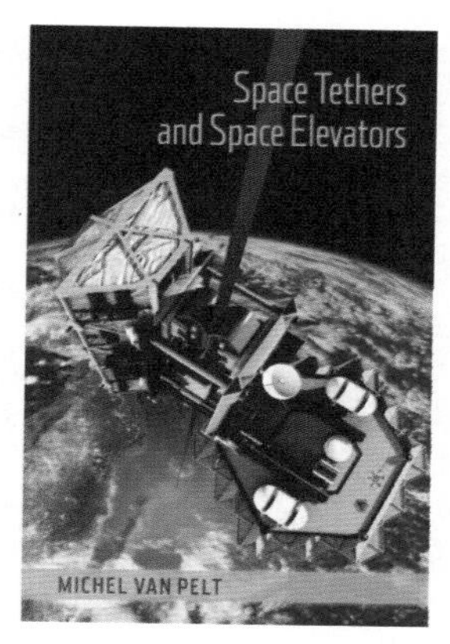

테터스사의 포스터

미국 항공우주기업 테터스언리미티드(Tethers Unlimited)사는 지구 저궤도 우주쓰레기 포집시스템의 약자를 딴 '러슬러(Rustler)'를 해법으로 제안한다. 이는 위성에 장착하는 길이 2.4km의 전기역학 사슬이다. 위성이 수명을 다하면 사슬이 전개되며 여기에 우주쓰레기가 닿으면 그물을 펼쳐 포획하는 방식이다. 이후 쓰레기와 함께 대기권으로 돌입하여 장렬히 산화시키는 것이다. 이 그물은 우주선에 해를 끼치는 아주 작은 쓰레기도 잡을 수 있다. 이 방법의 장점은 별도의 연료 없이 태양에너지와 전기역학적 에너지로 작동되어 그만큼의 비용절감이 가능하다. 특히 지구 저궤도로 발사되는 어떤 위성에도 장착할 수 있다. 그러나 수km 길이의 사슬이 우주쓰레기가 될 수도 있다는 단점을 가지고 있다. 현재 NASA가 이 방법의 타당성 실험을 하고 있는데, 1996년의 실험에서는 20km의 케이블이 쓰였으며, 2010년 9월에는 무중력 상태에서 러슬러를 테스트했다. 향후 5년 내 임무투입이 가능할 전망이다. 레이저 요격 방식은 레이더나 광선레이더(lidar)로 우주쓰레기를 탐지하면 지상에서 레이저 펄스를 연속 발사한다. 그러면 레이저에 맞은 우주쓰레기는 궤도가 바뀌어 대기권으로 떨어지면서 불타 사라진다. 레이저 장치를 우주공간에 배치한다면 지상에서보다 적은 출력의 레이저로도 동일한 효과를 볼 수 있다. 이 방법은 10cm 이하의 우주쓰레기에 매우 효과적이다. 레이저 펄스에 의해 더 작게 부서질 개연성이 적기 때문이다. 인공위성에 레이저 장치를 장착하면 궤도상에서 기다리다가 표적을 맞춰 떨어뜨릴 수도 있다. 이 방식은 마치 오리 사냥꾼이 호수에서 오리가 다가오기를 기다리다가 총을 쏴 잡는 것에 비유되기도 한다. 그러나 지상에서 이 시스템을 운용하려면 매우 강력한 레이저를 필요로 한다. 때문에 이 기술은 자칫 위성 요격 무기로 전용될 우려가 있다. 그래서 기술적으로는 가능하지만 정치적으로 논란이 일어날 소지가 크다. 우주 안개 분무기 방식은 우주공간에 물체를 냉동시킬 수 있는 안개를 분사, 우주쓰레기를 동결시켜 궤도이탈을 유도하는 기술이다. 우선 로켓으로 이산화탄소 등 냉매액체가스 저장탱크를 발사해 우주쓰레기의 예상 통과위치에 놓아둔다. 그리고 쓰레기의 진행방향 수천 km 앞에 가스를 분무한다. 그러면 우주쓰레기가 안개를 통과하면서 얼어붙어 속도가 느려지고, 궤도이탈이 나타난다. 약 100kg의 가스를 분사하여 폭 19m 정도의 안개를 형성할 경우 볼트, 너트 등의 소형 우주쓰레기를 궤도이탈 시킬 수 있다. 안개가 걷히면 궤도상에는 아무것도 남지 않고, 냉매 저장탱크 또한 사용 후 대기권으로 낙하, 소멸돼 추가적 파편 발생 우려가 적은 것이 장점이다. 단 저장탱크가 1회용이기 때문에 발사 시 정밀한 조준이 요구된다.

끈끈이 접착 볼 방식은 접착성이 있는 원형 볼을 궤도에 띄워 끈끈이로 파리를 잡듯 우주쓰레기를 잡는 계획이다. 약칭 아스트로스(Astros)로 불리는 이 접착 볼은 탄화규소 등의 금속성 발포제 패널을 축구공처럼 이어 붙여 제작되는데 표면에 에어로젤이나 합성수지 접착제가 도포된다. 이 볼은 궤도상을 돌며 우주쓰레기들을 부착한 뒤

대기권에 재돌입해 소각된다. 이 방법은 태양 돛이나 우주사슬에 비해 궤도상의 제 위치에 가져다 놓기가 용이하다. 특히 쓰레기 제거 효율은 매우 우수한 반면 제작단가는 더 낮다. 그러나 볼을 압축시킬 수 없어서 궤도로 올리기 위한 로켓에 싣는 것 자체가 쉽지 않을 것이다.

우주 쓰레기 문제를 놓고 여러 가지 해결책이 제시되고 있지만 현실성 있는 방안은 없는 상태이다. 고속으로 지구 궤도를 도는 쓰레기의 양은 늘어나고 있어 세계 50여개국이 이 문제에 관심은 보이고 있으나 아직은 재정적으로 감당할 수 있는 희망적인 방안은 찾아내지 못하고 있다. 지금 우리가 할 수 있는 일은 버리는 쓰레기를 최소화하는 것뿐으로 앞으로 여러 해, 어쩌면 수십 년 간 이 문제를 안고 살아야 할 것이다. 미국 존스홉킨스 대학의 우주쓰레기 전문가인 마셜 캐플런(Marshall Kaplan) 교수는 "우주 개발에 나선 국가들이 '돌아올 수 없는' 지점을 이미 지났다. 우리가 할 수 있는 일은 아무것도 없다. 그럴만한 돈도 기술도, 협력관계도 없다. 아무도 돈을 내려고 하지 않는다. 우주 쓰레기 청소는 성장 산업이지만 고객이 없고 정치적으로도 채산이 맞지 않는 사업"이라고 진단했다. 그는 결국 현재 사용 중인 궤도에 올려놓은 모든 위성을 포기해야 할 가능성이 크며 다음 세대에는 600km 이하 상공을 도는 소형들에 의존하게 될 것이라고 전망했다.

우주식품의 개발

우주인들이 우주에서 먹는 식품을 우주식품이라 한다. 우주식품은 고른 영양소를 갖추어 우주인들이 활동하는데 필요한 활력소를 제공할 수 있어야 한다. 또한 이 식품은 안전하고 쉽게 저장할 수 있어야 하고 저중력의 환경에서 준비가 용이하고 쉽게 섭취할 수 있어야 한다. 미국, 러시아, 일본 등의 나라에서 자기 나라 입맛에 맞는 우주식품 개발에 대한 연구가 대대적으로 진행되고 있다. 밀, 콩, 감자 등 우주공간에서 기를 수 있는 식용식물에 대한 연구를 집중하고 있으나 이들 식품은 동물성 단백질을 만들 수 없다는 단점을 가지고 있다.

초기의 우주인들은 튜브나 캔 속에 담긴 음식을 주로 섭취했으나 그 후에 이것이 냉동 건조식품으로 바뀌었고, 최근에는 상온에 저장된 식품을 먹을 수 있게 되었다. 또한 종류도 다양에서 기호에 따라 음식을 선택해서 섭취하는 시스템으로 변했다.

무중력 상태에서 오랫동안 머무는 우주인들에게는 허리 아래쪽에 몰려 있던 혈액과 세포액이 허리 위로 올라온다. 이 때문에 코와 목이 부으면서 향과 맛을 잘 느끼지 못하게 된다. 이런 상황에서 입맛이 없는 것은 당연하고 이로 인해 음식문제로 스트레스를 받는다. 이러한 문제를 해결하기 위해서 NASA는 2000년부터 매년 '우주식품경진대회(Space Food Competition)'를 개최하고 있다. 이 대회를 통해 채택된 우주식품도 수십 가지나 된다. 우주 식품 가공과정에서 미생물을 처리하기 위한 첨단 방사선 기술, 진공 포장 기술, 동결 건조 기술 등은 우리 생활 속에 파고들어 있다.

중국의 과학자들은 명주실을 만드는 누에가 고단백질 식품으로 장기간 우주에서 생활해야 하는 우주인들에게 가장 이상적인 고영양 식품이 될 수 있을 것으로 연구하고 있다. 누에는 높은 단백질 함량과 짧은 생장주기 외에 생물전화(生物轉化) 효율이 높고, 넓은 활동 공간이 필요치 않으며, 기르는 과정에 냄새가 나지 않고, 폐수를 발생시키지 않아 우주식품으로서의 이점을 가졌다. 앞으로 달 탐사기지와 우주실험실, 우주정거장 등 중·장기적인 유인 우주계획에서 누에가 가장 적합한 식품이라는 것이다. 누에 번데기가 계란 하나에 해당하는 영양분을 갖고 있어서 같은 무게의 번데기와 계란을 비교한 결과 번데기의 단백질 함량이 계란보다 높고 아미노산 함량을 돼지고기, 양고기, 계란, 우유 등에 비해 수 배가 높은 것으로 나타났다. 또한 누에로부터 단백질을 얻을 수 있는 기간이 1개월 안팎으로 짧을 뿐만 아니라 누에는 물을 먹을 필요가 없기 때문에 폐수도 발생하지 않는다.

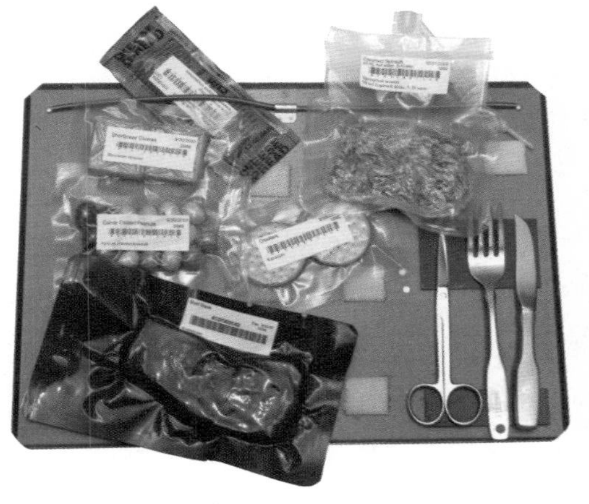

우주식품

한국 식품인 불고기, 비빔밥, 참뽕음료와 미역국 등 4가지 식품이 러시아 과학아카데미(RSA) 산하 생의학문제연구소(IBMP)에서 우주식품으로의 최종 인증평가를 통과했다. 이 음식들은 2010년 3월 러시아에서 시작되는 '화성모의탐사 500일 계획(MARS-500)' 에 120일 동안 공급되었다. 이 계획은 2030년 화성 유인탐사를 목표로 준비 중인 화성 탐사 모의실험으로 화성과 같은 환경을 지상에 갖춰놓고 러시아와 유럽, 중국 등의 우주인 6명이 520일간 고립돼 생활하는 프로젝트다. 우주인들에게 좋은 반응을 얻으면 실제 우주공급용 메뉴로 선택될 수 있다.

21세기 초에는 화성 등 다른 행성에 유인우주선이 보내지고 지구 주위의 우주공간에는 우주정거장, 우주공장, 우주실험실 등 인간이 장기간 거주해야 하는 우주의 인간기지가 건설된다. 그렇게 되면 그곳에서 인간이 살아가는데 필요한 식품과 함께 물, 산소 등의 조달이 문제된다. 이러한 물자를 일일이 지구에서 가져가고 배설물을 지구로 날라다 버리는 것은 비경제적이다. 우주정거장은 또한 다른 천체로 가는 우주선의 발사 기지가 될 것이기 때문에 이곳에서 모든 물자를 보급해 주어야 한다. 한 사람이 하루에 필요한 물자는 식량이 0.6kg, 식수가 2kg, 산소가 0.9kg에 살아가는 데 소요되는 물이 25kg, 총 28.5kg이다. 1년 동안에 한 사람이 필요한 물자는 10t이고 열 사람이면 100t이 된다.

이렇게 방대한 양의 물자를 우주기지나 우주선에 싣고 가거나 공급할 수 없기 때문에 그곳에서 물자를 자급자족하는 방안이 연구되고 있다. 우주선 안을 완전한 폐쇄 시스템으로 하여 물 한 방울, 공기 한 톨도 밖으로 새어 나가지 못하게 하고 다시 쓰는 것이다.

이 시스템에서는 탄산가스와 인간의 배설물을 먹이로 하여 동식물을 키우고 여기에서 나온 물질로 인간이 살아가는 것이다. 물은 쓰고 나서 정화하여 사용할 수 있으므로 간단히 해결된다. 식물은 인간의 배설물과 호흡 때 내뿜는 탄산가스, 태양빛 등을 이용하면 쉽게 키울 수 있다. 식물은 자라면서는 산소를 공급해 주고 다 자란 다음에는 식량이 될 수 있다.

이와 같이 우주선 내에서는 식량의 자급자족이 간단할 것 같지만 실은 그렇지도 않다. 우선은 재배 공간이 문제다. 지구상에서 한 사람이 하루 생존에 필요한 식물 재배 면적은 $50m^2$이고, 한 사람이 1년에 필요한 면적은 2만m^2에 가깝다. 그러니 식물은 속성 재배해야 하는데, 그러기 위해서는 이산화탄소의 농도를 높여 주어야 한다. 인간이 내뿜는 이산화탄소 가스를 효과적으로 식물 재배 공간으로 옮겨 주고 식물에서 나온 산소를 인간 거주 공간으로 옮겨 주는 가스 교환과 식량 생산 실험을 할 예정으로 있고 물과 산소의 자급자족 실험도 이미 수행하고 있다.

이 시스템이 개발되면 지상에서도 활용되어 고밀도 농업이 가능해져서 공장에서 생산되는 식량이 땅에서 생산되는 식량의 부족분을 메워 주게 될 것이다.

제 13 장

지구 관측위성과 우주망원경

우주와 천체에서는 지상에서 관측되는 가시광선(빛) 이외에도 파장이 다른 전자파인 감마선, X선, 자외선, 적외선, 전파, 등과 우주선 입자들이 지구로 들어온다. 그러나 이것들은 전부 또는 일부가 지구 대기에 의해서 흡수되어 지상에는 도달하지 못한다. 이러한 전자파는 성간먼지에 의한 영향을 덜 받아 가시광선 관측보다 더 먼 천체의 관측이 가능하다.

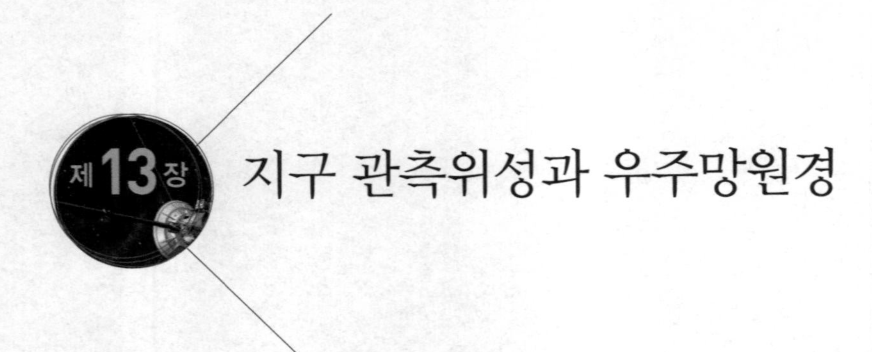

지구 관측위성과 우주망원경

지구환경의 감시, 기상관측, 지도 작성, 그 이외의 지구표면에 관한 과학적 데이터를 얻고 지구 주변 공간의 자기장, 고층 대기와 이온층, 태양풍 입자 등 지구 주변 환경을 조사하기 위해서 많은 수의 지구관측 위성이 발사되었다. 또한 지구 대기의 방해를 받지 않고 우주와 천체를 관측하고 우주에서 들어오는 입자들을 탐지하기 위해서 위성에 실린 망원경, 즉 우주망원경이 지구 궤도에 올려져서 우주관측을 하고 있다.

지구 관측위성

최초의 지구감시 위성은 NASA가 1959년 10월에 발사한 익스플로러 7호이다. 이 위성은 적외선 감지기를 싣고 가서 지구가 반사하는 열의 양을 측정했다. 1984년에는 지구복사분포측정 위성 ERBS호가 역시 지구의 에너지 밸런스를 측정하기 위해서 발사됐고, 기상위성프로그램인 님부스 계열(Nimbus series) 위성들이 1964년에 1호부터 1978년의 8호까지 발사되어 대기의 물리적 상태를 측정했다. 1972년 7월에는 지구 자원탐사위성 ERTS-1호가 발사되어 적외선으로 지구표면의 변화를 관측했다. 1972년부터는 지구의 영상 촬영을 위한 랜드샛(Landsat) 프로그램이 시작되었다. 1972년 7월 랜드샛 1호에서 1999년 4월 7호까지 계속되었다. 랜드샛이 촬영한 영상들은 농업, 지도제작, 지질, 산림, 도시개발 등 여러 분야에서 활용되었다.

1978년에는 NASA가 시샛(Seasat) 위성을 발사하여 바다표면의 상세한 레이더 영상을 촬영했다. 1980년대부터는 우주왕복선에 실린 합성구경레이더(SAR)라는 레이더기기로 바다표면의 영상을 촬영하고 바람의 분포를 측정했다.

초고층대기연구위성인 UARS호는 1991년 9월 우주왕복선에 의해서 지구 궤도에 진입했다. 이것은 최초의 NASA 지구관측임무(EOM)의 프로그램 우주선으로 대기 연구를 위한 가장 큰 우주선이다. 상층대기의 구조와 변화를 지배하는 과정을 조사하여 성층권에서 오존 결핍을 더 잘 이해하는데 필요한 데이터베이스를 구축했다. UARS는 인

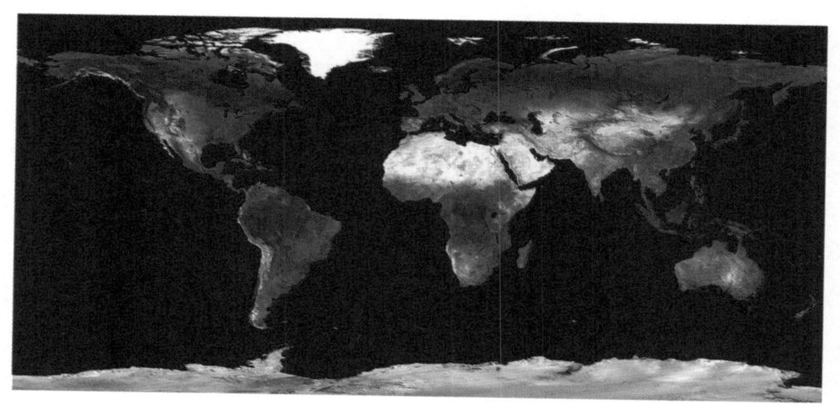

지구관측 위성

간이 만든 염화불화탄소(chrorofluorocarbon) 일명 프레온 화합물이 오존을 일으킨다는 사실을 확인하는데 도움을 주었다.

1992년 7월에 발사된 일본의 지오테일(Geotail) 위성은 자기권에서 일어나는 과정의 이해 증진을 위해서 지구의 자기꼬리(magnetotail)에서 일어나는 지구 전체의 에너지 흐름과 변환을 측정했다. 이 우주선은 자기꼬리의 먼 부분을 탐사하기 위해서 두 번 달의 중력 보조 통과 비행을 하였고, 2년 후에는 궤도가 줄어서 이 우주선이 근(近) 지구 자기꼬리 과정을 연구할 수 있게 되었다.

1996년 2월에 발사된 NASA의 폴라(Polar) 위성은 안쪽의 자기권을 완벽하게 관측하고 극 오로라의 전체 영상을 얻도록 11가지의 기기를 갖췄다. 폴라 위성은 또한 태양풍과 이온층 플라스마의 고위도 진입과 상층 대기의 에너지 축적을 측정했다. 이 위성은 위성에 실린 컴퓨터를 사용하여 기기 사이에 데이터를 효율적으로 분배하도록 위성에 통신 상호연계 장치를 갖추도록 고안되었다.

윈드(Wind)라 불리는 미국의 위성은 1994년 11월 폴라 위성과 함께 활동하도록 발사되었다. 윈드 위성은 높은 에너지의 입자와 태양풍의 원천, 가속 메커니즘, 그리고 전달 과정을 조사했다. 이것은 플라스마, 높은 에너지 입자, 그리고 자기장이 자기권과 이온층에 주는 영향 연구를 완성하는데 도움을 주었다. 윈드 위성은 달 중력의 도움을 얻기 위하여 달을 돌아 지구와 태양 사이 라그랑주점 L-1 근처 헤일로(Halo) 궤도에 진입했다. 이 위성은 미국, 러시아, 프랑스가 제공한 10종의 기기를 실었다.

미국의 오존관측위성 TOMS호가 1996년 7월 발사되었다. TOMS는 오존 결핍을 이해하는데 중요한 역할을 하는 지구 전체 대기의 오존 수준을 지도로 그리는 일을 했다. 이 우주선은 오존층의 구멍상태를 상세히 관측하여 다른 기상우주선의 결과를 보충해 주었다.

NASA의 고속오로라관측위성 FAST호가 1996년 8월 오로라의 생성과 구성 물질을 연구하기 위한 네 가지 기기를 싣고 발사되었다. 플라스마와 전자 온도 데이터가 전기장 탐지기로 수집되고 자기장이 자력계로 측정되고 전자와 이온은 정전기 분석기로 측정되었다.

NASA의 지구자기권계면 영상 획득을 위한 IMAGE 위성이 2000년 3월에 지구 극궤도로 발사되었다. 이것은 지구와 태양풍과의 상호작용에 포함된 자기 현상을 연구하기 위한 중성 원자, 자외선 그리고 전파 영상 기술을 사용했다. 이 비행 임무의 목표는 지구 자기권으로 플라스마입자를 주입하는 주 메커니즘을 알아내고, 태양풍의 변화에 자기권의 반응을 결정하고, 어떻게 그리고 어디서 자기권 플라스마가 에너지를 얻고 수송되는가를 알아냈다.

2004년 4월에는 지구궤도에서 자이로스코프(gyroscope)의 세차를 측정하여 아인슈타인의 일반상대성이론을 시험하기 위해서 NASA의 그래비티프로브(Gravity Probe)호가 발사되었다. 이 우주선은 극궤도를 돌면서 지구 자전축에 대한 세차를 탐지했다.

최근에는 NASA는 물론 인도우주연구기구 ISRO, 일본 우주항공연구개발기구 JAXA, 캐나다 우주국 CSA, 러시아의 연방우주국 RFSA, 중국의 국가항천국 CNSA 등 여러 나라가 지구관측 위성을 경쟁적으로 발사하고 있다.

우주관측 위성과 종류

우주와 천체에서는 지상에서 관측되는 가시광선(빛) 이외에도 파장

우주관측 위성 OAO

이 다른 전자파인 감마선, X선, 자외선, 적외선, 전파 등과 우주선 입자들이 지구로 들어온다. 그러나 이것들은 전부 또는 일부가 지구 대기에 의해서 흡수되어 지상에는 도달하지 못한다. 이러한 전자파는 성간먼지에 의한 영향을 덜 받아 가시광선 관측보다 더 먼 천체의 관측이 가능하다. 자외선 관측은 천체 주위의 물질 관측에, 유리하고 X선으로는 블랙홀과 중성자별과 같은 아주 높은 에너지 천체를 볼 수 있다. 감마선은 초신성, 펄사(pulsar), 퀘이사(quasar)와 같은 높은 에너지 천체의 성질에 관한 정보를 제공한다. 또한 초신성 폭발이나 태양에서 일어나는 폭발을 감시할 수도 있다. 적외선은 온도가 낮은 먼지구름과 죽은 별을 찾는데 유용하다.

이러한 전자파와 입자들을 관측하기 위해서는 관측 장비를 대기권 위의 지구궤도로 띄워야한다. 이러한 관측을 필요로 하는 천문학자들의 요구에 따라 NASA는 최초의 지구 궤도상 천문관측위성인 OAO-1, OAO-2, OAO-B, 그리고 OAO-3을 1966년 4월부터 1972년 8월까지 발사했다. 자외선과 X선을 관측할 수 있는 망원경과 측광장치를 실은 이 위성들 중 OAO-1과 OAO-B는 실패로 끝났지만 나머지 두 개의 위성은 귀중한 관측 자료를 많이 보내와서 천문학자들로 하여금 우주공간에서의 천문관측의 중요성을 새삼 인식하게 만들었고, 그 결과로 본격적인 천문위성인 허블우주망원경을 발사하게 하는 동기가 되었다.

그동안 미국과 유럽을 비롯한 세계 여러 나라는 100개에 가까운 천문관측 위성을 궤도로 발사했다. 발사된 천문관측위성을 파장별로 분류하면 감마선이 12개, X선이 가장 많은 36개, 자외선이 16개, 가시광선이 허블우주망원경을 포함해서 12개, 적외선이 15개, 마이크로파가 4개, 전파가 3개, 그리고 우주선입자가 5개이고 이것들 중 반 정도는 현재도 작동하고 있다. 이 위성들 중에는 한 위성이 여러 파장을 관측할 수 있는 장비를 싣고 있어 위성의 실제 수는 이보다 10여 개가 적다. 이 천문관측 위성들은 그동안 우주와 천체 연구에 귀중한 관측 데이터를 보내와서 우주에 관한 우리의 지식을 넓히는데 중요한 역할을 하고 있다.

감마선, X선, 자외선 우주망원경

파장이 가장 짧은 감마선의 대표적인 관측위성으로는 고에너지천문관측위성 HEAO-3, 콤프턴감마선관측위성 CGRO, 국제감마선천체물리실험실위성 INTEGRAL, 스위프트감마선폭발탐사위성 SGRBE, 페르미감마선우주망원경 FGST 등이 있다.

HEAO-3 위성은 NASA에 의해서 1979년 9월에 지구 저 궤도로 발사되었다. 이 위성은 에너지 범위가 0.06~10MeV 사이의 감마선과 X선을 관측했다. 이 위성은 우주의 좁은 감마 방출선의 분포도를 최초로 작성하고 1981년 5월에 활동을 마감했다.

콤프턴감마선관측위성(CGRO)은 NASA가 가시관성, X선, 감마성, 적외선 등 4개의 파장으로 천체를 관측하기 위해서 4개의 다른 망원경을 궤도에 올리는 계획인 GO계열(Great Observatory series)의 일환으로 1991년 4월에 발사한 위성이다. 이 위성은 100MeV 이상의 에너지를 가진 감마선에 대한 우주의 분포를 관측하고 감마선 방출 천체 271개와 감마선 폭발천체도 찾아냈다. 이 위성은 2000년 6월 임무를 마쳤다.

ESA의 INTEGRAL은 러시아의 프로톤 발사체로 2002년 10월 4만km 고도의 지구궤도로 발사되었다. 이 위성은 초신성인 게성운에서 감마선 폭발이 일어나는 현상을 관측하고, 신비한 퀘이사를 찾아내고, 블랙홀의 증거를 발견했다.

NASA가 감마선폭발체(GRB)의 탐사를 위해서 2004년 11월에 발사한 스위프트감마선폭발탐사위성(SGRBE)은 짧은 감마선 폭발도 빠르게 기록할 수 있었다. 이 위성은 500개 이상의 감마선 폭발체를 발견하고 2010년 12월에는 지구에서 5만 광년 거리에 있는 궁수자리의 중성자별, SGR 1806-20에서 방출된 10분의 1초 동안의 감마선 폭발을 기록했다. 이 위성은 현재도 작동 중이다.

발사 때는 이름이 감마선광역우주망원경 GLAST이었던 페르미감마선우주망원경(FGST)은 NASA가 2008년 6월에 발사한 감마선 관측위성이다. 이 망원경은 감마선 폭발 관측선으로 광역망원경(LAT)과 감마선 폭발관측기 등 2종의 관측기구를 탑재하고 하늘의 20%를 한 번에 볼 수 있다. 관측대상은 중심부에 초거대블랙홀을 가진 활동은하, 펄사, 폭발한 별들의 잔해, 은하단 등으로 우주에서 가장 강력한 에너지 방출현상인 감마선폭발체(GRB)를 탐색하는 것이다. 감마선으로 촬영한 최초의 우주 전역 지도를 작성했다. 5년간 지구 상공 565km 궤도에 머무르며 관측을 계속하고 있다.

대표적인 X선 위성으로는 우루(Uhuru), HEAO-1, 아인슈타인관측위성(Einstein Observatory) 또는 HEAO-2, X선위성 ROSAT, 챈드라

(Chandra)X선망원경, 뉴턴X선망원경 등을 들 수 있다. 1970년 12월에 발사된 우루 위성은 최초의 X선 위성으로 하늘 전체에 대한 X선 방출체의 분포도를 최초로 만들고 339개의 X선 방출 천체를 찾아 목록을 만들었다. 쌍 X선 천체를 발견하고 강한 X선 방출체인 Cyg X-1이 블랙홀임을 밝혀냈다. 이 위성은 1973년 3월 임무를 마쳤다.

HEAO 계열의 첫 번째인 HEAO-1 위성은 1977년 8월에 발사되어 1979년 1월 임무를 끝냈다. 이 위성은 황도극(ecliptic pole) 근처 방향에 대한 X선 스캔을 했다. HEAO 계열 두 번째로 HEAO-2였으나 후에 아인슈타인관측위성으로 이름이 바뀐 위성이 1978년 11월 발사되었다. 이 위성은 전보다 100배 이상의 높은 감도와 해상도를 가지고 초신성과 외부은하의 상세한 관측을 수행하고 1981년 4월 임무를 마쳤다.

미국과 독일의 합작품인 ROSAT은 1990년 1월에 발사되어 1999년 2월까지 작동했다. 이 위성은 X선 천체 1만5,000개를 포함한 목록을 만들고 초신성, 은하, 혜성 등을 X선으로 관측했다.

NASA의 GO 계열 위성으로 세 번째인 X선 관측위성 XRAF가 챈드라X선망원경으로 다시 이름 붙여진 이 관측위성은 1999년 7월 우주왕복선 컬럼비아로 궤도에 올려졌다. 14m 길이의 이 우주선은 영상 분광기, 고해상도 카메라, 그리고 고 저 에너지 분광기 등 네 가지 기기를 실었다. 이 위성은 NG1260에 속한 초신성 SN2006gy에서 오래 전에 일어난 폭발을 포착했다. 태양의 150배쯤 되는 이례적으로 큰 질량을 가진 이 초신성은 처음 70일간 서서히 밝아지다가 폭발의 절정기에는 태양 500억 개를 합친 같은 빛을 내뿜었으며 이때의 밝기는 자신이 속한 은하 전체의 10배에 달했다.

챈드라와 연계해서 활동하는 유럽우주국(ESA)의 뉴턴X선망원경은

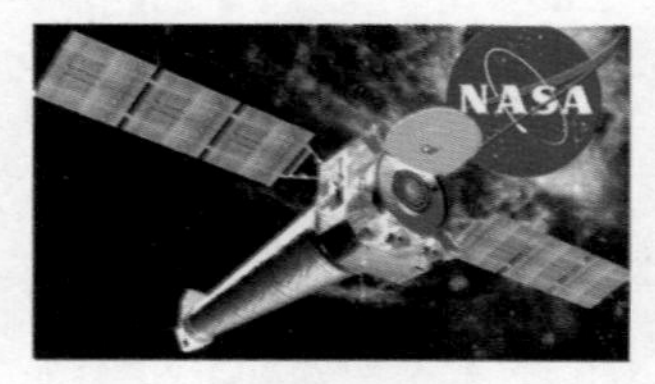

X선 망원경 우루

1999년 12월에 발사되었다. 이 망원경은 행성상 성운 내 펄사의 영상, 블랙홀로 사라져 보이는 물질에 관한 데이터를 제공했다. 뉴턴X선망원경은 처음에는 X선 다반사경망원경을 뜻하는 XMM망원경이라 불렸다가 개명되었다. 이 망원경은 사상 최고의 유효구경을 가졌다. 이 큰 광수집 구경으로 장기간 노출이 가능하여 높은 감도의 관측을 가능하게 해 주었다.

자외선 관측위성으로는 코페르니쿠스(Copernicus) 또는 OAO-3, 국제자외선탐사선 IUE, 원자외선분광탐사선 FUSE 등이 가장 많은 업적을 낸 위성들이다. 코페르니쿠스는 OAO 계열의 세 번째 위성으로 자외선 전담 관측위성이다. 이 위성은 1972년 8월에 발사되어 1981년 2월까지 작동했다. 이 위성은 별 수백 개를 관측하고 장주기 펄사의 주기를 정확히 측정했다.

IUE는 미국, 영국, 유럽연합이 공동으로 1978년 1월 발사한 국제자외선탐사선 IUE는 혜성으로부터 초신성까지 광범위한 천체를 자외선으로 관측하여 많은 결과를 낳게 했다. 이 위성은 1996년 9월까지 작동했다.

NASA는 이전의 자외선 망원경이 관측한 우주의 데이터를 보완하기 위해서 더 감도가 좋고 해상도가 높은 FUSE를 1999년 6월에 발사했다. FUSE는 우주의 중수소 함량을 조사하여 빅뱅 후 수분 이내에 일어나는 기본 의문을 푸는데 도움을 주어 이 위성의 데이터를 이용한 논문이 400편 이상 발표되었다.

2003년 4월에는 NASA가 미국 캘리포니아공대 등의 협조로 자외선 관측위성 갤렉스(Galex)를 발사했다. 캘렉스는 우주의 별생성의 역사를 밝히고 은하들의 거리측정과 하늘의 자외선 분포도를 작성했다.

가시광선, 적외선, 전파 우주망원경

별에서 들어오는 가시광선은 지상에서도 관측되지만 지구 대기의 흡수와 산란으로 인해서 별은 흐리고 희미하게 보인다. 망원경을 지구궤도에 올려놓으면 효율을 훨씬 더 높일 수 있다. 궤도상의 망원경으로는 히파르코스(Hipparcos), 허블우주망원경(HST), 케플러우주망원경(KST) 등이 있다. 허블우주망원경은 가장 크고 가장 중요한 망원경 중 하나일뿐더러 일반에게도 가장 잘 알려진 망원경이다. 그래서 이 망원경은 다음 절에서 따로 소개하겠다.

구경 26m의 슈미트 망원경을 실은 히파르코스 위성은 1989년 8월 유럽의 ESA에 의해서 발사되었다. 이 망원경은 별들의 정확한 위치, 지구로부터의 거리, 시차, 그리고 고유운동의 측정을 위한 것이다. 1993년 3월까지 작동을 한 이 망원경은 10만개 별의 정확한 위치를 표시한 '코페르니쿠스 별목록' 을 만들 수 있게 했다.

NASA는 다른 별의 주위 궤도를 도는 지구형 행성의 탐사를 목적으로 케플러우주망원경을 2009년 3월 발사했다. 이 망원경은 3.5년 동안 고정된 시야에서 10만개 이상의 별의 밝기를 광전기를 사용하여 연속적으로 감시한다. 이 관측으로 얻어진 밝기 데이터에서 밝기의 주기적인 변화를 찾아내어 별의 전면을 통과하면서 별 밝기의 변화를 일으키는 행성이 있는가를 알아내는 것이다. 현재까지 탐지된 태양계 밖의 행성들은 대부분 목성의 크기 이상의 것들이다. 케플러망원경은 이보다 30~600배 가벼운 행성을 탐지하도록 디자인되었다.

NASA는 2011년 2월까지 케플러망원경이 찾아낸 태양계 밖에서 별을 돌고 있는 외계 행성 후보의 수는 1,235개에 달한다고 발표했다. 이 행성 후보들은 997개의 항성 주위를 돌고 있다. 새로 발견된 행성 후보들 중 68개는 지구와 비슷하거나 더 작고, 물이 액체로 존재하여 생명체가 존재할 수 있는 영역인 생존권(生存圈) 내에 있는 후보의 수는 54개이다. 이 후보들이 실제로 외계 행성으로 확인하는 데는 수년이 걸릴 것이다. 그것은 이들을 지상과 우주의 망원경으로 크기, 질량, 공전궤도, 예상 표면온도 등을 정밀 측정해야 되기 때문이다. 그러나 그동안의 표본 조사 결과에 따르면 후보의 80~95%는 실제 행성으로 판명된 점으로 미루어 이들 중 상당수가 실제 행성일 것으로 예상된다.

적외선 관측위성으로는 적외선천문위성 IRAS, 아카리(Akari), 적외선우주관측위성 ISO, 스핏처우주망원경 SST 등이 대표적인 것들이다.

적외선천문위성의 약자인 IRAS라는 이름을 가진 위성은 NASA가 1983년 1월에 발사한 최초의 적외선 관측위성이다. 12, 25, 60, 100 μm 파장으로 25만개의 별을 관측했다. 이들 중 상당수는 갓 형성된 별이거나 행성계를 거느린 별들일 것으로 짐작된다. 이 위성은 1983년 11월까지 활동했다.

아카리는 일본이 2006년 2월 적외선 관측위성으로 전체 하늘을 근적외선으로 원적외선까지의 파장으로 서베이하는 것으로 목적으로 발사했다. 이 위성은 68.5cm의 주반사경으로 2006년 2월까지 관측하여 적외선원의 목록과 함께 많은 수의 새로운 적외선 방출원을 새로 발견했다.

유럽의 ESA가 1995년 11월에 발사한 적외선우주망원경 ISO는

초신성폭발 잔해 카시오페이아 A

60cm의 주반사경, 적외선 카메라, 사진 편광계, 그리고 2.5와 250㎛ 두 개의 분광기로 더 좋은 감도와 해상도로 하늘을 관측했다. 이 망원경은 계획보다 8개월이 더 긴 1998년 5월까지 작동하면서 많은 업적을 남겼다.

스핏처우주망원경(SST)은 NASA의 GO 계열 마지막 우주선인 우주적외선망원경 SIRTF가 이름을 바꾼 것이다. 이것은 2003년 8월에 발사되어 유명한 천문학자의 이름이 붙여졌다. 이 위성은 지구를 뒤따르는 태양 궤도에 위치하여 적절한 온도 환경에서 태양에 대한 좋은 전망을 가졌다. 이 우주선의 액체 헬륨 냉각 망원경은 냉각제가 다 소모되는 2009년 5월까지 관측했다. 적외선 관측으로 천체의 온도,

대기, 그리고 열의 방출량 등을 관측하는 새로운 기술로 지구에서 500광년 거리에 있는 TrES-1 행성과 그 모성을 관측했다. 2005년 '뜨거운 목성' 으로 불리는 행성들인 TrES-1과 HD209458b으로 부터의 빛을 최초로 관측했다. 이것이 외계 행성을 눈으로 직접 본 것은 처음이다. 2007년에는 HD189733b의 대기 온도 분포를 나타내는 지도를 만들어서 최초로 외계 행성의 지도를 완성했다.

마이크로파 관측위성으로는 우주배경탐사선 COBE, 윌킨슨마이크로파이방성탐사선 WMAP, 플랑크(Planck) 등이 있다. COBE는 우주마이크로파배경복사(cosmic microwave background radiation) 탐지를 위해서 NASA가 1989년 11월 발사한 위성이다. COBE의 관측으로 빅뱅우주론을 지지하는 증거를 찾기 위한 것이었다. 이 위성은 우주의 마이크로파 분포도를 작성하여 분포의 불균일성을 찾아내고 우주초기에 형성된 은하를 발견하는 등으로 우주론 확립에 큰 공헌을 했다. 이 위성은 1993년 12월에 활동을 종결했다.

2001년 6월에 발사된 WMAP는 우주배경복사의 이방성(異方性, anisotropy)을 측정하는 위성으로 100만분의 1도 차이의 온도차도 측정 가능하다. WMAP은 하늘 전 방향의 배경복사 지도를 작성하여 우주가 137억 년 전 원자보다 작은 점에서 팽창을 하였다는 인플레이션이론(inflation theory)을 뒷받침해주고 있다. 현재의 우주는 별과 행성을 구성하고 있는 정상적인 물질이 우주 전체의 물질과 에너지의 약 4%에 지나지 않고 나머지는 암흑물질과 암흑 에너지이다.

플랑크 위성은 유럽의 ESA가 2009년 5월에 우주배경복사를 관측하고 WMAP이 발견한 이방성을 더 높은 감도와 더 높은 각분해능(角分解能)으로 관측하기 위해서 발사한 위성이다. 이 위성은 현재도 활발한 관측 활동을 하고 있다.

우주에서 지구로 들어오는 전파는 파장에 따라 대기에 거의 영향을 받지 않기 때문에 우주의 전파 관측을 위해서 전파망원경을 우주궤도에 올릴 필요가 없다. 그러나 최근에 와서 전파관측의 각분해능을 높이기 위해서 긴 기선(基線)을 가진 초장기선간섭계(VLBI)가 활성화 되고 있다. 긴 기선을 확보하기 위해서는 두 개의 망원경을 가능한 한 멀리 떼어 놓아야 하는데 지상에서는 한계가 있기 때문에 전파망원경 하나를 우주공간에 올리는 방법을 택하고 있다. 그러한 전파간섭계가 일본이 1997년 2월에 발사한 HALCA(VSOP-1)와 2014년에 발사 예정인 VSOP-2이다. 이 망원경들은 지상에서 3만~4만km 상공 궤도에 올려져서 기선을 충분히 확보할 수 있었다.

허블우주망원경

허블우주망원경(HST)은 NASA가 1990년 4월 24일 우주왕복선 STS-31/디스커버리로 발사해서 궤도에 올린 우주망원경이다. 미국의 유명한 천문학자인 에드윈 허블의 이름을 따서 명명된 이 망원경은 현재까지 우주궤도에 올려진 망원경들 중에서 가장 크고 가장 많은 관측을 했고 일반인들에게도 가장 잘 알려진 망원경이다. HST의 궤도는 높이가 559km인 원형궤도로 적도에 대한 경사각이 28.5°이다. 허블망원경의 무게는 1만1,110kg, 길이는 13m, 지름은 4.2m이고, 두 개의 12.19m 태양전지판, 두 개의 하이게인(high gain) 안테나, 두 개의 로우게인(low gain) 안테나, 데이터 관리시스템, 고성능 컴퓨터, 특정 목표물에 0.01″ 내의 각(角) 정확도를 유지시켜주는 정밀지향(fine-pointing)시스템 등을 갖추었다. 이는 로스앤젤레스에 있는 HST

는 샌프란시스코에 있는 10원짜리 동전에 초점을 맞출 수 있는 성능이다. 망원경의 길이는 6.4m, 주반사경의 구경은 2.4m, 2차반사경의 지름은 0.3m이다.

이 망원경에는 흐린물체촬영카메라(FOC), 광시야/행성카메라(WFPC), 가다드고분해분광계(GHRS), 흐린물체분광계(FOS), 초고속측광기(HSP), 미세유도센서(FGS)가 갖추어졌다. HST는 자외선, 가시광선, 근적외선으로 우주를 관측할 수 있다. HST는 긴 세월을 거치는 동안 건전지-태양열 발전판, 관성항법기 등 주요 부품이 망가져 수리를 하지 않았다면 발사 19년 후인 2008년쯤이면 수명을 다 했을 것이다. 그러나 이 망원경이 현재까지 성공적으로 운영되고 있는 것은 설계 단계부터 후에 업그레이드를 염두에 두고 우주공간에서 수리를 하거나 부품을 교환할 수 있도록 만들어졌기 때문이다.

HST가 처음 궤도에 진입했을 때 지구로 보내 온 첫 번째 영상이 아주 흐리게 보이는 문제가 생겼다. 주 반사경이 기대했던 대로 정확하게 깎이지 않아서 구면수차가 생겼다. 그래서 1993년 기술자들이 우주왕복선으로 두 개의 글라스를 가지고 올라가서 수리를 마쳤다. 이 글라스는 보정광학우주망원경축대체(COSTAR)장비로서 그 크기는 공중전화 부스만하다. COSTAR는 1993년 12월 2일 우주왕복선 STS-61/인데버에 의해서 HST로 실려 갔다.

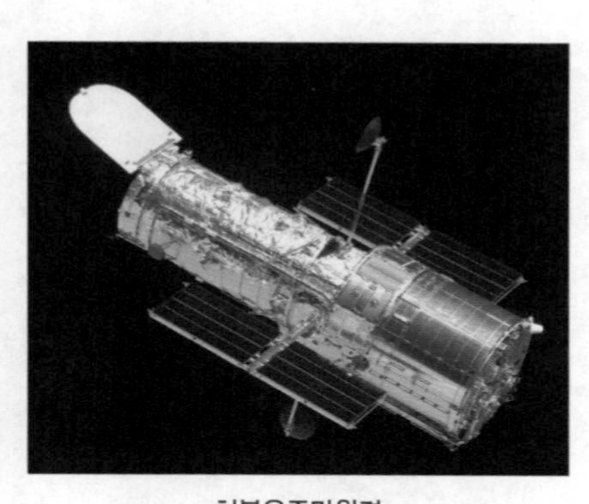
허블우주망원경

네 명의 우주인이 우주유영으로 COSTAR를 망원경 내부에 고정시키고 태양전지판을 교체하고, 전자기기를 수리하고, 새로운 컴퓨터 프로세서와 자력계를 설치하고, 광시야행성카메라(WFPC)를 새로 교체하고, 초고속측광기(HSP)를 제거하는 등으로 이제까지 우주 유영으로 한 일 가운데 가장 어려운 일을 마쳤다. 이 작업은 극히 성공적이어서 HST의 영상은 전보다 1등급(10배) 더 선명하게 되어 전 세계적으로 관심을 받게 되었다.

HST는 4년 동안 많은 데이터와 영상을 보내온 후인 1997년 2월 11일에 우주왕복선 STS-82/디스커버리의 우주인들이 2차 수리 임무를 띠고 HST를 향했다. 이들은 HST의 기기 일부를 바꾸고 우주 유영을 하면서 수리를 했다. GHRS와 FOS는 철거하고 대신 우주망원경영상분광기(STIS), 근적외선카메라(NIC)와 다체분광계(MOS)를 설치했다. 우주인들은 미세유도센서(FGS)와 테이프 기록 장치 등의 장비를 회수하고, 광학 전자보강 장치를 설치하고, 망원경 안정과 미세지향을 위한 장치를 바꿨다. 또한 새로운 열 차단 담요도 덮었다.

HST가 19년 동안 훌륭하게 활동한 후인 1999년 12월 19일, 3A차 수리 임무를 띠고 STS-103/디스커버리가 발사되어 여섯 개의 새로운 자이로(gyro)와 속도가 20배 빠르고 여섯 배의 기억 용량을 가진 컴퓨터, 새로운 디지털 테이프 기록 장치를 설치하고 미세유도센서(FGS)와 전파송신기를 수거했다. 3B차 수리를 위해서 2002년 3월 1일 발사된 STS-109/컬럼비아는 서베이용 고성능카메라, 새 견고한 태양전지판, 새로운 냉각장치 등을 설치했다. HST의 4차이면서 마지막 수리는 2009년 5월 11일 발사된 STS-125/아틀란티스의 우주인들이 수행했다. 이들은 우주유영을 통해서 광각카메라(WFC)3과 우주기원분광계(COS)를 새로 설치했다. WFC3은 더 높은 감도와 넓은 시야로 망원경의 관측능력을 35배 이상 향상시켰고, COS는 구면시차를 획기적으로 줄여주었다. 우주인들은 또한 서베이용 고성능 카메라와 우주망원경영상분광계(STIS)를 수리했다.

HST의 후계자로 NASA는 구경 6.5m의 제임스웹우주망원경(JWST)을 2014년 6월 발사할 예정이다. 허블은 임무를 제임스웹우주망원경에 넘기고 지구로 회수되어 미국 워싱턴디씨에 있는 스미스소니언항공우주박물관에 전시될 예정이다.

허블우주망원경의 관측 결과

HST의 주요 임무는 천문학에서 오랫동안 해열되지 않고 남아있던 문제들에 대한 해답과 새로운 이론에 대한 증거를 찾는 것이었다. 우주에서 거리의 척도를 결정하기 위해서 세페이드(Cepheid) 변광성의 정확한 거리측정과 먼 초신성을 관측하여 허블상수를 더 정확히 구하고 우주의 팽창속도를 측정하여 우주의 나이를 결정하는 등을 목표로 하고 있다. 지난 20여 년 동안 허블은 많은 발견을 이루어냈고 엄청난 양의 관측데이터를 생산해 냈다. 현재까지 허블망원경의 관측데이터에서 나온 논문 수는 9,000편이 넘는다.

HST의 심층우주영상(deep space image)은 수십억 광년 밖의 흐린 은하들을 또렷또렷하게 나타내서 우리가 우주 생성 초기의 모습을 볼 수 있게 해주었다. 먼 은하내의 세페이드 변광성과 초신성을 관측하여 우주의 거리 척도를 더 정확하게 결정하고, 이에 따른 우주의 나이 추산을 더 정확하게 할 수 있게 해 주었다.

HST는 눈에 보이지 않은 암흑물질의 분포도를 전례가 없이 상세하게 그려냈다. HST는 빅뱅 2억년 뒤에 생성된 가장 오래된 원시은하를 발견했다. 이 은하의 나이는 135억5,000만년일 것으로 추측되고 있다. 아주 멀어서 빛이 지구에 도달하는데 너무 오래 걸려서 우주가 현재 나이의 반에 해당할 때 모습을 보이는 두 개의 은하들을 집중 관측했다. 이 관측으로 은하들이 정상적인 물질과 암흑 물질이 매듭점(node)에 응축하는 우주의 망(webs)에서 형성된다는 이론을 지지하는 증거를 찾아냈다. 이는 마치 물방울이 거미줄이 교차하는 곳에 물방울이 맺히는 것과 같은 원리이다.

1991년에는 태양의 수천 만 배의 질량을 지니 블랙홀을 처음으로 외부은하의 중심에서 관측했다. 거의 모든 은하들이 지금은 조용하지만 한 때 엄청나게 밝았던 퀘이사의 에너지를 공급하는 초 중량의 블랙홀을 가지고 있음을 알아냈다.

엑스선, 감마선, 가시광선 관측과 연합하여 감마선 폭발의 원천을

적외선으로 관측한 은하계 모습

분석했다. 감마선 폭발은 빅뱅 이후 우주에서 일어난 가장 강력한 폭발일 것이다. 그동안 이것이 우리 은하에서 일어나는 것인지 먼 은하에서 일어나는지를 결정할 수 없었다. 허블의 영상은 폭발이 실제로 별의 형성이 많이 일어나는 먼 은하에 있음을 보였다.

은하 M51에서 별이 태어나는 나선팔과 먼지 구름의 복잡한 구조를 상세하게 관측했다. 캠퍼스자리의 시르시누스(Circinus) 은하는 세이퍼트 은하로 거리가 1,300만 광년이고 남반구에서 보이는 은하이다. 이 은하에는 밀집된 중심핵과 물질을 끌어드리는 초 중량의 블랙홀이 있고, 팔의 디스크에 있는 대부분의 가스는 두 개의 고리에 집중되어있다, 큰 것은 지름 1,300광년, 작은 것은 260광년인 고리는 가스와 먼지로 구성되어있고 새로운 별이 빠르게 탄생하고 있었다,

HST는 중력렌즈 현상도 관측했다. 용자리에 있는 거리가 20억 광년이고 많은 수의 나선과 타원 은하들로 구성된 아벨(Abell)2218 은하단이 거리가 더 먼 천체의 영상을 확대하고, 더 밝고 뒤틀어지게 하는 중력렌즈 현상을 일으킴을 알아냈다. 이 현상은 HST 영상에 아크 형 모양을 만든다. 이것은 5~10배나 더 먼 은하의 찌그러진 모습이다.

대커리(Thackery) 구상체는 태양보다 훨씬 크고 뜨겁고 질량이 큰 별들에 의해서 열을 받아 밝게 빛을 내는 가스와 먼지로 이루어진 별 탄생영역이다. HST는 이러한 구상체의 상세한 모습을 처음으로 보여주었다. 이것들은 빠른 속도로 계속 휘젓는 운동과 서로 도는 운동을 하고 있었다. 독수리(Eagle) 성운 또는 M16은 거리가 6,500광년으로 뱀자리에 있다. 이 성운은 손가락과 같은 분자 수소의 거대한 구름의 벽에서 솟아오르는 1광년 길이의 온도가 낮은 가스와 먼지의 괴물과 같은 기둥을 보인다. 이 성간가스는 밀도가 높아서 자신의 무게에 의해

서 붕괴하여 별을 형성하고 있다. 이 기둥의 끝에서 별이 탄생한다.

독수리자리의 NGC6751 행성상 성운은 수천 년 전에 중심에 있는 뜨겁고 죽어가는 별에서 분출된 가스의 구름으로 구형의 껍질을 이루고 있다. 강한 자외선이 가스가 빛을 내게 한다. 오렌지와 적색의 가스는 바깥쪽의 낮은 온도의 밖으로 흐르는 가스이다.

HST는 알려진 것 중에서 가장 무거운 별들 중 하나인 피스톨(Pistol) 별을 궁수자리에서 발견했다. 거리가 2만5,000광년인 이 별은 태양의 100억 배의 에너지를 방출하고 반지름이 태양-지구 거리보다 크다. 이 별은 격렬한 폭발로 외부층의 가스를 분출하여 지름이 4광년의 성운을 형성하고 있다. 300만년 동안 태양의 10배 질량이 이 별을 둘러싼다. 이 별은 짧은 생애를 마치고 초신성 폭발로 생애를 마칠 것이다. HST는 또한 태양 말고 다른 별의 직접 영상을 최초로 오리온자리의 적색거성에서 얻었다. 이 자외선 영상은 지구보다 10배 이상 큰 표면의 뜨거운 점을 가진 거대한 대기를 보여준다. 이것은 일부 별들의 대기에 영향을 줄 수 있는 전혀 새로운 물리적 현상이 있음을 의미한다.

2009년 10월에는 과학자들이 허블우주망원경의 근적외선 카메라와 다중목표물 분광계 자료를 통해 태양계 밖에서 두 번째로 발견된 뜨거운 가스 행성에 생명체 구성 물질들이 존재한다는 사실을 밝혀냈다. 지구로부터 약 150광년 떨어진 페가수스자리의 태양과 비슷한 별인 H209458 주위를 도는 행성의 대기에서 물과 메탄 및 이산화탄소를 발견했다. 이 행성이 생명체 서식에 적합한 환경은 아니지만, 장차 암석질로 확인된다면 생물체가 생존할 수 있는 행성에 생물학적 과정에 중요한 화학 성분들을 갖추고 있는 셈이다. 오리온성운에서는 행

허블망원경이 관측한 별의 탄생 모습

성형성의 원반을 관측하여 별의 형성과정을 보여주고 있다.

밝은 천체의 탄생과 죽음에 관한 데이터로서 행성 형성의 원료 물질인 팬케이크(pancake) 형태의 먼지 원반이 젊은 별들 주위에 보편적으로 분포한다는 증거를 확보했다. 탄생하는 별에서 나오는 제트(jet)는 먼지와 가스의 원반 중심에서 방출되는 것을 처음으로 보여주어 이

전까지 이론으로만 논의되던 사실을 관측으로 보여주었다. 지난 4세기 동안 가장 가까이서 폭발한 초신성 1987A를 모니터하여 이 별에서 방출된 물질의 파동과 그 별을 둘러싸고 있는 물질의 고리 사이에 충돌하는 사진을 찍었다.

화성이 2001년 6월 지구에 6,800만km로 접근했을 때 HST는 상세한 표면모습을 관측했다. 화성에서는 16km의 높은 해상도로 서리로 이루어진 흰색얼음 구름, 회전하는 계절적인 먼지 폭풍, 북극관 근처에 거대한 먼지 폭풍 등의 영상을 얻었다. 목성과 토성에서는 오로라를 상세하게 관측했다. 토성 고리의 상세한 관측으로 고리가 극히 얇아서 두께가 약 10m이고 서로 가볍게 충돌하는 여러 크기의 덩어리 형태인 먼지 얼음으로 이루어져 이었다.

천왕성에서는 고리와 밝은 구름, 그리고 남극 상공에 고도에 떠있는 안개를 관측했다. 구름의 색깔은 그들의 고도를 나타낸다. 녹색과 청색 영역은 대기가 맑고 태양광이 침투할 수 있는 영역이고, 노랗고 회색 영역은 태양광이 더 높은 구름층에서 반사되어 생기는 것이다. 오렌지와 적색은 지구의 권운(卷雲, cirrus) 구름과 같이 아주 높은 구름을 나타낸다. 이것들은 천왕성을 시속 500km 이상의 속도로 돈다. 왜소행성 플루토와 그 위성 카론의 선명한 사진을 처음으로 촬영했다.

1994년 7월에는 혜성 슈메이커-레비9가 목성에 충돌하는 장면을 생생하게 중계했다 소행성 베스타(Vesta)를 2억5,000만km의 거리에서 관측하여 용암의 흔적과 거대한 충돌 크레이터를 관측했다.

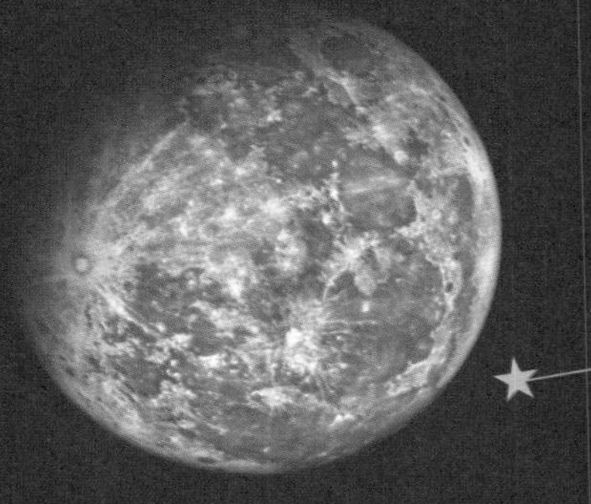

제 14 장

한국, 일본, 중국, 인도의 우주개발과 탐사

한국을 비롯해서 일본, 중국, 인도 등 아시아 국가들은 비록 뒤늦게 우주개발에 뛰어들었지만 비교적 빠른 속도로 발전하여 이제는 인류의 우주개발과 탐사 분야에서 큰 몫을 차지하고 있다.

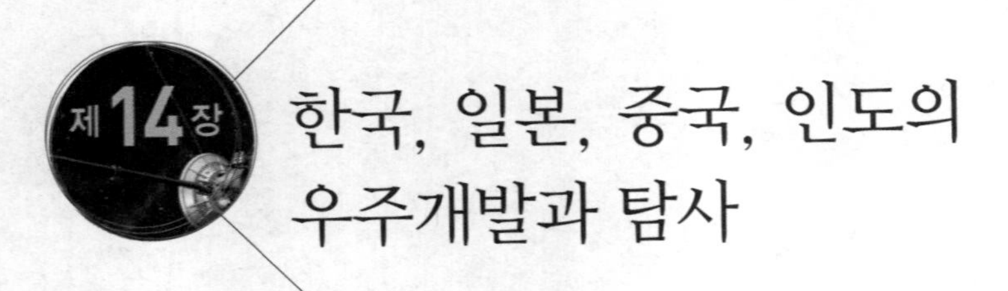

한국, 일본, 중국, 인도의 우주개발과 탐사

인류의 우주개발은 소련(후에 러시아), 미국, 유럽과 같은 강대국들에 의해서 시작되었고 오랫동안 그들에 의해서 주도되어왔다. 한국을 비롯해서 일본, 중국, 인도 등 아시아 국가들은 비록 뒤늦게 우주개발에 뛰어들었지만 비교적 빠른 속도로 발전하여 이제는 인류의 우주개발과 탐사 분야에서 큰 몫을 차지하고 있다. 이들은 인공위성을 자체 제작 발사해서 활용하고 있고 우주망원경으로 우주관측도 하고 있다. 강력한 발사체를 개발해서 자국의 위성은 물론 상업적인 위성 발사 시도 중이다. 유인우주선의 발사와 우주인의 우주유영도 여러 번 했다. 우주에서 우주선끼리의 도킹에도 성공했고 독자적인 우주정거장도 건설하고 있다. 우주탐사선을 달은 물론 소행성과 혜성에 보내 이 천체들을 직접 탐사케 하고 있다.

한국의 우주개발과 인공위성

한국은 비교적 늦은 시기에 우주개발에 참여했다. 한국에서 국가적인 우주개발이 시작된 것은 1987년 12월에 '항공우주산업개발촉진법' 이 제정되어 우주개발의 법적 장치가 마련되면서부터라고 할 수 있다. 그러나 실질적인 우주개발은 1991년 인공위성의 개발로부터 시작되었다. 당시에는 자체기술이 없어 한국과학기술원(KAIST) 인공위성센터의 연구원들이 영국의 서리(Surrey)대학에 파견되어 기술을 습득하고 위성 제작에 참여했다. 1992년 8월에 실험용 과학위성 우리별 1호의 발사에 성공하여 우주개발의 첫발을 내디뎠다. 무게 50kg인 이 위성은 서리대학의 기술지원으로 KAIST 인공위성센터의 기술진이 제작한 것이다. 이 위성은 남미 기아나우주센터에서 프랑스의 아리안 4호 로켓에 실려 궤도에 진입했다. 이 위성에는 아마추어무선 중계장치가 실려 있었다.

1993년 9월에는 KAIST의 기술진에 의해서 제작된 우리별 2호가 아리안 로켓에 실려 궤도로 올라갔다. 무게 800kg인 이 위성은 우주관측, 지구관측, 통신을 위한 기초기술 개발을 위한 장비와 아마추어 무선중계기를 장착했다.

한국의 우주개발은 1993년 '2000년대 우주기술 10위권 진입' 을 신경제 5개년 계획의 중점과제로 선정하면서 본격화되었다. 1995년 8월에는 KT의 상용 방송통신위성인 무궁화 1호가 미국 케이프커내버럴에서 델타2 로켓에 실려 쏘아 올려졌다. 그러나 이 위성 주 엔진에 부착된 보조로켓 중 하나가 분리되지 않아 위성이 목표 궤도인 정지궤도에 미치지 못하는 사고가 발생했다. 그래서 정지궤도에 진입시키기 위해서 위성 자체의 추진체를 사용하여 수명이 당초의 10년에서

4.5년으로 단축되었다. 이 위성은 1996년 3월부터 상용서비스를 시작했다. 1호의 예비위성으로 계획되었던 무궁화 2호는 1996년 1월에 역시 델타 2 로켓에 의해서 발사되었다. 이로써 한국은 상용위성을 보유한 22번째 국가가 되었다.

한국의 나로 로켓

1996년에는 '우주개발 중장기 기본계획'을 세우고 우주개발사업을 위성개발, 발사체 개발, 그리고 기타 연구개발과 국제협력 등 분야마다 체계적으로 추진키로 했다.

100kg급 소형 과학실험위성인 우리별 3호가 순수하게 한국인의 손으로 제작되어 1999년 5월 인도의 PSLV-C2 로켓으로 발사되었다. 이 위성은 지구 관측실험, 우주 관측실험 등을 수행하고 2004년 2월 수명을 끝냈다.

1999년 9월에는 발송통신위성인 무궁화 3호가 프랑스의 아리안 4호 로켓에 의해서 발사되었다. 이 위성은 실패한 위성인 무궁화 1호의 역할을 대신했다. 1999년 12월에는 다목적 실용위성인 아리랑 1호가 미국 반덴버그우주기지에서 토러스 로켓에 의해서 성공적으로 발사되었다. 이 위성은 한반도 부근 지도제작 및 해양과 우주 관측임무를 수행했다.

2003년 9월에는 역시 한국 기술진에 의해서 만들어진 과학기술위성 1호가 러시아 플레세츠크 우주기지(Plesetsk Cosmaodrome)에서 코스모스 3M 로켓으로 발사되었다. 이 위성은 원자외선 영역의 천체 및 지구 분광 관측과 오로라 발생의 원인 규명 등의 임무를 수행했다.

2004년 12월 국가과학기술위원회에서는 '국가우주개발중장기계획'을 확정했는데, 이 계획에 따르면 2015년까지 위성의 독자설계 능력을 축적하고 지구 및 환경관측 등 수요를 충족시키기 위하여 8대의 저궤도 다목적 실용위성을 개발한다. 국제우주정거장 활용 기반기술을 확보하고 우주비행사를 양성할 계획도 세웠다. 과학기술부는 2006년을 '스페이스 코리아' 실현을 위한 실질적 원년으로 선언하고, 우주개발 인프라 구축을 위한 국가우주위원회를 대통령 직속에 두는 것을 골자로 한 '우주개발진흥법'을 제정하고 '우주개발 중기계획(2006~2010년)'도 수립했다.

다목적 실용위성인 아리랑 2호가 러시아의 플레세츠크 우주기지에

한국의 아리랑 2호

서 2006년 7월에 발사되었다. 무게 800kg인 이 위성은 지구 상공 685km 태양동기궤도에 정확히 안착했다. 이 위성은 이스라엘과 공동 개발한 고해상도 광학카메라를 갖춰 한 픽셀(해상도)에 지표에 있는 흑백 1m, 칼라 4m 크기의 물체까지 식별할 수 있다. 한반도를 직접 높은 정밀도를 가지고 볼 수 있게 하였다. 이 위성의 국산화율은 대략 85%에 달했다.

2006년 8월에는 죽을 사(死)와 음이 같은 4를 피하기 위해 5호로 이름 붙여진 무궁화 5호가 발사되었다. 노후한 무궁화 2호를 대체할 이 위성은 하와이 부근 해상에서 시런치(Sea Launch)사에 의해서 발사되었다. 적도상공 3만5,900km인 정지위성 궤도를 도는 이 방송통신 위성은 한반도를 넘어 중국 동부와 일본, 대만, 필리핀 등 동아시아 전역에 본격적인 위성 방송 및 데이터 서비스 전파를 송신할 수 있다.

과학기술위성 2호가 2009년 8월과 2010년 6월에 나로 우주기지에서 나로 발사체에 의해서 각각 발사되었으나 궤도 진입에는 실패했다 (다음 절에 상세하게 설명).

한국우주항공연구원(KARI)은 한국 최초의 통신기상해양위성인 천리안 위성을 2010년 6월 27일 기아나우주센터에서 아리안 5호로 발사했다. 이 위성은 국내 연구진이 만든 최초의 정지궤도 위성이다. 무게 2.5t인 이 위성은 고도 3만6,000km의 정지 궤도에서 한반도의 날씨와 주변 해양을 관측한다. 이 위성은 8분 단위로 기상 정보를 지상으로 보내어 외국에 의존하지 않고 한국이 독자적으로 기상관측 및 예보를 할 수 있게 해 주었다. 또한 한반도 주변 환경과 수산자원 정보를 실시간으로 관측할 수 있게 했다. 이 위성에는 통신탑재체가 탑재되어 있어 차세대 위성방송통신 서비스 기반을 마련해주고 있다. 한국은 세계 최초의 정지궤도 해양관측위성 보유국이자, 미국, 중국, 일본, EU, 인도, 러시아에 이어 세계 7번째로 기상관측위성 보유국이 되었다. 이 위성은 7년간 궤도에 머물면서 임무를 수행할 예정이다.

KT사는 수명이 2011년 끝나는 무궁화 3호를 대체할 방송통신위성 무궁화 6호를 2010년 12월 기아나우주센터에서 발사하여 정지궤도에 안착시켰다. 무궁화 6호는 2012년 활동을 마치는 무궁화 3호를 대신해 디지털 위성방송과 독도 등 도서지역과 산간 오지에 초고속 인터넷 서비스를 제공하는 데 활용되고 있다. 프랑스 TAS사와 미국의 OSC사가 공동 제작한 무궁화 6호는 고화질(HD) 방송에 대비, 성능을 대폭 개선한 30기의 위성 중계기를 장착, 고품질 위성 서비스를 제공하게 되며, 수명도 기존 위성 대비 25% 늘린 15년으로 늘었다. 이 위성은 한반도 전체를 아우르는 위성방송 시대를 열 수 있는 토대를 마련하며 한국이 보유한 정지궤도 위성 수가 5개로 늘어나 우주 산업 강국으로 도약하고 2011년 8월에 발사된 전천후 영상레이더를 갖춘 아리랑 5호와 함께 전천후로 지구를 관측하게 된다.

다목적실용위성인 아리랑 5호는 지상 550km의 고도로 2012년 쏘아 올려 질 예정이다. 아리랑 5호는 합성영상레이더(SAR)를 사용하여 마이크로파로 한반도를 전천후로 촬영할 수 있다. KARI는 또한 2012년 6월에 다목적실용위성인 아리랑 3호를 일본 다네가시마 발사장에서 발사하고, 적외선 카메라가 장착된 아리랑 3A호를 발사할 예정이다. 아리랑 3A호는 산불을 탐지하고 홍수 피해나 여름철 열섬현상도 분석할 수 있고 온 폐수 방류나 화산 활동 등도 감시할 수 있다.

한국은 1992년부터 현재까지 총 15개의 위성을 발사해서 유럽의 아리안을 비롯한 타국의 발사체를 이용한 위성들 13개는 모두 성공했

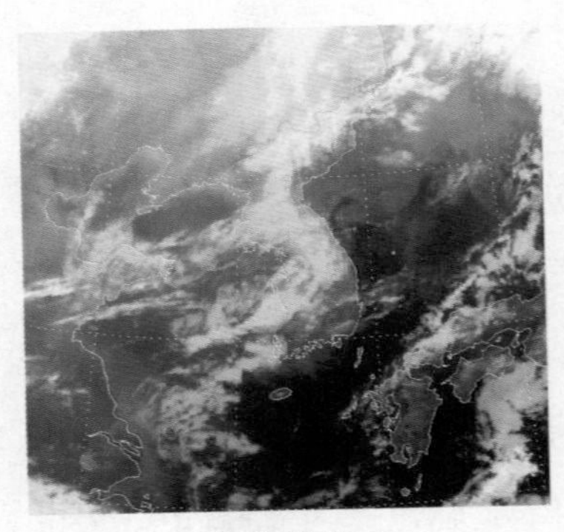
한국의 천리안호

다. 단지 나로호에 실어 자체 발사한 2개만 실패했을 뿐이다. 한국의 위성 제작기술의 자립도는 위성에 따라 70~90%까지 올라갔다.

한국은 한국인 우주인 탄생 계획을 2006년에 시작해서 2008년에 탄생시켰다. KARI는 2006년 4월 우주인 후보로 지원한 총 3만 6,206명(남자 2만9,280명, 여자 6,926명) 가운데 최종 우주인 후보로 고산(당시 31세)과 이소연(당시 29세) 등 2명을 선발했다.

이들은 2008년 러시아 우주선에 탑승해 국제우주정거장 ISS에 승선하기 위한 과정으로 러시아에 파견되어 러시아 우주인들과 함께 강도 높은 훈련을 받았다. 그러나 첫 번째로 우주선에 탑승하기로 예정되어있던 고산은 보안규정을 위반했다고 교체를 요구하는 러시아의 요구로 우주선 발사 한 달을 앞둔 2008년 3월 11일 이소연으로 전격 교체됐다. 이 교체를 두고 우주관광이라는 일반의 비판을 무마하기 위해서 한국 정부가 무리한 정보 수집을 요구한 게 아니냐는 의혹이 일기도 했다.

이소연은 2008년 4월 8일 카자흐스탄의 바이코누르 우주기지에서 러시아의 우주선 소유즈에 탑승하여 지구를 떠난 후 4월 10일 ISS와 도킹하여 10일간 머문 후 4월 19일에 지구로 귀환하여 한국 최초의 우주인이 되었다. 이소연은 ISS에 머무는 동안 물의 현상, 뉴턴의 법칙, 식물성장 등이 지구와 우주공간에서 어떻게 다른지를 알아보는 18가지의 실험을 수행했다.

한국의 우주로켓 개발

한국의 로켓 개발은 70년대 이후 국방 관련 로켓 개발이 수행되었으나 1989년 항공우주전문기관인 KARI가 설립되면서 민간 기관에 의한 로켓 개발이 추진되었다. 한국 최초의 로켓은 1993년 KARI가 개발한 과학관측 로켓 KSR-I이다. 이 로켓의 추진기관은 국방과학연구소에서 백곰 미사일의 1단 로켓 추진기관 개발에 사용했던 관련 기술을 이용한 고체연료추진 기관이다. 길이는 6.8m, 몸통의 최대직경은 0.42m, 무게는 1.4t이었다. 이 로켓은 대기권을 관측할 수 있는 과학 관측기구를 싣고 고도 54.1km까지 상승했다. 이어서 개발된 중형과학로켓 KSRI-II는 2단형 고체추진제 로켓인데, KSR-I에 1단 로켓을 추가한 것으로 로켓의 전체 길이는 11.1m이며 발사중량은 2t으로 150kg의 과학탑재물을 150km의 고도까지 올릴 수 있다. 첫 발사는 1997년 7월에 있었으나 발사 28초 후 통신이 두절이 되었고, 다음해인 1998년 6월 발사는 성공해서 임무를 달성했다. 이 사업으로 한반도 상공의 오존층 상태는 양호한 것으로 나타났으며, 무선 통신 현상 연구에 활용되는 이온층 측정결과를 얻을 수 있었다.

인공위성을 지구저궤도로 발사할 수 있는 우주발사체 개발을 위해서 KARI는 1997년 12월부터 액체추진 로켓인 KSR-III(Korea Sounding Rocket)의 개발을 시작하였다. KSR-III의 기본 로켓은 직경 1m, 길이 13.5m, 무게 6.1t, 총중량 6.1t, 엔진 추력 13t으로 추진제는 액체산소와 등유로 설계되었다. 이 로켓은 5년의 걸친 개발 끝에 2002년 11월에 발사에 성공해서 고도 50km에 도달했다.

2002년 8월에는 전남 고흥 외나로도에 500만m^2(150만평) 규모의 부지에 나로우주센터 착공에 들어갔다. 나로우주센터는 3,000여 억원을 들여 발사대 시스템, 발사 통제동, 위성 시험동, 기상관측소, 종합 조립동, 고체 모터동, 추적레이더 등 발사체를 발사하기에 필요한 모든 시설을 갖춘 최첨단 시설로 이루어졌다. 나로우주센터는 저궤도위성의 발사장이 될 뿐더러 우주발사체 개발을 위한 성능시험 등을 통해 한국이 개발한 인공위성을 한국 땅에서 발사하는 우주기술 개발의 전초기지로서의 역할을 수행하고 있다. 2009년 6월에 나로우주센터가 완공되어 세계 13번째 우주발사장이 되었다.

2004년에 확정된 '국가우주개발중장기계획' 에는 2010년까지 1t급의 위성을 저궤도에 발사할 수 있는 수준의 우주발사체, 2015년까지는 무게 1.5t의 위성을 발사할 수 있는 우주발사체를 개발하는 계획이 포함되어 있다. 이 계획에 의거 KARI는 100kg 급 인공위성을 지구 저궤도에 진입시킬 수 있는 로켓인 나로호(KSLV-1) 개발에 착수했다. 나로호는 1단 액체엔진과 2단 고체 킥모터로 구성되는 2단형 발사체이며, 1단은 러시아와 공동개발, 상단은 국내 기술로 개발하기로 했다. 나로호의 총중량은 140t, 길이는 33m, 직경이 2.9m이다.

한국의 첫 우주발사체인 나로호가 과학기술위성 2호(STSAT-2)를 싣고 2009년 25일 오후 5시 일곱 번이나 연기된 끝에 나로우주센터에서 성공적으로 발사되었다. 나로호의 하단 액체연료 로켓은 러시아 흐루니체프사가, 상단 고체연료 로켓은 한국이 각각 개발했다. 상단에는 KAIST가 개발한 무게 100kg의 소형위성인 과학기술위성 2호가 실렸다. 이

우주로 향하는 나로호

위성은 연구용으로 전파를 이용해 지구의 수증기와 구름 속의 수분 함령을 측정해 기상 정보를 제공할 수 있고 레이저 반사경을 달고 있어 지상과 위성 사이의 거리를 정밀하게 측정할 수 있다. 이를 통해 지구 내부 물질 분석과 지진파 예측 등의 연구 활동을 벌일 수 있다. 나로호 개발에는 총 5,025억 원이, 그리고 과학기술위성 2호에는 136억 원이 들어갔다.

나로호는 성공적으로 발사는 되었지만 발사의 최종 목적이었던 과학기술위성 2호를 정해진 궤도에 올리는 데는 실패했다. 발사 후 러시아에서 제작된 하단 액체 엔진과 한국 자체 기술로 개발된 상단 고체 엔진은 정상적으로 작동했고 위성이 2단 로켓에서 정상적으로 분리됐으나 목표궤도에 정확히 올려 보내지는 못했다. 이 위성은 발사 후 540초에 상단 고체 로켓에서 분리되어 지구 상공 306km 궤도에 진입시키는 것이었다. 그러나 분리 30초 전에 이미 상단 로켓의 고도가 360km에 도달했다. 과학기술위성 2호는 다른 상업위성들과는 달리 자체 추진력이 없어 스스로 궤도 수정을 할 수 없었다.

이 위성이 궤도 진입에 실패한 원인은 로켓의 가장 앞부분에 실려 있는 위성의 보호덮개인 '페이로드 페어링(Payload fairing)'이 두 쪽 중 한 쪽이 떨어지지 않아 생긴 것으로 분석되고 있다. 전문가들은 이 페어링을 조이고 있다가 폭발하는 볼트에 문제가 있었던 것으로 여기고 있다. 나로호 발사과정에서 하단과 상단 분리, 위성 분리는 성공했지만 페어링 분리 이상으로 위성 궤도 진입에 실패한 것으로 분석되고 있다.

페어링 미 분리는 상단 로켓이 제대로 자세를 못 잡게 해 결과적으로 위성의 속도를 떨어뜨렸다. 위성은 지구가 끌어당기는 중력과 원운동으로 발생하는 원심력 사이에서 균형을 맞추며 지구둘레를 돈다. 나로호 상단 로켓은 발사 395초 후 지구 상공 303km에서 타원궤도 방향으로 수평자세를 유지하면서 시속 8km의 위성을 분리해서 위성을 궤도에 진입시키도록 되어있었다. 그러나 100kg의 위성보다 3배나 무거운 330kg의 한쪽 페어링이 제때 분리되지 않은 바람에 상단 로켓이 충분한 속도를 낼 수 없어 위성의 속도는 시속 6.2km에 불과했고 고도는 387km에 이르게 되었다. 위성은 지구공전궤도에 진입하지 못하고 지구로 추락하다 타버렸을 것으로 추정된다.

나로호의 2차 발사는 2010년 6월 10일 나로우주센터에서 이루어졌다. 과학기술위성 2호를 실은 나로호는 발사 137.19초 후에 발사 지점에서 고도 70km 상공에서 폭발해서 또다시 실패하여 한국 땅에서 인공위성을 궤도로 올리겠다는 꿈은 뒤로 미루어지게 되었다. 나로호는 발사 후 폭발 직전까지는 정상으로 비행했으나 나로호에 탑재된 카메라가 폭발을 나타내는 섬광을 보여준 후 통신이 두절되었고 폭발 파편이 제주도 남쪽 공해상으로 낙하하는 모습이 육안으로 관측됐다. 한국정부는 로켓의 1단계를 제작한 러시아 측과 합동으로 원인 규명에 나섬과 동시에 나로호의 3차 발사를 위한 준비 작업에 착수했다. 3차 발사는 2012년 10월에 이루어질 전망이다. 나로호가 비록 위성을 궤도에 진입시키지 못하고 실패했지만 로켓은 성공했고 발사체 시스템 기술을 습득한 것은 나로호 발사의 성과라 여겨지고 있다.

한국정부는 나로호 발사를 계기로 2016년까지 3조6,000억원의 예산을 투입해 '우주개발진흥기본계획'을 진행할 계획이다. 이 계획의 주요 골자는 한국형 발사체(KSLV-II) 개발 사업이다. KSLV-II는 1.5t급의 실용위성을 지구저궤도에 올려놓을 수 있는 능력을 가진 발사체로 2018년까지 개발을 완료할 계획이다. 이를 위해서는 발사체 시스템 설계, 제작, 시험능력은 물론 고추진력을 가진 액체 로켓 엔진을 개발해야 한다.

한국은 2017년까지 300t급 한국형 발사체를 자력으로 개발하며 2026년까지 우주탐사용 위성발사체를 개발하여 2017년에는 달 탐사위성(궤도선) 1호 개발에 착수해 2020년 발사하고, 2021년에는 달 탐사위성(착륙선) 2호도 개발에 착수하여 2025년에 쏘아 올린다는 야심찬 계획을 세워놓고 있다.

일본의 우주개발과 인공위성

일본은 아시아 국가들 중에서 가장 먼저 우주로 진출했다. 1955년 연필 모양의 '펜슬 로켓' 발사를 계기로 우주개발을 시작했다. 일본은 1970년 2월 인공위성 오수미(Ohsumi)호의 발사에 성공하여 세계에서 4번째의 인공위성 발사국이 되었다. 1979년부터는 X선망원경, 태양망원경, 우주전파망원경 등을 계속 발사해서 천문학 연구에 활용하고 있다. 1985년부터는 방송통신위성, 지구관측위성, 기상위성, 환경 감시위성 등을 발사하고, 달을 비롯한 태양계 천체의 탐사를 위한 우주선을 보내고 있다.

일본의 우주개발은 우주과학연구소(ISAS), 항공우주기술연구소(NAL), 그리고 우주개발사업단(NASDA) 등의 기관에서 독립적으로 추진되었으나 2003년 이들을 통합하여 우주항공연구개발기구(JAXA)가 설립되었다. JAXA는 현재 위성의 연구, 개발 그리고 궤도로의 발사와 천체의 탐사 특히 인간의 달 탐사까지 우주와 관련된 여러 가지 임무를 수행하고 있다.

일본은 1969년부터 가고시마(Kagoshima, 鹿兒島)현 다네가시마(Tanegashima, 種子島) 섬에 우주세터를 두고 위성발사를 하고 있다.

일본 최초의 천문관측위성은 1979년에 발사된 X선 관측위성 하쿠초(Hakucho)이다. 이 위성에 이어 히노토리(Hinotori), 텐마(Tenma), 깅가(Ginga), 아수카(Asuka) 등의 X선망원경을 연달아 발사해서 우주의 X선 관측을 이어갔으나 2000년에 발사된 5번째 X선 위성인 ASTRO-E가 궤도 진입에 실패하여 맥이 끊겼었다. 그러나 2005년에 수자쿠(Suzaku, 일명 ASTRO-EII)를 발사하여 일본 독자적인 X선 관측이 계속되었다.

일본 최초의 적외선 관측 위성은 1995년에 발사된 IRTS이다. 이 위성의 구경 15cm의 적외선망원경은 하늘을 적외선으로 스캔하는 작업을 수행했다. 2006년에는 68cm의 망원경을 갖춘 아카리(Akari, 일명 ASTRO-F)가 발사되어 전천(全天) 적외선 서베이를 계속했다. 일본은 2017년 구경 3.5m의 적외선망원경을 실은 SPICA를 발사하여 별과 행성의 형성과정을 연구하게 할 계획으로 있다.

태양관측을 위해서 태양활동 극대기에 맞춰서 1981년에 히노토리(Hinotori, 일명 ASTRO-A)를 발사하여 태양플레아를 X선으로 관측했다. 미국, 영국과 합작으로 요코(Yohkoh, 일명 SOLAR-A)를 1991년 발사하여 X선으로 태양코로나를 관측했다. 2006년에는 히노데(Hinode, 일명 SOLAR-B)로 극자외선과 X선으로 태양코로나와 자기장을 관측했다.

펄사를 비롯한 크기가 작은 천체들의 전파관측을 위해서 1997년 전파망원경 위성인 HALCA(Muses-B)를 지구궤도에 올려서 초장기선(超長基線)을 구축하여 망원경의 분해능을 극적으로 넓힐 수 있었다. 이 프로젝트의 후속으로 ASTRO-G가 계획되고 있다.

1992년에는 모리 마모루(Mohri Mamoru)가 첫 유인 우주비행을 했다. 그 후 현재까지 일본은 8명의 우주인을 배출했다.

일본은 자체 기술로 로켓을 개발해서 위성발사에 성공적으로 사용하고 있다. 1970년 발사된 일본 최초의 위성인 오수미는 액체로켓인 L-4S를 사용했다. 1990년부터 ISAS는 M-V 자체 고체로켓 개발에 착수하여 1997년 이 로켓으로 HALCA 위성을 궤도로 올리는데 성공했고, 2006년 태양 관측 위성 히노데의 발사까지 일곱 번의 발사에 성공했다. 1994년에는 새로운 고체로켓인 HIIA를 개발했으나 1990년대 말까지 두 번의 발사에 실패하면서 일본의 로켓기술이 비판을 받기도 했다. 2001년 8월 HIIA가 VEP-2 위성을 싣고 발사에 최초로 성공한 후 JAXA가 발족된 해인 2003년 11월의 실패를 제외하고 현재까지 17회의 발사를 모두 성공시켜 일본 위성 발사용 로켓의 주축으로 자리 잡고 있다.

일본은 정찰위성도 여러 기를 발사했다 2003년에 정찰위성 2기를 처음 발사했고 2006년 9월에 세 번째, 2007년 2월에 네 번째를 발사했다. 이들 위성들은 광학과 레이더로 북한의 핵실험 등을 감시하기 위한 것이다. 이 위성들은 지구의 남북 양극을 통과하는 지상 400~600km의 저궤

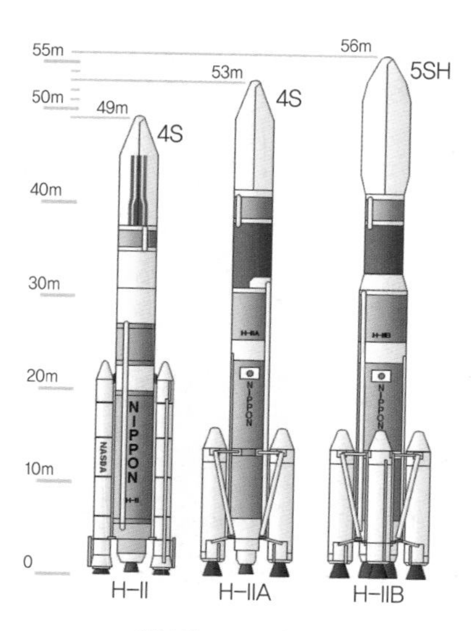

일본의 HII 로켓의 종류

도에서 지상 1m 크기의 물체까지 식별할 수 있다.

일본은 실험위성인 ETS 계열의 통신위성을 통해서 우주에서의 통신기술의 실험과 개발을 해왔고 WINDS 등의 방송통신 위성을 현재 운영하고 있다.

최초의 지구관측 위성인 MOS-1a와 MOS-1b를 1987년과 1990년에 발사했다. 그러나 1996년 아데오스(Adeos)와 2002년 아데오스-2의 발사가 잇따라 실패하면서 비판의 대상이 되기도 했다. 2006년에는 지구관측 위성 ALOS가 발사되어 아시아와 태평양 지역의 지형 지도를 그려냈다. 1996년에는 NASA와 합동으로 대기의 역학 특히 열대 우기의 변화를 관측하기 위해서 열대강우측정위성 TRIMM을 발사했다. JAXA는 2009년에 대기 중 이산화탄소의 밀도분포와 변화를 측정하고 결정하기 위해서 온실가스관측위성 GOSAT을 발사했다.

일본은 16개국이 참여하고 있는 국제우주정거장 ISS의 건설 사업에도 참여하고 있다. 일본은 ISS에 부착될 우주 모듈 ELM과 키보(Kibo, 희망)를 건설해서 부착시켰다. 키보는 우주정거장 밖 우주공간 실험에 활용될 노출 설비 모듈 중 가장 크다. 태양계 밖에서 날아오는 X선과 지구 성층권의 극소량 기체에서 방출되는 방사선, 고에너지 우주방사선 등을 관찰한다.

일본의 천체탐사 우주선

ISAS는 지구로 접근하는 핼리혜성의 관측을 위하여 가고시마우주센터에서 수이세이(Suisei)와 사키가케(Sakigake)를 1985년 8월과 1월에 각각 발사했다. 수이세이는 1986년 3월 핼리에 15만1,000km까지 접근하여 자외선 관측을 했다. 일본 최초로 행성간 공간으로 발사된 탐사선인 사키가케는 핼리에 699만km까지 접근하여 탐사했다.

1990년 1월에 일본 최초의 달 탐사선 히텐(Hiten, 일명 MUSES-A)을 발사했다. 이 우주선은 1976년 소련의 루나24가 달을 탐사한 후 최초로 달에 보내진 탐사선이고 일본을 미국과 소련 다음으로 달에 탐사선을 보낸 국가로 만들었다. 이 우주선은 달을 돌면서 달 궤도선을 방출하여 달 궤도를 돌게 했다. 이 우주선은 지구에 의한 대기마찰브레이크 시스템의 시험을 최초로 성공적으로 마쳤다.

일본 최초의 화성 대기를 관측하기 위한 화성궤도선 노조미(Nozomi, 일명 Planet-B)가 1998년 7월 발사되었다. 이 우주선은 화성에 2003년에 도착하여 화성의 영상은 보내왔으나 궤도 진입에는 실패했다.

2003년 5월에는 소행성 탐사선 하야부사(Hayabusa)를 발사했다. 이 우주선은 2005년 감자 모양으로 3억km 거리에 있는 소행성 이토카와(Itokawa)에 접근하여 착륙선을 소행성 표면에 내려 보낸 후 표면 암석 물질을 캡슐에 수집하여 2007년 지구로 귀환할 예정이었다. 이 우주선은 귀환 도중 엔진과 자세제어장치가 고장을 일으키고 통신이 두절되는 등의 우여곡절을 겪었으나, 여러 가지 비상수단을 동원해서 가까스로 발사 7년만인 2010년 6월 13일 호주 우메라(Woomera) 부근에 착륙시키는데 성공했다. 일본은 하야부사의 귀환으로 우주기술 분야에서 자체기술력을 세계에 과시했다. 일본은 2014년 하야부사 2호를 발사해 다른 소행성 탐사에 나설 예정이다.

2007년 9월 14일에는 다네가시마우주센터에서 달 탐사 위성 가구야(Kaguya, 일명 Selene)를 H2A 로켓 13호에 실어 발사하는데 성공했다. 가구야라는 이름은 일본 전래동화의 '가구야히메'에서 유래한다. 빛나는 대나무에서 발견된 아름다운 '가구야히메'는 이 세상 사람이 아니다. 달나라에서 죄를 지어 지상으로 쫓겨났다. 지상에서 만난 한 귀공자를 사랑했으나 사랑을 이루지 못한 채 8월 15일 달 밝은 밤에 승천한다는 아름다운 이야기를 지니고 있다. 현재 달 주위를 돌고 있는 가구야호는 3개의 큰 분화구 지역의 동심(同心) 링에서 많은 양의 감람석 흔적을 발견했다. 감람석은 그동안 논란이 되어왔던 달 표면 아래에 있는 철과 마그네슘이 풍부한 암석층인 맨틀의 존재를 증명하는 흔적으로 받아들여진다.

JAXA는 10년 내에 달 착륙을 목표로 하는 계획을 수립했다. 이 계획에 따르면 2015년에 달 주위를 도는 위성 세레네(Selene) 2호를 발사, 달 표면을 전체적으로 관측해 물질분포와 특징적 지형 등을 파악한 후, 달 표면의 착륙지를 결정하여 10년 이내에 로봇 등을 이용한 무인탐사기를 보낸다는 계획이다. 장기적으로는 우주인을 달에 보내 유인 우주활동을 하고 태양과 행성의 탐사도 추진한다는 것이다.

JAXA는 금성 탐사선 아카추키(Akatsuki, 일명 Planet-C)를 2010년

아폴로 11호

5월 H2-A 로켓에 실어 다네가시마 우주센터에서 금성을 향해서 발사했다. 이것이 최초의 금성 우주 기후관측위성이 될 예정이었지만 불행하게도 금성 궤도 진입에는 실패했다. 미국과 소련이 금성에 여러 탐사선을 보냈지만 금성 기후에는 아직도 많은 비밀이 남아있다. 금성의 자전속도는 지구 자전속도의 약 0.4%에 불과하지만 금성의 대기는 지구자전 속도의 60배에 달하는 속도로 금성을 휩쓸고 있다. 아카추키는 금성 표면 상공을 돌면서 바람이 이렇게 빠른 원인을 밝힐 예정이었다. JAXA는 유럽의 ESA와 합동으로 베피콜롬보(BepiColombo)를 2014년 수성으로 보내 궤도를 돌면서 수성을 탐사하게 할 계획이다.

일본은 태양에너지를 연료로 우주를 항해하는 세계 최초의 우주 범선인 이카로스(IKAROS)를 2010년 5월에 아카추키 금성 탐사선과 함께 발사했다. 이카로스는 빛을 반사하는 초박막 필름으로 만들어진 돛을 편 뒤 태양광에서 나오는 포톤(광자)을 에너지로 삼아 운항하게 된다. 이카로스는 태양광만 있으면 연료가 없어도 운항이 가능함을 입증하기 위해 우주에서 돛을 펼친 뒤 6개월간에 걸쳐 금성까지 간다는 계획이다. 2005년 미국이 같은 방식의 우주범선인 코스모스 1호를 발사했지만 실종되고 말았다. 이카로스를 움직이는 우주돛은 한 변이 20m지만 두께는 0.0075mm에 불과하다. 무게 부담은 적으면서도 바람(태양풍) 입자를 최대로 받아낼 수 있다. 돛은 합성수지의 일종인 폴리마이드레진(polymide resin)으로 만들어졌다. 돛에는 태양전지, 위치조정장치, 탐사용 센서 등이 붙어있으며 별도의 동력 없이 우주공간에서 자동으로 펼쳐진다. 이 우주선은 성공적으로 태양돛의 비행기술을 보여주어 최초의 우주범선이 되었다. 이카로스는 2010년 12월 금성을 약 8만800km의 거리로 통과했다. 일본은 앞으로 이러한 태양에너지 범선을 목성탐사에 사용할 계획이다.

2010년대에는 달 착륙 탐사선을, 2020년에는 우주인을 파견하고 달 남극 지역에 로봇을 보내 1년 이상 활동이 가능한 탐사 기지를 건설할 예정이다. 또한 주행거리 100m 이상의 달 표면 탐사를 실시하면서 채취한 암석을 선별해 지구로 가져오기로 했다. 이를 위해 2015년에 달에 탐사기를 연착륙시켜 태양광발전과 리튬전지를 활용한 전원을 이용해 2주 정도 관측을 실시하기로 했다. 이 프로젝트에는 모두 2,000억 엔의 비용이 들 것으로 추산하고 있다.

중국의 우주개발과 인공위성

중국은 1957년 마오쩌둥(毛澤東, Mao Zedong)의 지시로 우주개발을 처음으로 검토하기 시작했다. 1960년에는 구소련의 R-2 로켓을 개량한 최초의 로켓을 발사했다. 1965년에는 중국과학원에 위성설계원을 구성하고 인공위성 설계에 착수했다. 그 후 1982년에는 위성 사업을 전담할 우주공업부(항천공업부)를 설립했다. 현재는 1993년에 설립된 중국국가항천국(CNSA)에서 모든 위성의 발사를 관장하고 있다. 위성의 제작은 1999년에 설립된 중국항천과기집단(CASC)에서 맡아 하고 있다.

중국의 CZ 로켓

중국은 최초의 인공위성인 둥팡훙(東方紅, Dong Fang Hong, DHF)

1호를 1970년 4월에 창정(長征, Chang Zheng, CZ) 1 로켓으로 발사하여 소련, 미국, 프랑스, 일본에 이어 세계 다섯 번째 위성 발사국이 되었다. 이 위성은 무게 173kg의 통신전파위성이다. 그 후 중국은 새로운 로켓 개발에 주력하여 현재 CZ-4C호까지 개발해서 상업 발사도 하고 있다. 중국이 발사한 여러 목적의 위성 60여개가 현재 지구를 돌고 있고, 유인위성과 우주유영에도 성공했다. 독자적인 우주정거장이 건설되고 있고 달 탐사에도 나섰으며 멀지 않아 화성탐사에도 나설 채비이다. 중국은 우주개발을 종합 국력의 상징으로 생각하고 우주개발의 국가의 역량을 집중시키고 있다.

중국이 우주개발에 열을 올리는 목적은 크게 두 가지로 첫째는 미국과 일본의 미사일방어(MD)시스템 구축에 맞서 중국의 우주 안보를 강화해서 국방의 영역을 우주로 넓히는데 있고, 외국의 상업용 위성 발사를 대행하는 위성의 사업성을 위해서이다. 이를 위해서 중국은 최근 10년간 우주연구 관련 기반 시설에만 1억 달러 이상을 투자했다.

중국은 1950년대부터 로켓 개발을 시작해서 현재는 로켓의 설계와 생산, 발사, 추적, 통제에 이르기까지 전 과정을 자체기술로 해결하고 있다. 1956년 국방부 산하 미사일로켓연구소를 설립하여 로켓의 성능 개선에 힘쓰고 투자도 집중적으로 했다. 중국 최초의 미사일은 1958년 소련의 R-2로켓을 복사하여 군사적인 목적으로 개발된 중장거리 미사일이다. 이 미사일이 1967년 DF-4로 발전했고 1969년에는 이것이 위성발사체 창정(CZ)-1호를 개발하는 모체가 되었다. CZ-1호 로켓은 1970년 둥팡훙 1호를 발사하는데 최초로 사용되었다. 이 로켓은 1971년에 중국 2호의 위성을 발사하는데 마지막으로 사용되고, 1975년부터는 CZ-1을 개량한 2단계의 CZ-2A 로켓이 정찰위성 FSW-1을 궤도에 올리는데 사용되었다. 1984년에는 CZ-3(長征의 영어표현인 Long March에 따온 이름인 LM-3라고도 함) 로켓이 처음으로 통신위성을 싣고 발사되었다. 이 로켓은 3단계로 극저온의 추진제인 액체수소와 액체산소를 사용했다. 이 발사체는 CZ-3A, CZ-3B, CZ-3C, 그리고 CZ-4A를 거쳐서 2007년부터는 CZ-4C가 사용되고 있다. 이 발사체는 저궤도에 4만2,000kg의 화물을, 그리고 정지궤도에 1만5,000kg의 위성을 올려놓을 수 있다.

중국은 국제 상업적 위성 발사시장에도 뛰어들어 1990년 4월에는 아시아위성통신사의 통신위성 아시아샛(Asiasat)-1호를 발사하여 최초로 상업 발사에 성공을 거두었다. 그러나 1995년에는 로켓이 발사 2초 후에 폭발하고 1996년에는 시창발사장 근처 마을로 추락하여 거의 100여명의 마을 사람들이 사망하는 일이 일어나 중국의 상업적인 발사 신뢰도를 추락시키기도 했다. 그 후 중국은 26개의 상업발사를 했다.

중국은 산시(山西)성 타이위안(太原, Taiyuan)기지(주로 기상위성 발사), 간쑤(甘肅)성 주취안(酒泉, Jiuquan)기지(저궤도 과학위성 발사), 쓰촨(泗川)성 시창(西昌, Xichang)(방송통신위성)기지 등 세 곳에 우주 발사기지를 건설하고 1987년부터 위성 발사를 시작했다. 2010년에는 남단의 하이난(海南)섬에 웬창(文昌, Wenchang)기지도 건설했다.

중국의 인공위성은 1970년 최초의 둥팡홍(DHF) 1호에 이어 1971년 3월에는 첫 과학실험위성인 221kg의 스젠(實踐, Shijian, SJ) 1호 발사로 이어졌다. 이 위성은 자력계와 우주선입자, 그리고 X선 탐지기를 싣고 있었다. 1975년 11월에는 중국 최초의 회수식 인공위성인 FSW(Fanhui Shi Weising, 還回式衛星)-01호를 발사한 후 6일 뒤에 회수했다. 1984년

4월에는 첫 통신위성 DHF 2호를 발사했다. 1988년에는 최초의 기상 위성 펭윤(風雲, Fengyun, FY)-1을 발사했다.

중국은 그동안 과학관측과 실험위성 스젠(SJ), 원격탐사위성 야오강(遙感, Yaogan, YG), 지구관측위성 쯔위안(資源, Ziyuan, ZY), 방송통신위성 둥팡훙(DFH, Apstar), 기상위성 펑윈(風雲, Fengyun, FY), 내비게이션위성 베이도(北斗, Beidou, BD), 해양감시위성 하이양(海洋, Haiyang, HY) 등을 시리즈로 발사해왔다. 위성 발사 수는 현재까지 60여개이나 2020년까지는 그 수가 100개를 넘어설 것으로 예측된다.

중국은 위성을 통한 새로운 농산물 개발에도 열을 올리고 있다. 1987년에는 벼와 고추 종자를 인공위성으로 우주로 올려 보내 육종실험을 수행하여 벼 15개 품종과 보리 4개 품종 등 25개의 신품종 개발에 성공하고 시험 재배하고 있다. 2006년 육종실험 전용 위성인 스젠 8호에 곡물, 면화, 채소, 과일, 화훼류 등 농작물과 미생물균 등 2,000여 개 종자 215kg를 실어 보내 우주씨앗 개발을 시도했다. 인공위성을 통한 우주씨앗 개발은 우주방사선과 저중력, 진공, 약한 자기장 등 우주 공간의 특수한 환경에서 일어나는 돌연변이를 통한 유전자 변이를 이용해서 품종개량을 시도하는 것이다.

중국은 독자적인 위성 내비게이션 시스템(GPS) 구축을 하고 있다. 베이도(BD) 계열의 위성을 발사하고 있는데 2015년까지 아시아-태평양 지역 내 GPS를 구축하고 2020년까지는 모두 35기를 발사하여 전 세계를 커버하는 시스템을 세울 계획으로 있다.

중국의 유인우주선과 우주정거장

중국은 우주정거장의 건설을 목표로 유인우주선 계획을 실행하고 있다. 1976년 이래 원격 탐사와 재료과학 우주선을 발사했고 이것을 성공적으로 회수하여 유인 우주비행에 요구되는 재진입과 착륙 기술의 경험을 얻었다. '921 계획' 이라 불리는 유인우주선과 독자적인 우주정거장 건설 계획이 1986년 3월 중국과학원에 의해서 수립되었고, 1992년에는 우주선 발사를 위한 자금이 지원되기 시작했다. 이 계획은 성스러운 배란 뜻의 선저우(神舟, Shenzhou)라 이름 붙여진 우주선으로 무인과 유인 우주비행을 한 후, 우주정거장 텐궁(天宮, Tiangong)을 건설하여 우주인을 상주시킨다는 계획이다.

선저우는 러시아의 소유주 우주선과 아주 비슷하지만 전방 궤도 모듈과 하강 캡슐, 그리고 기기 부분을 가진 규모에서 더 큰 우주선이다. 중국은 승무원과 훈련 책임자를 러시아의 스타 시티센터에서 훈련시키는 등으로 러시아의 협조를 얻었다. 선저우가 러시아의 소유즈와 갖는 주요 차이점은 궤도 모듈이 원통형이고 그 자체의 태양 집열판을 가지고 있으며 도킹 시스템과 결합될 수 있다는 것이다.

궤도 모듈은 궤도에서 독립적으로 남겨져 미니 우주정거장으로 비행할 수 있다. 두 대의 선저우가 도킹하여 각각의 3명의 승무원이 합쳐져서 국가 우주정거장으로서의 역할을 할 수 있다. 선저우는 무게가 7,600kg, 길이가 8m 그리고 태양판의 길이가 19m이다. 후방의 엔진을 단 기기 모듈은 무게가 3,000kg, 길이 2m, 지름 2.5m의 재진입 캡슐은 무게가 3,100kg이고 3.2×2.2m 궤도 모듈의 무

중국의 우주정거장 텐궁

게는 1,500kg이다.

최초의 무인우주선인 선저우 1호가 개량된 장정 2E 발사체에 의해서 1999년 11월 궤도로 발사됐다. 이 우주선은 42°의 궤도 경사를 가진 196km와 324km 사이 궤도에 진입했다. 이 비행을 지원하기 위해서 4대의 유안 왕 배가 지구상에 위치했다. 21시간 11분 동안 14번의 궤도 비행 후에 우주선의 하강 캡슐이 안전하게 회수됐다. 궤도 모듈은 우주에 그대로 머물렀다. 선저우 2호는 2001년 1월에 발사되었다. 이 우주선은 생명 유지시스템을 점검하기 위해서 원숭이, 개, 쥐를 실었다. 선저우 2호도 세 번의 궤도 조정을 하고 발사 7일 후에 귀환했다. 궤도 모듈은 우주에 남아 활동을 계속했다. 이 비행은 중국이 행한 가장 야심찬 우주과학 비행으로 생명과학에 관한 60가지의 실험, 재료 처리, 결정 배양, 우주선 입자의 측정 등의 실험을 했다. 세 번째의 선저우 3호는 2002년 3월, 선저우 4호는 같은 해 12월에 각각 발사되어 성공적으로 비행을 마쳤다.

2003년 10월에는 창젱 2F(CZ-2F) 로켓으로 최초의 유인우주선인 선저우 5호를 발사했다. 유인우주선을 발사한 것은 러시아와 미국에 이어 세계 세 번째 국가가 되었다. 중국 최초의 우주인인 양리웨이(楊利偉, Yang Liwei)는 21시간 동안 지구를 14회 선회한 뒤 10월 16일 지구로 귀환했다.

2년 뒤인 2005년 10월에는 중국의 두 번째 유인우주선 선저우 6호가 두 명의 우주인을 싣고 주취안우주기지에서 발사되어 고도 200~350km의 타원형 지구궤도에 진입했다. 두 우주인들은 4박5일간의 우주비행을 마치고 내몽고 자치구 쓰즈왕치(Siziwang Banner, 四子王旗) 착륙장에 무사히 귀환했다.

2007년부터는 유인우주선 제2단계가 시작되어 선저우 7호로 중국 최초의 우주유영이 이루어졌다. 선저우 7호는 2008년 9월에 3명의 우주인을 태우고 주취안센터에서 발사됐다. 이 우주선은 343km 상공의 지구 궤도에 안착한 뒤 90분에 한 번씩 지구주위를 돌며 우주 유영 등 각종 실험을 진행한 후 사흘 뒤인 28일 내몽고 초원지대로 귀환했다. 비행 중 우주인 1명이 우주선 밖으로 나와 40분간 우주 유영을 하면서 과학실험 장비들을 우주선에 부착시켰다.

중국은 크고 영구적인 우주정거장을 독자적으로 건설하는 계획도 진행시키고 있다. 실험 우주정거장인 무인의 톈궁 1호를 완성품으로 조립해 전력, 역학, 열역학 등 주요 성능 실험을 마친 후 2011년 9월 29일에 주취안 위성발사센터에서 창젱 2호F에 실어 발사하여 궤도에 진입시켰다. 톈궁 1호는 뭉툭한 원통형으로 무게가 8.5t, 최대지름이 3.35m이다. 각종 관측 장비가 실려 있는 실험실 모듈과 에너지원을 공급하는 동력 모듈, 우주선 도킹이 가능한 접속장치 등으로 구성돼 있다. 수명은 2년이며 2~3명 정도가 탈 수 있는 크기이다.

2011년 11월 1일에는 무인우주선 선저우 8호를 발사해 343km 상공의 우주공간에서 톈궁 1호와 도킹시켰다. 중국의 이 도킹은 미국과 러시아에 이어 세 번째이다. 선저우 8호와 톈궁 1호는 결속된 채 12일간 비행하다가 분리되었다. 선저우 8호는 그 후 한차례 더 도킹 실험을 한 뒤 지구로 귀환했다. 선저우 8호는 무인이지만 좌석과 인간 모형 2개를 설치해 우주인의 탑승을 가정하고 이루어졌다.

2012년에는 선저우 9호를 쏘아 올려 한 차례 더 톈궁 1호와 도킹을 실시한 뒤, 2013년 유인우주선 선저우 10호를 보내 도킹하고 우주인을 잠시 톈궁 1호에 들여보내는 실험까지 할 예정이다. 2016년에는 우주실험실의 일부를 발사하고, 4년 뒤인 2020년에는 실험실의 나머지와 우주인들이 머물 선실 등을 쏘아 올려 이를 우주에서 조립한다. 이런 과정을 거쳐 2020년까지는 우주인이 장기 거주할 수 있는 우주정거장을 지구 궤도에 완공시킬 예정이다. 완공 이후에는 우주인 2~3명이 장기 체류하며 과학실험과 지구 관측 등의 임무를 수행하게 된다.

중국이 추진하는 우주정거장은 미국과 러시아 등이 합동 운영하는 국제우주정거장 ISS와 규모 면에서 경쟁할 가능성은 없으나 중국의 우주기술 능력을 보여주는 것으로 평가된다. 중국 우주정거장의 전체 무게는 우주인들이 상주할 수 있는 20t 이상의 핵심모듈을 포함해서 100t이하가 될 것이다. 그곳에는 선저우 화물선, 우주인이 탄 선저우, 그리고 두 개의 실험 모듈이 포함된다. 그 규모는 무게 450t인 ISS보다는 훨씬 작지만 무게가 120t인 러시아의 미르보다는 조금 작을 것이다.

중국의 달과 행성 탐사

중국은 달 탐사 계획인 창어(嫦娥, Chang'e) 공정을 2003년에 세우고 14억 위안을 들여 3단계로 이 계획을 진행시키고 있다. 3단계란 무인 우주선으로 달을 근접 탐사하는 1단계, 무인 우주선을 달에 착륙시키는 2단계를 거쳐 달에 유인 우주선을 착륙시키는 것이다. 창어란 중국 고대 전설상의 여신인 서왕모(西王母)로부터 불사약을 받은 위 달로 도망갔다는 선녀 창어가 달에서 토끼(또는 두꺼비)로 변했다는 전설에서 따온 이름이다.

달 탐사 1단계로 중국은 2007년 10월에 무인 달 탐사위성 창어 1호를 시창우주기지에서 발사해서 달 궤도를 돌게 했다. 중국은 우주선이 달 궤도를 돌게 하는 다섯 번째의 나라가 되었다. 이 위성은 달의 3차원 영상을 통해 달 표면을 탐사했다. 창어 1호는 스테레오 카메라, 간섭관측기, 감마/X선 분광계, 레이저 고도계, 마이크로파 검출기 등 각종의 탐사장비를 활용해 달의 입체 사진 촬영과 상세한 지도 제작, 광물자원 탐색, 토양 깊이측정. 그리고 대기 측정 등의 임무를 수행했다. 중국 정부는 창어 1호가 보내온 달 탐사 사진을 공개하고 원자바오 총리는 "담 탐사 프로젝트의 성공은 중국의 우주 탐사능력이 세계적인 반열에 올라섰음을 확인하는 쾌거로서 달 탐사에 대한 중화민족 1000년의 꿈을 실현시킨 것"이라고 의미를 부여했다. 중국은 100만~500만t이나 매장돼 있는 핵융합발전 연료인 헬륨3에 눈독을 드리고 있는 것으로 알려졌다.

중국은 두 번째 달 탐사위성인 창어 2호를 2010년 10월에 창젱 3C호 로켓에 실어 발사했다. 창어 2호는 창어 1호와 모양이 유사하지만 달 주위를 도는 고도를 200km에서 100km로 낮추고 10m까지 식별할 수 있는 정밀 카메라 등 첨단 탐사장비를 탑재해서 더욱 정밀한 달 표면 정보를 제공했다. 창어 2호는 발사 26분 뒤 추진체로부터 완전히 분리돼 고도 200km의 지구 궤도에 진입했으며, 발사 40분 뒤인 오후 7시 40분 부착된 태양전지판을 펴는 데 성공했다. 창어 2호는 112시간의 비행 후 달 100km 상공에 진입했다. 창어 2호는

중국의 창어 우주선

6개월 동안 달 궤도를 돌면서 차기 달 탐사위성인 창어 3호와 탐사차량 '중화파이(中華牌, · 중화표라는 의미)'의 운행에 필요한 달 지표면 및 토양정보를 수집하고, 달 착륙에 필요한 각종 우주 실험도 수행했다.

중국은 창어 2호에 이어 달 탐사 제2단계 프로젝트를 통해 2013년에는 무인 달착륙선인 창어 3호를 달에 보내 달의 모양과 구조에 대한 종합적인 연구를 진행할 계획이다. 창어 3호에 실려 발사될 중국판 달 탐사차량의 모형도 공개됐다. 둥근 바퀴를 달고 달 표면을 주행하는 중화파이라는 이름을 가진 이 달 탐사차량은 사각형의 본체 아래 한 쪽에 3개씩 총 6개의 바퀴가 달려 있고, 본체 앞에는 로봇팔과 카메라가 설치돼 있다. 본체 양쪽 위로 각각 2개씩 4개의 태양전지판이 날개처럼 달려 있어 이를 통해 에너지를 공급받는다. 또 본체 안에는 토양 분석장치 등 20kg 무게의 각종 실험기기들을 싣도록 했고, 본체 바닥에는 레이더 장비를 장착해 달 지표면 아래 수 백m를 탐측할 수 있다. 무게는 100kg가량이다.

이 달 탐사차량은 창어 3호에 실려 달 궤도에 도착한 뒤 착륙장치를 이용해 달 표면에 내려앉게 된다. 탐사 범위는 착륙지점 주변 5km^{2}이며 약 90일간 달 표면에서 활동할 수 있다. 달 표면을 달리는 탐사차량은 궤도를 도는 창어 3호와 짝을 이뤄 달 탐사활동을 벌이게 된다. 달 내부까지 탐측하는 것은 사상 처음 있는 일일 것이라고 관계자들은 밝히고 있다. 탐사차량 중화파이의 모든 장비는 순수 중국 기술에 의해 개발되고 있으며, 탐사차량의 실전 테스트를 위해 지구의 1/6에 불과한 달의 중력 환경을 그대로 재현한 실험 설비도 이미 구축했다고 이들은 발표하고 있다.

2017년 전후해서는 유인 달 탐사차를 달 표면에 착륙시켜 달 표면의 샘플을 지구로 가져오는 야심찬 계획도 수립해 놓고 있다. 2020년에는 달에 과학기지를 세운다는 목표도 설정했다.중국은 화성 탐사도 계획하고 있다. 2009년 10월 첫 화성탐사선 잉훠(螢火. Yinghuo, 반딧불) 1호를 러시아와 합작으로 발사하려했으나 러시아의 사정으로 연기되어 2011년 11월 9일 러시아 화성탐사선 포보스-그룬트호와 함께 러시아 소유즈 로켓으로 발사되었다. 그러나 이 우주선의 자체 엔진이 작동되지 않아 화성으로 가는데 실패했다.

중국은 자체 기술로 2014년부터 무인 화성 탐사를 추진하고 2040년부터는 유인 화성 탐사를 계획하고 있다. 2015년에는 금성 탐사도 할 예정이다.

인도의 우주개발과 인공위성

인도는 1962년 타타기초연구소(TIFR)내에 인도우주연구위원회(INCOSPAR)를 발족시키고 위성발사체(SLV) 연구에 돌입하여 1967년부터 로히니(Rohini) 사운딩 로켓을 시험 발사하기 시작했다.

1969년에는 INCOSPAR를 독립기관인 인도우주연구기구(ISRO)로 확대 개편하여 로켓과 인공위성의 연구를 전담케 했다. 같은 해에 남인도의 동부해안가 스리하리코타(Sriharikota) 섬에 위성 로켓 발사를 위한 로켓발사장을 건설하기 시작했다.

1972년에는 고체연료 발사체인 SLV를 발사해서 40kg의 화물을 고도 500km까지 올려보냈다. SLV는 그 후에도 1983년까지 계속 발사되었다. 1987년부터는 SLV를 개량한 ASLV를 발사했다. 이 발사체는 150kg의 화물을 지구 저궤도에 올려 보냈다. 1993년에는 극위성발사체인 PSLV를 완성해서 원격탐사 위성을 1994년 최초로 발사했다. 2001년부터는 통신위성 발사용으로 지구동주기발사체 GSLV를 개발해서 사용하고 있는데, 이 발사체는 가장 무거운 발사체로 5t의 화물을 지구 저궤도에 올려놓을 수 있다. GSLV를 개량한 GSLV III가 2012년 발사를 목표로 현재 개발되고 있다.

1999년부터는 외국 위성 발사를 대행하는 소위 '우주택배' 사업을 시작해서, 1999년에는 한국의 우리별 3호를, 그리고 2007년에는 이탈리아 위성과 이스라엘 첩보 위성을 성공적으로 지구 궤도에 올려놓는 기술력을 과시했다. 인도는 저가 로켓을 개발해 저가 위성 발사시장의 문을 열어놓았다. 찬드라얀(Chandrayaan) 1호의 발사 비용은 7,900만 달러로서 이는 일본 가구야 발사 비용(4억8,000만 달러)의 1/6, 중국 창어 1호 발사 비용의 1/2에 불과하다. 위성 발사 대행 비용도 국제적인 시세가 무게 1kg당 3만 달러 수준이지만 인도는 1만 달러 이하의 가격으로 발사를 대행했다.

인도우주연구기구(ISRO)는 발사체뿐 아니라 위성과 우주선 개발에도 노력을 기울였다. 1979년과 1981년에는 전파통신위성인 바스카라(Bhaskara) 1과 2호를 발사했고, 국내통신과 지구관측을 위한 인도국가위성시스템 INSAT 위성을 1982년부터 2000년까지 10번이나 발사했다. 과학실험위성인 로히니 위성을 1979년부터 1983년까지 네 번을 인도의 발사장에서 발사했다. 1987년부터 1994년까지 과학위성인 SROSS를 네 번 발사했다. 원격탐사위성인 IRS위성을 1988년부터 1999년까지 8번 발사했다.

ISRO는 2011년 4월 자체 개발한 극위성발사체(PSLV-C16)를 이용해 인공위성 3기를 남부 안드라프라데시(Andhrapradesh)주(州)의 스리하리코타(Sriharikota)에 있는 사티시다완(Satish Dhawan)우주센터에서 성공적으로 발사하여 우주궤도에 진입시켰다. 길이 44m, 무게 295t의 PSLV-C16는 인도가 개발한 자원탐사 위성 리소스샛(Resourcesat)-2와 인도와 러시아가 공동 개발한 유스샛(Youthsat), 싱가포르 난양기술대학교가 만든 X-샛(X-Sat) 등 3개 위성을 싣고 발사됐으며, 발사 후 수분 만에 위성들을 분리, 궤도에 진입시켰다. 이들 위성은 인간생활이 지구 천연자원에 미치는 영향과 별 및 대기 등을 조사하고 지구의 모습을 촬영하는 역할을 수행한다. 인도가 PSLV-C16를 발사한 것은 이번이 18번째다.

인도의 달 탐사

인도는 2008년 10월 22일 사티시다완 우주센터에서 인도 최초 달 탐사 무인우주선 찬드라얀 1호를 극위성발사체인 PSLV-C11에 실어 우주로 쏘아 올렸다. 이로써 인도는 아시아에서는 일본, 중국에 이어 세 번째, 전 세계적으로는 여섯 번째 달 위성 발사국이 되었다. 고대 산스크리트어로 '달 탐사선'이라는 의미를 가진 찬드라얀 1호는 달 궤도에 진입한 후 2009년 8월까지 달 주위를 돌며 3차원 달 지도 완성과 달 표면 광물 탐사 등 임무를 수행했다. 찬드라얀 1호는 달에 착륙하지는 않았지만 대신 30g의 작은 탐사장비를 달 표면에 내려 보냈다. 이를 통해 달 표면 또는 지하에 물이 존재하는지 여부와 지구상에는 거의 없는 헬륨3의 존재 가능성도 확인했다. 이 우주선은 NASA가 제작한 첨단과학실험 장비 2대를 탑재 했다. 무게 525kg인 이 우주선에는 유럽우주국의 X선 분광기와 X선 태양관측기, 무게 20kg의 착륙기 등이 탑재되었는데 이 착륙기는 우주선에서 이탈한 뒤 표면에 도착, 탐측 자료를 수집했다. 이 실험장비는 달 표면에서 얼음 흔적을 찾아내기 위한 것과 광물질 유무를 파악하는 표면조사 작업에 중점을 두었다.

ISRO는 2009년 10월 찬드라얀 1호가 보낸 데이터를 분석한 결과 달에 물이 존재한다고 발표했다. 이 위성에 실린 NASA의 달 광물탐사장비는 햇빛이 달 표면에 닿았다가 반사되는 빛(反射光)에서 가시광선보다 파장이 더 긴 적외선 영역의 빛을 주로 관측했다, 그랬더니 근적외선 파장대의 스펙트럼 데이터에서 특정파장이 관측되지 않는 흡수선 현상이 나타났다. 물이나 수산기 분자는 3㎛ 파장의 적외선 빛을 흡수해 버리는 특성이 있는데 달 표면의 반사광 스펙트럼에서 이 파장대가 잘 나타나지 않는 현상이 뚜렷했다. 달에 쏟아진 햇빛과 달에서 반사된 빛이 다르며 반사광은 3㎛ 파장의 빛이 물 분자들에 흡수된 채 위성의 눈에 포착된 것이다. 이는 물이나 수산기 분자들이 달 표면에 존재하는 증거로 볼 수 있다. 그러나 물이 증발해 버리지 않고 아직도 남아있는지는 수수께끼로 남아있다.

인도는 2013년에는 달 표면 탐사선 찬드라얀 2호를, 2013년에는 무인우주선, 2016년에는 유인우주선과 우주왕복선을 발사할 계획을 세워놓고 있다.

제 15 장

미래의 전망

우주는 우리가 생활하기에 쾌적한 환경을 제공해 줄 수 있을 뿐만 아니라 인간에게 필요한 자원을 조달할 수 있는 자원의 보고가 될 수도 있다.

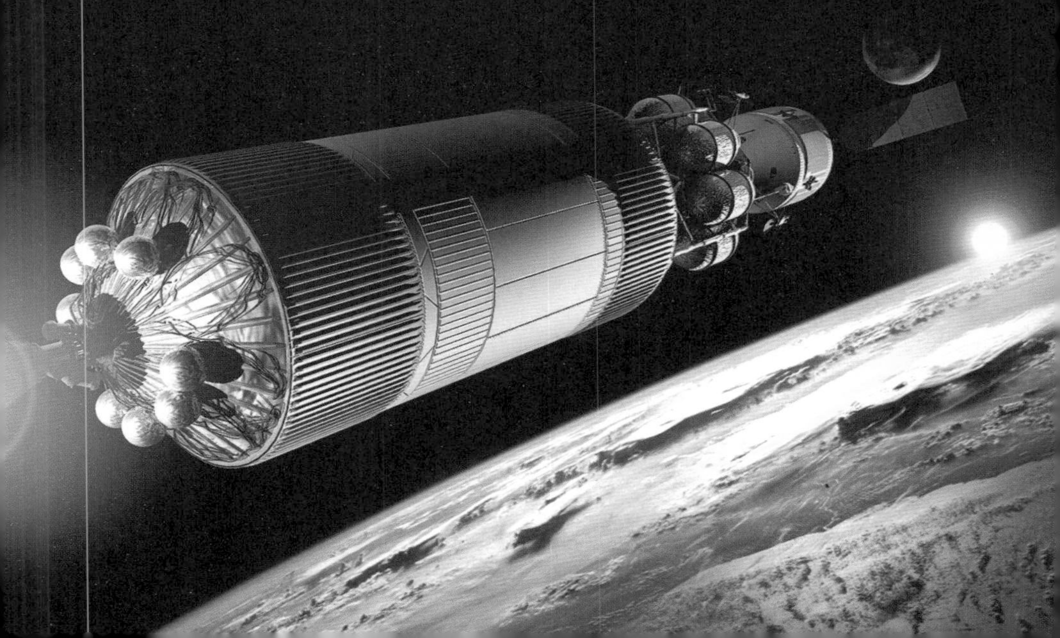

제15장 미래의 전망

우주를 생활에 활용하고 우주로 진출하려는 인간의 노력은 미래에도 계속될 것이다. 지구는 인간의 영원한 보금자리가 될 수 없다. 문명이 발달하면서 지구라는 작은 행성에 사는 우리 앞에는 식량난, 자원 고갈, 인구폭발, 환경공해 등의 문제가 대두되면서 인간의 미래를 불투명하게 만들고 있다. 우리의 과학기술이 이러한 문제에 대한 해답을 제공해서 지구를 다시 살기 좋은 곳으로 변화시켜 주지 않는 한, 인간은 지구를 영원히 떠나야 할 운명을 맞을지도 모른다. 우주는 밤하늘에 펼쳐진 별들의 세계에서 보듯이 광활한 공간과 수많은 천체로 이루어져 있다. 우주는 우리가 생활하기에 쾌적한 환경을 제공해 줄 수 있을 뿐만 아니라 인간에게 필요한 자원을 조달할 수 있는 자원의 보고가 될 수도 있다.

앞으로 인간의 우주 진출은 우주의 실생활 활용과 우주의 과학적인 정보획득의 양면으로 진행될 것이다. 값싸게 우주 공간을 넘나들 수 있는 새로운 운반 수단이 개발되어 각종의 위성이 실생활에 더 광범위하게 활용되고 우주선들이 태양계 공간을 누비고 다닐 것이다. 지구에서 가까운 우주공간에는 우주정거장, 우주호텔, 우주식민도, 우주엘리베이터가 건설되어 누구나 다녀올 수 있을 만큼 우주여행은 보편화되고, 인간이 우주에 상주하게 될 것이다. 또한 우주발전소, 우주공장이 세워져서 필요한 에너지와 공산품, 그리고 의약품을 우주에서 생산하게 될 것이다. 달과 화성에는 인간의 기지가 건설되어 더 먼 외계로의 진출과 지구에서 필요로 하는 자원조달의 전초기지가 된다.

새로운 우주선과 추진체

미국은 우주왕복선의 비행이 종료된 후 이를 대체할 우주선과 발사체의 개발을 서둘렀다. NASA는 2004년에 '콘스텔레이션(Constellation) 프로젝트'를 세우고 차세대 우주선 오리온과 거대 발사체 아레스(Ares)의 개발에 착수했다. 화학연료를 사용하지만 기존의 로켓보다 훨씬 더 효율적으로 로켓의 1단계에 액체 대신, 고체를 사용하는 Ares I의 프로토타입인 Ares I-X가 2009년 10월 케네디 우주센터에서 발사됐다.

그러나 2010년 오바마 대통령은 콘스텔레이션 프로젝트가 90억 달러를 사용했지만 당시의 상태로는 2020년 유인 달 탐사 목표를 달성하기 어렵다고 보고 이 프로그램을 중단시켰다. 그 후 이를 대체할 프로그램으로 우주발사시스템(SLS)이 세워졌다. SLS는 아레스 로켓을 발전시켜 70~130t의 화물을 우주로 보내는 강력한 발사체를 개발하는 프로젝트이다. NASA는 2017년까지 100억 달러를 투입해 이 로켓의 시험비행에 나설 예정이다. 이 로켓은 미국의 가장 강력한 로켓인 새턴V 로켓 이후 가장 강력한 로켓이 될 것이다. 이 로켓은 앞으로 달

콘스텔레이션 계획

과 소행성, 화성을 유인 탐사하는데 사용될 예정이다.

그동안 우주선의 추진연료로는 화학연료가 주로 사용되어 왔다. 가장 보편적으로 사용된 연료로는 액체 산소와 석유(kerosine)의 결합과 액체산소와 액체수소의 결합이다. 그러나 현재 사용되는 화학연료는 로켓에 실을 수 있는 연료량이 한정되어 있어 먼 우주로 나가는 장거리 우주선에는 비효율적이다. 또한 인간이 개발한 유인우주선들 중 가장 빠른 것이 미국의 아폴로 10호로서 1시간에 3만9,895km를 날 수 있다. 그러나 이 속도로는 태양계에서 가장 가까운 별인 알파 센타우리(Centauri)까지 12만 년이 걸린다. 그래서 우주로의 장거리 여행을 위해서는 우주선의 속도를 높여 줄 수 있는 새로운 엔진을 필요로 한다.

그래서 화학연료를 대신할 더 효율적인 새로운 추진 방법이 모색되고 있다. 현재 세 가지 방법이 제시되고 있는데 그들 중 가장 앞선 방법은 돛으로 태양광을 받아 그 반사력으로 추진력을 얻는 것이다. 이 방법은 이미 행성탐사 우주선에 적용되어 성공을 거두고 있다. 그 외에도 전자기적으로 대전 원자인 이온(ion)을 가속시켜 추진력을 얻는 이온 추진체 방법과 핵분열과 핵융합 등 핵의 힘으로 추진력을 얻는 방법 등이 연구되고 있다.

태양광(광자)으로 추진력을 얻는 우주선은 태양에서 발산되는 빛을 우주선의 추진력으로 활용하는 것이다. 돛으로 바람을 받아 배가 가듯, 태양광 입자가 물체 표면에 부딪힐 때 받는 힘을 추진력으로 삼는다. 태양광의 힘은 미미하지만 지속될 경우 속도를 더 할 수 있고 진공상태인 우주에서는 마찰도 없어 속도가 떨어지지 않는다. 돛의 각도만 조절하면 전후좌우 선회도 가능하다. 이 경우 연료를 싣고 다닐 필요가 없어 행성 간 장거리 여행을 가능케 한다. 돛의 크기만 충분하다면 빛을 받아 수년간 항해를 계속할 경우 가속도가 붙어 태양계를 5년만에 가로지를 수 있는 속도인 시속 16만km에 이를 수 있다.

이 같은 태양광으로 움직이는 우주선인 코스모스 1호가 미국과 러시아 민간 회사의 합작으로 2005년 6월 21일에 발사됐으나 엔진 결함으로 실패했다. 태양광을 이용해서 우주를 항해한 세계 최초의 행성간 우주 범선은 이카로스로서 일본의 JAXA에 의해서 2010년 5월 21일 다네가시마(種子島) 우주센터에서 발사됐다. 이카로스는 빛을 반사하는 초박막 필름으로 만들어진 돛을 편 뒤 태양빛의 광자를 에너지로 삼아 운항한다. 이카로스는 우주에서 돛을 펼친 뒤 6개월간에 걸쳐 다른 연료 없이 태양빛만으로 금성까지 갔다. 또 이 기간 태양전지가 탑재된 돛을 이용한 가속과 감속 등 궤도제어 실험도 했다. 이카로스의 본체는 직경 1.6m, 높이 0.8m의 깡통 모양이다. 여기에 한 변이 20m 가량인 정사각형 모양의 돛을 달았다. 돛은 대기권을 벗어난 뒤 회전하는 본체의 원심력에 의해 펼쳐진다. 돛은 두께가 머리카락 굵기의 절반인 0.0075m에 불과하며, 방사선에 강한 폴리이미드(polyimide) 수지에 알루미늄을 증착 방식으로 도금했다. 또 돛의 표면에는 박막형 태양전지도 탑재해 발전을 통해 본체에 탑재된 각종 측정기기와 통신기기에 전력을 공급한다.

태양에너지만으로 움직이는 우주선을 실험하기 위해서 NASA는 무게 4kg의 작은 태양돛 나노세일(NanoSail)-D를 2010년 11월에 발사하여 저궤도에 안착시킨 후 성공적으로 9.3m^{2}의 돛을 펴고 예정대로 작동해서 실험을 성공적으로 마쳤다.

미국의 행성학회(Planetary Society)도 2012년에 태양빛을 이용해 항해할 시험 우주선을 쏘아 올릴 예정이다. 라이트세일(LightSail)-1이라 명명된 이 우주선은 발사 전에는 토스터보다 조금 큰 상자 형태다. 몸

나노세일-D 우주선

체는 큐브샛(CubeSat)으로 알려진 미니위성 3개로 구성된다. 큐브 중 하나는 전기를 담당하고 다른 둘은 접이식 돛을 담는다. 돛은 폴리에스터(polyester) 필름에 알루미늄을 입혔다. 라이트세일-1은 일반 위성에 실려 쏘아 올려지며 지구 위 805km 높이 궤도에 도착하면 위성에서 분리된다. 4개 조각으로 구성된 다이아몬드 꼴 돛이 스프링 장치에 의해 펼쳐지면 넓이가 약 30m^{2}에 이른다.

NASA는 지구궤도 및 행성 간 우주선에 쓰일 새로운 이온추진시스템(ion-propulsion system)에 대한 시험을 마쳤다. 이온추진시스템은 전자적인 충전이나 이온화된 가스를 통해 작동한다. 태양에너지 패널로부터 모은 태양 에너지로 가스를 모아 우주선의 반대 방향에서 이온화된 가스를 분출해 추진력을 얻는다. 이 시스템은 기존 추진체보다 강력한 힘을 발휘하면서도 연료를 더욱 효율적으로 쓰는 것이 특징이다.

이온엔진은 화학연료 대신 전하를 띤 양이온을 뿜어내며 추진력을 얻는다. 가장 많이 사용되는 연료는 크세논(Xenon) 가스다. 크세논 가스는 화학연료보다 훨씬 적은 양으로도 추진력을 낼 수 있어 우주선의 무게를 줄일 수 있다. 우주선에 태양전지판을 달면 여기서 발생한 전기가 크세논 가스를 이온으로 변환시키기 때문에 멀리 떨어진 별도 여행을 할 수 있다. 2003년 발사돼 3년 동안 임무를 수행한 유럽의 ESA의 달 탐사선 SMART-1은 이온엔진을 달았다. 같은 해 발사된 일본의 우주탐사선 하야부사도 이온엔진을 달았다. 하야부사는 세계 최초로 소행성의 흙을 싣고 2010년 6월 지구로 귀환했다. NASA가 개발하고 있는 자기플라스마 로켓인 VASIMR은 이온엔진을 변형시킨 플라스마엔진을 달았다. 플라스마엔진은 연료인 수소를 수 백만도의 플라스마 상태로 달궈 분출한다. 이 우주선은 100만도까지 온도를 올릴 수 있다. 기존 우주선보다 10배나 빠른 초속 30~100km로 날 수 있다. 이 속도면 화성에 도달하는데 39일이면 된다.

핵폭탄과 핵융합 원리를 이용하는 엔진도 연구되어왔다. 이 방법은 핵폭탄의 힘을 우주선의 추진력으로 사용하는 것이다. 핵폭탄이 터지면서 발생하는 추진력은 이론적으로 빛의 속도의 약 10분의 1이다. 이 정도면 태양계에서 가장 가까운 별까지 40년 안에 갈 수 있다. 태양에서 일어나는 핵융합의 원리인 원자핵 몇 개가 합쳐져서 발생되는 에너지로 우주선을 움직이려는 시도도 있다. 실제로 수 광년을 여행해야 하는 가까운 항성으로의 여행은 핵 추진 우주선이 가장 적합한 것으로 여겨지고 있다.

1958년 미국의 텟 테일러(Ted Taylor)와 프리만 다이슨(Freeman Dyson)이 우주선 뒤에서 연속적으로 원자탄을 터뜨려서 추진력을 얻는 최초의 핵추진우주선을 개발하자는 '오리온 계획' 을 제안했고, 그 후 1972년에는 미국 원자력위원회와 NASA가 합동으로 우주선에 사용될 핵 엔진을 개발하는 NERVA 프로젝트를 마련했었다. 1973년에는 영국행성간학회(British Interplanetary Society)가 바너드(Barnard) 별에 5.9년 내에 도달할 수 있는 핵융합로켓 개발을 위한 '데달루스(Daedalus) 계획' , 1987년에는 NASA가 알파 센타우리 별에 갈 수 있는 핵분열 추진 우주선 계획인 '롱샷(Longshot) 계획' 을 세웠었다. 2003년에도 NASA는 핵추진 우주선을 개발하는 '프로메테우스(Prometheus) 계획' 을 세웠으나 예산상의 이유로 2005년에 중지되었다. 이렇듯 핵 엔진 개발은 계획만 세워졌을 뿐 아직은 실현되지 못하고 있다.

달 탐사와 월면기지 건설계획

1958년 구소련의 우주선 루나에 의해서 시작된 인간의 달 탐험은 미국의 아폴로 계획으로 이어지면서 1969년 7월에는 인간을 달 표면에 세우는 쾌거를 이룩했다. 그러나 달 탐사는 미국의 아폴로 17호를 끝으로 1972년 그 대단원의 막을 내렸다.

2000년대로 접어들면서 달에 대한 관심이 다시 높아지고 있다. 미래를 대비해서 자원의 조달, 공산품 및 의약품의 생산, 그리고 주거 공간의 확보를 위해서 달 표면의 개발에 노력해야 한다는 것이다. 이러한 여론에 발맞추어 미국을 비롯해서 EU, 러시아, 일본, 중국, 인도 등 스스로 우주 개발의 능력을 갖춘 나라들에서는 새로운 달 탐사 계획을 수립하여 이를 실행에 옮기고 있다. 그러나 냉전시대이던 1960년대의 국력 경쟁을 위한 우주개발을 하던 때와는 달리, 이들 국가들에서는 실리적인 차원에서의 달 탐험을 생각하고 있다. 현재 지구 주위 궤도가 우리 생활권에 들어와서 생활의 여러 가지 면에 활용되고 있듯이 2000년대초에는 달이 우리의 생활권 속으로 들어와서 여러 면에 활용될 것이다.

NASA는 2013년 1월에는 달 궤도선 LADEE를 달에 보내 대기를 탐사 예정이다. 또한 '뉴프론티어스(New Frontiers) 프로그램' 의 일환으로 2013~2022년 사이에 달 남극의 암석 표본 채취 프로젝트인 문라이즈(Moonrise)로 탐사선을 달 남극의 '에이트켄(Aitken) 분지' 에 착륙시켜 달 표면 밑의 물질 1kg을 채취해 지구로 보낸다는 계획도 세워놓고 있다.

또한 NASA는 2014년까지 차세대 달 탐사왕복선을 개발해 2015년까지는 우주비행사를 달에 복귀시킬 계획이다. 2020년부터는 유럽

달 기지

등의 협조를 얻어 2024년까지 사람이 살 수 있는 영구기지를 건설하여 화성탐사와 다른 태양계 천체 탐사의 발사대가 될 수 있게 한다. 영구 기지는 달의 북극 또는 남극에 세워질 예정이다.

NASA는 2014년까지 사람을 달에 싣고 갈 달 캡슐과 새로운 로켓의 건조를 위해서 2006년 미국의 록히드마틴(Rockheed Martin)사와 80억 달러의 계약을 체결했다. 인간을 최초로 달에 갈 수 있게 했던 아폴로 우주선을 닮은 이 새로운 우주탐사선 CEV는 4명을 달로, 그리고 6명을 화성으로 태우고 가게 될 것이다. 이 우주선을 NASA는 임시로 오리온이라 명명했다. 4명의 우주인을 태울 수 있는 CEV는 아폴로 캡슐과 비슷하나 3배 정도로 크다. CEV는 세 개의 부분으로 이루어진다. 우주인들을 지구 궤도에서 밀어내는 로켓, 달착륙선, 그리고 우주인들을 지구로 귀환시킬 캡슐 등이다. 이것들은 일회용 로켓으로 지구궤도에 올려져서 자체 결합하여 마치 무인 러시아의 프로그레스(Progress) 보급선이 국제우주정거장과 도킹하듯 서로 결합된다. 이렇게 결합된 우주선이 달로 향하게 된다. 이 탐사선은 10회 가량 재사용이 가능하며 바다나 육지에 낙하산으로 귀환하기 때문에 쉽게 수거할 수 있고 열 보호벽을 교환하면 다시 발사시킬 수 있다. 착륙선은 달 어느 곳에든 착륙할 수 있고 어떤 종류의 화물도 운반할 수 있는 일종의 픽업트럭과 같은 역할로 달 기지의 기초가 될 것이다.

CEV가 개발되면 다음 단계로 우주비행사들이 달에 장기간 머물면서 화성은 물론 장기적으로는 태양계의 다른 행성 탐사에도 활용할 수 있는 영구적인 유인 달기지를 건설한다. 달 기지는 우주정거장이나 우주식민지를 위한 보급기지의 역할을 하게 된다. 기지가 들어설 장소가 결정되면 6명 정도의 우주비행사가 거주할 수 있는 기지를 건설 한다. 기지에는 달기지 요원을 위한 숙소, 연구동과 창고, 태양열 집열판 및 발전소, 지구와의 통신시설 및 대형 안테나, 얼음저장 창고 및 물 분해 시설, 크레이터로부터의 얼음 추출 시설, 우주선 이착륙 센터, 월면 이동 차량 창고 및 수리 센터, 과학실험실 등이 들어설 것이다. 주거와 실험, 생산을 위한 건물동은 높이 15m, 폭 5m에 이르는 규모로 건설되며 강하고 가벼운 물질로 만들어진다. 건설 자재는 부품 상태로 우주선이 운반해 달의 표면에서 조립된다. 우주선이 적어도 30~90회의 비행으로 건설 자재를 달에 보내게 된다. 달에서 채취한 재료도 이용하게 된다. 월석에 들어있는 산화칼슘 등으로 콘크리트를, 실리카로는 유리섬유를 만들어 건축 재료로 사용한다. 철과 티타늄 등도 채취해서 사용한다. 건설 작업은 수년에 걸쳐 이루어지고 완성은 2024년 쯤 된다.

달 표면에 사람과 물자를 보내는 방식은 세 가지를 들 수 있다. 그 첫째가 직접 탐방 방법으로 거대한 발사체로 우주선을 발사하여 달에 착륙 시킨 후 그 일부를 지구로 다시 오게 하는 것이나 거대한 비용과 기술적인 문제를 가지고 있다. 두 번째는 지구 궤도 조립법으로 달 여행에 필요한 모듈을 지구 궤도로 올려 보낸 후 조립하고 연료 주입하여 달로 보내는 방법이나 무중력 상태에서 조종과 조립 그리고 연료 주입 등에 기술적인 문제가 있다. 세 번째는 달 궤도 랑데부방식으로 우주선을 달로 보내 궤도를 돌게 한 후 작은 착륙선을 내려 보내는 것이다 가장 간단하고 비용도 적게 들지만 모든 활동이 달 궤도에서 일어나는 것이 위험성을 내포하는 단점을 가지고 있다. NASA의 과학자들은 격렬한 토론 끝에 세 번째 방식을 채택하기로 결정했다.

달 유인기지의 건설이 완료되면 우주비행사들을 달에 보내 장기 생활 하도록 한다. 달의 극지점에 존재할 것으로 추정되는 물을 화학적으로 분해하여 수소와 산소를 얻어 공기와 로켓 연료를 자급자족하면서 인간이 장기 생활하는 기술을 개발하게 된다.

달 기지를 건설할 최적의 후보지로는 북극 근처에 있는 지름 73km의 소행성 충돌 크레이터인 '피어리(Peary) 크레이터' 북쪽 가장 자리가 거론되고 있다. 1994년 달을 71바퀴 회전한 클레멘타인 우주선이 촬영한 53장의 사진을 분석한 결과로 이 장소는 얼음이 있을 것으로 보이는 크레이터에서 멀지 않고, 햇빛이 거의 항상 비치는 곳이다. 이 곳은 1년 내내 햇빛이 비칠 뿐 아니라 화구 깊은 곳에 물이 얼음 상태로 존재할 가능성이 높다. 달의 자전축은 거의 수직 상태이므로 달에는 항상 햇빛이 비치는 곳이 있을 것으로 추정된다. 이 지역은 햇빛 덕분에 다른 지역보다 온화할 것으로 추정된다. 달의 기온은 밤낮에 따라 +100~-180℃까지 오르내린다. 하지만 후보지는 -50℃ 내외를 유지하는 것으로 분석됐다. 일부 학자들은 남극 근처를 후보지로 꼽기도 한다.

햇빛이 항상 비치는 곳은 기지를 건설할 때 태양 에너지를 이용하기 좋을 뿐 아니라 기온도 온화할 것으로 여겨진다. 또한 가까이에 있는 크레이터에는 얼음이 있을 것으로 보인다. 이 얼음을 음용수로 사용할 뿐더러 산소와 수소로 분해하여 호흡에 필요한 공기와 화성 여행을 위한 로켓 연료로 사용할 수 있다.

티탄철광이 매장된 지역도 후보지로 거론되고 있다. 티탄철광은 철 37%와 티타늄 32%를 함유한 산화물의 한 종류로 달에서 가져온 티탄철광에는 수소와 헬륨, 산소가 포함되어 있었다. 달 표면에 있는 이 티탄철광을 가열하여 발생하는 가연성 가스를 채취하여 필요한 전력을 생산할 계획이다. 아폴로 15호가 착륙한 '아펜닌 산' 근처의 '해들리-나펜니노 지역', 17호가 착륙한 '타우루그-리트로우 고원'와 계곡 지역, 그리고 '아리스타르코스'라는 직경 42km의 크레이터가 그러한 지역이다. 아폴로 11호가 착륙한 고요의 바다도 물망에 오르고 있다. 2050년경에는 100명 정도가 거주하는 위성도시가 될 것이다.

달 기지는 우리가 경험하지 못했던 혹독한 환경에서 건설해야 한다. 공기와 자기장이 결핍된 상태의 달 표면은 시속 수만km로 충돌하는 모래알 크기의 미소운석으로 폭격을 맞고 있다. 이를 보호하기 위해서 장기 거주자는 땅 속 3m 아래에 머물러야 한다.

달 표면을 덮고 있는 먼지는 기계를 망가뜨릴 것이다. 최초의 구조물은 우주정거장의 한 부분과 비슷한 것이 될 것이다. 이것은 지상이나 우주 공간에서 건설되어 달 표면으로 가져가게 될 것이다. 이것은

달 기지

아마 모바일 집과 비슷할 것이다. 후에 추가되는 것은 기구(balloons)들로서 접혀져서 도착하여 고정되고 아마도 달 기지 건설에는 총 500억 달러가 소요될 것으로 추산하고 있다.

달 기지 건설에는 경제적인 목적도 있다. 달 표면에는 수백만t의 헬륨이 있다. 핵융합발전 원료로 쓰이는 헬륨 1만t이면 지구에서 1년 동안 필요한 모든 에너지를 만들 수 있다. 헬륨을 이용한 핵 기지가 달에 건설돼 에너지를 지구로 전달할 수 있는 방법까지 개발된다면 달은 깨끗하고 풍부한 에너지를 지구를 공급할 수 있게 될 것이다.

달 탐사선 CEV를 개발하고 달에 영구 유인기지를 건설하는 데는 총 1,040억 달러의 비용을 들 것으로 예상된다.

달에 착륙한 우주인이 정확한 위치를 확인하고 목적지를 찾아가게 할 수 있게 하기 위해서 NASA는 GPS와 유사한 내비게이션 시스템을 구축하는 방안을 모색하고 있다. 달 우주인 공간 방향 정보시스템인 LASOIS라 불리는 이 시스템은 달 궤도선이 촬영한 사진을 달 표면에서 촬영된 사진과 합쳐 달 표면지도를 만들면 우주인들은 달 표면차량이나 자신의 몸에 운동센서를 장착, 지도상에서 자기 위치를 파악하게 된다. 또 달 표면 무선장치와 달착륙선 등에서 나오는 신호는 우주인에게 주변 정보를 제공한다.

장기 우주여행을 위해선 무중력 상태에서 인간이 오래 거주할 수 있는 생존기술 개발이 선행되어야 한다. 또 생존에 필요한 산소와 음식물은 수경(水耕) 재배법에 의한 순환공급식으로 해결한다. 이 방식은 거대한 온실 속에 철망을 설치해 놓고 철망 위에서 식물을 키우면서 철망 아래쪽에 영양분이 녹은 물을 흘러내리는 원리로 온실을 주거공간과 연결시켜 식물이 내보내는 산소는 사람들의 호흡에 쓰고, 호흡에서 나오는 탄산가스는 식물의 탄소 동화작용에 쓰는 무한 폐쇄순환방식이다.

달 표면에는 지구에서 필요로 하는 각종의 광물 자원이 풍부하게 존재한다. 달에는 알루미늄, 철, 칼슘, 마그네슘, 크롬, 니켈, 코발트, 티탄 등의 광물 자원이 지구보다 훨씬 많다. 그러나 달에는 지각활동이 없었기 때문에 지구에서와 같이 광상은 존재하지 않을 것이다. 그러므로 달에서는 지구처럼 광상의 개발이 아니라 토양에서 광물을 정련해 내는 방법이 취해져야 한다. 그러한 방법으로는 자기장을 이용한 원심분리기(遠心分離器)를 이용하면 된다. 달에는 산화철이 풍부하여 이를 가열하면 산소는 얼마든지 얻을 수 있다. 그러나 물을 만들기 위해서는 수소가 필요한데 달에는 수소가 없으므로 수소는 지구에서 최대로 농축시켜 가져간다.

지구에서 고갈되어 가는 자원을 달에서 조달할 수 있음은 물론, 이러한 광물을 이용한 제품과 반제품(半製品)이 달에서 생산되어 지구로 조달될 것이다. 달은 약한 중력과 무균 상태를 이용한 의약품, 반도체, 고순도 재료 등 첨단 기술 제품을 생산하는 충분한 경제력을 가진 하나의 공장 지대로 성장 시킬 수 있다. 예를 들어 중력이 작은 곳에서는 단결정 실리콘의 성장이 용이하므로 고순도의 실리콘 칩의 생산이 가능할 것이다. 그 때에는 지구 주위 정지궤도 또는 저궤도에 띄워진 인공위성이나 우주정거장에서 필요한 물질을 지구에서 보다는 달에서 조달하는 것이 훨씬 경제적일 것이다.

달은 기술개발, 천체 관측, 인간의 우주활동 시험장, 화성 및 다른 천체로의 진출 등의 전초 기지가 될 것이다.

NASA는 지구를 외부에서 관찰하기 위해 달에 관측소를 세우는 방안을 검토하고 있다. 달에 지구관측소를 세우면 그곳에서 전모를 볼 수 없었던 지구와 지구의 식물 분포, 극관은 물론 지구-태양 간 상호작용을 파악하고 지구와 비슷한 외부행성을 찾을 수 있을 것으로 기대하고 있다. 달에 기지가 건설되는 2024년 이후에는 달을 전진기지로 삼아 화성과 또 다른 행성에 유인 탐사선을 보낸다.

미래의 달 탐사에는 미국뿐 아니라 러시아와 유럽연합도 적극적으로 참여할 계획이고, 아시아에서도 일본, 중국, 인도가 유인 달 탐사 계획을 세워놓고 있다. 러시아연방우주국(RFSA)은 2027년 러시아 우주인 달 파견, 2028년~2032년 달 표면에 에너지 자원의 개발과 화성탐사를 위한 영구기지의 건설, 2035년 이후 유인 화성탐사로 이어지는 우주개발 30년 계획을 내놓았다. 러시아는 6명의 우주인 지원자를 상대로 모의 화성탐사 프로그램을 실시하고 있다. 이 프로그램은 화성 탐사에 필요한 520일 동안 무중력 캡슐 형태의 우주선 안에서 외부로부터 물과 음식을 제공받지 않고 미리 준비해 둔 식량만으로 버티면서 탐사를 하는 훈련이다. 중국은 러시아의 RFSA와 2007년 3월 화성 공동탐사 합의문에 서명했고, 2017년까지 달에 우주인을 파견한 후 몇 년 안에 유인기지 건설을 추진하고 있다. 일본은 2011년까지 달 탐사로봇을 개발하고 2025년쯤 달 기지를 건설한다는 계획을 세워놓고 있다. 인도도 2012년 화성 무인우주선 발사에 이어 2020년 우주인의 달 착륙을 목표로 하고 있다.

화성 개발 계획

미국과 유럽연합 EU는 미래의 장기적인 화성 탐사와 개발계획을 수립해 놓고 있다. 러시아도 화성의 위성 포보스를 탐사하고 표본 물질을 지구로 가져올 계획이다.

NASA가 2011년 11월에 화성에 보낸 표면 탐사선 큐리어시티호가 2012년 8월에 화성의 토양과 대기에 대한 물리 화학적 정보와 과거 생명체의 증거를 얻을 예정이다. 2013년에는 우주선 MAVEN호를 화성에 보내서 상층 대기와 이온층을 탐사한다. 2016~2018년 사이에는 유럽의 ESA가 NASA의 협조로 엑소마스(ExoMars)호를 화성으로 보내서 탐사차가 표면과 대기를 탐사할 계획이다. 2020~2022년 사이에는 화성 토양 샘플을 지구로 회수할 계획도 세워놓고 있다. ESA는 2025년까지 화성에 사람을 보낼 계획이고, NASA는 2037년까지 화성에 인간을 착륙시키고 우주문명을 건설하는 장기 계획을 갖고 있다.

유럽의 ESA는 달, 화성, 그리고 소행성에 유인우주선을 보낸다는 '오로라(Aurora) 프로그램'을 2001년에 발표했다. 이 계획에 따르면 첫 번째 탐사선은 NASA의 협력을 받는 엑소마스 우주선이다. 2016년에 발사될 첫 번째 우주선은 궤도선과 하강착륙선으로 구성되며 하강

화성 기지

착륙선이 화성 표면에 착륙하여 생명체의 존재 또는 흔적 탐사, 대기의 분석, 표본 회수를 위한 기초자료 조사 등의 임무를 수행한다. 2018년에는 두 번째로 두 대의 탐사차(rover)를 실은 우주선을 발사하여 탐사차들이 이동하면서 화성 표면을 탐사하게 할 계획이다. 또한 2020~2022년에는 화성표본회수(Mars Sample Return) 계획에 따라 화성궤도선, 하강모듈, 상승모듈, 지구재진입선 등 4개로 이루어진 우주선을 화성으로 보내 화성표면물질 500g을 회수하여 지구로 가져온다. 오로라 프로그램에서 2025년에 화성에 사람을 보낼 계획이다.

미국도 2030년대까지 화성 궤도에 유인 우주선을 보내고 이어 인간이 화성에 첫발을 내딛는 우주탐사도 추진하겠다고 오바마 대통령이 2010년 4월에 밝혔다. 그는 2025년까지 장거리 유인우주선을 개발해 소행성에 우주인을 보내고, 2030년대까지 중반까지 유인우주선을 화성에 궤도에 진입시켰다가 지구로 귀환하는 프로젝트를 추진하겠다고 말했다. 그는 이어 인간이 화성에 첫발을 내딛는 화성 착륙이 이뤄질 것이라고 했다.

인간의 화성탐사에는 다양한 기술적인 어려움이 있다. 우선은 장기간 비행에 따른 탑승 우주인의 사회적, 심리적 문제 등이 있다. 수 억 km의 장거리 비행을 해야 하고 화성까지 가는데 필요한 소요 기간도 8개월 이상이다. 화성을 방문한 뒤 지구로 귀환하려면 약 15개월을 더 기다려야 한다. 귀환 비행에 적당한 화성과 지구의 배치를 필요로 하기 때문이다.

미국과 러시아는 왕복하는 데만 3년이 걸리는 유인 화성 탐사와 장기간 달 표면 착륙 실험을 진행 중이다. 우주 섹스와 출산에 관한 연구도 진행 중이다. 무중력 상태에서의 섹스는 생각보다 어려워 보인다. 상대방과 연결하고 연결 상태를 유지하는데 무진 고생을 해야 할 것이다. 무중력 상태에서는 혈압이 낮아지고 조금만 움직여도 멀미가 나기 때문에 여러 가지 동작을 하기도 어렵다. 무중력 상태에서는 태아의 발달에도 여러 가지 문제가 생긴다. 쥐 실험에서 태아의 거의 모든 골격 발달이 장애를 일으켰으며 신경체계와 면역체계도 심각한 문제를 일으킨다.

화성으로 여행하는 우주인이 있다고 하자. 그는 3개월 전에 지구 궤도를 떠난 우주선의 작은 선실에 5명의 다른 우주인들과 함께 생활한다. 고향인 지구는 수백만km 뒤에 하나의 작은 점으로 보이고 화성은 아직도 수개월이 걸리는 거리에 있다. 우주선 밖 공간은 위험한 복사로 뒤 덮여있다. 고에너지 입자들은 우주선을 통과하여 그의 몸을 꿰뚫어 보이지 않는 상처의 자국을 남길 것이다. 태양에서 갑작스런 폭발로 방출되는 해로운 복사는 방어 장치가 갖추어진 안전한 방 즉 '태양폭풍 피난처' 로 들어가 있게 만들 것이다.

동료 승무원들은 신경을 날카롭게 만들기 시작할 것이다. 항상 같은 사람만 매일 보게 된다. 먹는 것도 같이하고 일도 같이 하고 살아남기 위해서 서로 의존해야 한다. 같은 이야기만 반복해서 듣는다. 비밀도 없다. 잠에 떨어져 의식이 없을 때만 홀로가 된다. 항상 기계 소리 속에 산다. 고립되고 혼자인 것 같이 느끼고 집을 그리워하게 되고 가족이 보고 싶어진다. 종종 지구에서 보내오는 비디오 영상으로 만난다. 세 살짜리 아이는 돌아올 때는 6살이 된다. 아이들과의 대화도 말이 전달되는데 시간이 걸려서 어렵게 된다. 홈시크니스(home sickness)가 거의 견디기 힘들 정도가 된다.

무중력이 뼈를 약하게 하고 근육의 질량을 감소시켜 몸을 파괴시킨다. 음식조차도 맛이 달라진다. 근육 상태를 유지하고 심장을 강하게 하기 위해서 하루에 2시간 특수 기기로 어려운 운동을 해야 한다, 그러나 뼈는 더 약해진다, 항상 위험 때문에 스트레스 속에서 살아간다. 복잡한 우주선이 조금만 잘못돼도 목숨을 앗아갈 수 있다. 지휘통제소는 항상 뒤에서 지시하고 있다. 매일 우주선을 유지하기 위한 일거리의 목록을 보내온다, 그들은 승무원을 이해하지 못해서 끊임없이 불평하고 우주인들은 불만의 목소리를 낸다. 이상이 NASA가 3년이 걸리는 위험한 화성여행에 사람을 보내기 전에 극복해야 할 복잡한 인간의 문제들 중 일부이다. 우주 복사, 무중력으로 생기는 골밀도 저하, 장기 우주비행의 심리학 그리고 원격 의학 검진 및 치료 등이 4개의 가장 어려운 문제이다. 이 문제들이 해결되어야만 화성으로의 인간 여행이 가능해질 것이다.

화성기지는 월면 도시의 건설 경험을 최대한 살려서 건설된다. 태양계의 행성 중에는 지구와 가장 흡사한 환경과 여건을 가지고 있는 화성에는 월면 도시 건설이 성공적으로 이루어진 후에 건설될 예정이다.

화성의 개발을 위해서는 무엇보다도 고속의 로켓 개발이 필수적이다. 현재 연구되고 있는 태양광이나 원자력 또는 이온 로켓이 개발되면 현재의 화학 연료 로켓으로는 수년이 걸리는 화성의 왕복여행도 2~3주일이면 족할 것이다. 화성 여행을 하는 우주선은 지구에서 발사되는 것이 아니라 우주정거장이나 달 기지에서 출발하게 된다. 화성기지의 건설이 시작되면 많은 인구가 상주하는 본격적인 화성 기지가 세워지게 된다. 지구 궤도상의 우주정거장과 월면 도시가 화성 기지 건설의 근거지가 되어 모든 인력과 자재를 이 두 기지에서 조달하게 된다. 화성 기지의 모습은 달 기지와 유사하며 달에서 얻은 풍부한 경험이 적용될 것이다.

화성에서는 철, 니켈, 마그네슘, 코발트 등의 광물자원을 개발하고 고품위 소재와 약재의 개발과 우주 관측 및 연구가 수행될 예정이다. 화성은 거리가 멀다는 것 이외에는 모든 조건이 달보다 유리하기 때문에 더 좋은 주거 지역으로 부상할 가능성도 크다. 지금 당장은 화성에 물과 공기가 부족한 상태이지만 영구 기지를 설치하면서 화성이 받는 태양 에너지의 1%만 이용해도 양극에 얼어붙어 있는 드라이아이스(dry ice)에서 이산화탄소를 만든 후 이산화탄소에서 산소를 분리해 내면 100년 안에 지구의 대기층과 비슷한 대기권을 만들 수도 있다. 그러나 화성은 대기 밀도가 지구의 바다 레벨 대기압의 0.8%에 불과하고 온도는 지구보다 훨씬 낮고, 중력은 지구의 1/3에 불과하다. 이러한 환경에서 인간이 장기간 살아갈 수 있는지는 아직 알려지지 않았다. 또한 대기가 희박하고 자기장이 거의 없기 때문에 태양폭풍으로부터 보호를 받기 위해서는 따로 복사 방패막이 필요할 것이다.

화성은 더 먼 천체, 즉 목성이나 토성 등으로의 진출을 위한 유리한 기지가 될 수 있다.

미래의 우주망원경

허블우주망원경의 후계자로 NASA는 20억 달러가 소요되는 차세대우주망원경인 NGST를 2011년 발사할 계획이었다. 그러나 이 우주망원경은 2002년 우주시대 초기 NASA를 이끌었던 사람을 기념하여 제임스웹우주망원경 JWST로 이름이 바뀌고 건설도 지연되고 있다. 길이가 8m이고 구경이 6.5m, 거울면적이 25m^{2}의 반사경을 가진 이 망원경은 우리가 볼 수 있는 우주의 부피를 허블보다 훨씬 더 크게 해줄 것이다. 관측 파장이 0.6~28μm의 적색-적외선 영역이므로 이 망원경은 행성의 열과 잡음으로부터 멀리 떨어지고 태양으로부터 가려져 있어야 한다. 그러한 곳은 자연적으로 안정적 중력점인 지구에서 150만km 거리에 있는 태양과 지구 사이의 라그랑주점인 L-2이다. 태양 방패막은 센서가 먼 은하에서 일어나는 에너지의 어두운 폭발을 감지할 수 있는 온도인 절대온도 40K(-233.2℃)까지 우주선을 냉각시킨다. 이 망원경은 너무 멀어서 직접 수리는 곤란하고 원격 수리만이 가능할 것이다. 그러나 JWST는 가시광선을 볼 수 없어서 허블이 보내온 것과 같은 아름다운 천체 사진은 찍을 수가 없을 것이다.

NASA, ESA, 그리고 캐나다의 CSA가 주동이 되고 전 세계 17개국이 참여하고 있는 JWST는 2006년 시작 때 계획은 총 소요 비용이 16억달러이고 발사는 2011년으로 잡혀 있었다. 그러나 그 후 발사 시기가 2018년으로 밀어지고 비용도 계획보다 늘어나서 2011년에 이미 68억달러가 들어갔다. 이 망원경을 제작하고 발사해서 5년간 운영하는데 드는 총 경비는 87억달러로 예상된다. 이렇게 비용이 늘어나고 기간이 지연되자 2011년 미 의회는 미국이 이 프로젝트에서 철회할 것을 요구하고 2012년도 예산에서 JWST 건설 예산을 전액 삭감해서 현재 논란이 되고 있다. 이 망원경이 계획대로 건설될지는 현재로서는 불확실하다.

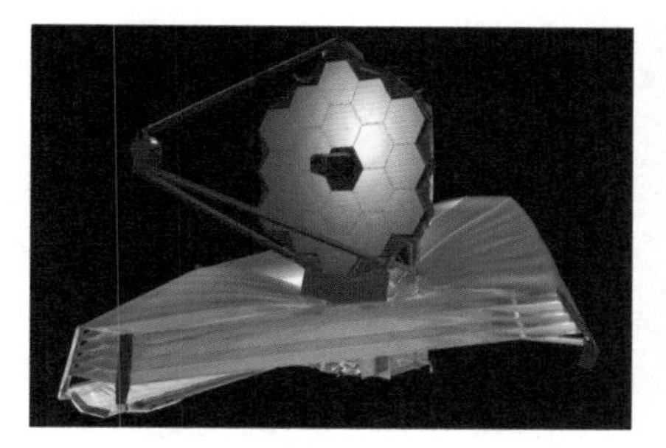
제임스웹 우주망원경

JWST가 완성되면 그 역할은 엄청날 것이다. JWST는 우주가 5억년이 되지 않은 시기 별들이 처음으로 형성되었다고 생각되는 시기를 볼 수 있을 것이다. 우주의 창조로부터 현재에 이르기까지 우주의 성질에 관한 핵심적인 의문을 푸는데 도움을 주고 지구와 같은 행성이 존재하는가를 알아내게 된다. 제1세대 별과 은하, 가까운 은하에 있는 별들, 먼지 구름의 관측, 카이퍼 띠(belt) 내에 있는 수천 개의 천체들을 발견할 수 있을 것이다. 허블우주망원경을 능가하는 예리함으로 지상에서 가장 큰 망원경이나 우주 적외선 위성이 볼 수 있는 것보다 400배나 더 흐린 천체를 관측할 수 있다. JWST는 적외선으로 관측 파장을 넓혔는데 그 이유는 우주 팽창이 가장 먼 은하의 빛을 적외선 스펙트럼으로 이동시키고 있기 때문이다. 우주의 나이를 더 정확히 결정하는데 도움을 줄 것이다. 은하들 중에는 빅뱅 후 수억 년 내에 형성된 것들도 있는 것으로 판명되고 있다. 우주의 형태, 별과 행성의 상호작용, 우주 물질의 순회, 우주의 암흑물질 등을 이해하게 해 줄 것이다. JWST는 또한 별 주위를 도는 행성 특히 지구와 같은 행성을 찾아내어 외계생명체 존재 여부를 밝히게 된다.

2013년 발사예정으로 우주론에서 중요한 역할을 하는 가속도로 후퇴하는 초신성 관측을 위해서 SNAP 망원경도 계획되고 있다. 이 망원경은 매년 2000개의 초신성을 관측할 수 있을 것이다. 이를 위해서는 1.8m 길이의 망원경과 수백 개의 광감지 CCD를 필요로 한다.

유럽의 ESA와 NASA는 2020년 쯤 아인슈타인의 일반상대성이론의 검증을 위해서 우주선 3대로 이루어진 중력파 실험 기구를 우주로 쏘아 보내는 LISA 프로젝트를 발표했다. 이 실험이 성공하면 일반상대성이론은 1916년 발표된 후 100여 년만에 실험을 통해 완전히 입증된다. 아인슈타인은 블랙홀의 충돌 등으로 우주 공간에서 중력의 급격한 변화가 생기면 시간과 공간의 휘어짐이 파동 형식으로 퍼져 나가는 중력파가 생긴다고 발표했다. 문제는 이 파동에너지가 너무 약해서 웬만한 실험도구로는 검출이 거의 불가능한 것이다. LISA는 우주에 설치되는 중력파 입증 장치이다. 한 지점에서 다른 지점으로 레이저를 쏘아 레이저 광선의 도착 시각과 지점을 측정하는 것이다. 만약 중력파로 인해 시간과 공간이 휘어지면 레이저 광선은 약간 늦게, 혹은 약간 어긋난 지점에 도착하게 된다. 하지만 중력파의 아주 적은 에너지로는 지구 지름만큼 떨어져 있는 커다란 레이저 송수신 장치를 사용하더라도 레이저의 도착 위치가 원자의 지름만큼도 어긋나지 않아 측정이 힘들다. LISA는 서로 500만km(지구 달의 거리의 13배)씩 떨어진 3대의 우주선으로 이루어진다. 정삼각형 편대로 지구 공전궤도를 따라 돌 우주선들에는 각각 레이저 발사 및 수신 장치가 탑재돼 있다.

일본의 JAXA는 유럽의 ESA의 협조를 받아 2018년에 구경 3m의 적외선 망원경 SPICA를 지구 궤도에 올릴 예정이다. 극저온인 4.5K로 냉각될 이 망원경은 행성과 은하의 형성 과정을 밝혀줄 수 있을 것으로 기대되고 있다.

미래의 우주관광여행과 우주호텔

우주관광여행은 오락이나 레저, 비즈니스 등의 목적으로 지구궤도에 다녀오는 여행을 말한다. 우주로의 여행은 특수 비행훈련을 받은 우주인들만이 가능했으나 이제는 일반인들에게도 그 문이 열리고 있다. 이미 미국의 데니스 티토가 2001년 소유즈로 국제우주정거장 ISS에 9일간 다녀온 것을 시작으로 2009년까지 7명이 다녀왔다. 이러한 우주여행이 현재까지는 엄청난 비용 때문에 일반인은 상상하기도 힘든 상황이다. 아직은 제한적이고 비용이 많이 들고 있다. 현재 우주관광 여행은 러시아연방우주국(RFSA)만이 제공하고 있는데 이 여행은 소유즈 우주선을 타고 국제우주정거장을 다녀오는 것이다. 1998년 창립된 스페이스어드벤처사가 대행하는 이 여행비용은 2,000만~3,500만 달러가 든다.

일반인의 우주여행은 앞으로 3단계로 발전하여 본격화 될 것이다. 제1단계는 매년 수백에서 수천 명이 우주여행을 하는 단계로 비용은 약 5만 달러가 들 것이다. 제2단계는 매년 수천에서 수십만 명이 우주여행을 하는 단계로 이때에는 지구 궤도에 모듈을 조립하여 수백 명을 수용할 수 있는 호텔이 등장할 것이다. 제3단계는 매년 수십만에

우주 호텔

서 수백만 명이 우주여행을 하는 단계로 비용은 수 천 달러로 저렴해질 것이다.

현재도 스페이스어드벤처사를 비롯해서 여러 민간 회사들이 우주여행 상품을 내놓고 있다. 1996년에는 가능한 한 많은 사람이 우주여행을 하는 것을 목표로 하는 우주여행자회(STS)가 1996년 미국에서 창립되기도 했다.

우주여행은 지구궤도로의 관광여행 외에도 궤도까지는 올라가지 못해도 저궤도의 높이인 100km 상공까지 올라가서 무중력을 체험하는 여행인 값이 저렴한 저궤도 여행과 달에 인간의 기지가 건설되는 2030년경에는 달나라에 가는 여행이 가능해 질 것이다. 앞으로 대형의 우주버스가 등장하면서 일반인의 우주여행 문이 활짝 열리게 된다. 우주버스는 수십 명의 인원과 수십t의 화물을 우주로 실어 나를 수 있게 된다. 우주버스 미국을 비롯해서 유럽연합, 일본, 러시아 등의 국가에서도 독자적으로 개발되어 상업적으로 운영될 것이다.

일반인의 우주여행에 있어 가장 큰 장벽은 경비와 발사 및 귀환 때의 중력 부담과 무중력 상태를 잘 견딜 수 있는 신체적인 적응도이다. 경비 문제는 우주버스가 대형화 하면서 어느 정도 해결된다. 만일 50인승의 우주버스가 실용화 되면 지구궤도에 세워진 우주호텔에 5박 6일 동안 다녀오는 우주여행비는 1인당 약 5만 달러 정도로 줄어들어서 현재 호화 여객선의 세계 일주 경비밖에는 되지 않을 것이다.

중력도 큰 문제가 되지 않을 것이다. G는 중력의 단위로, 1G는 우리가 보통 지상에서 받고 있는 중력이다. 아폴로 우주인이 받았던 중력은 6~7G로서, 지상에서 받는 중력보다 6~7배나 높아서 특수훈련을 받아야만 견딜 수 있었다. 그러나 우주버스의 중력은 이것의 반도 되지 않는 3G 정도로서 이것은 고속엘리베이터를 탔을 때 받는 중력인 1.6G의 2배에 해당된다. 그러니까 우주여행을 하려면 고속엘리베이터를 탈 때의 중력 부담의 2배만 견디면 된다. 3G 정도는 고속 회전목마를 탔을 때의 가속도에서 느끼는 가속도와 거의 비슷해서 이런 놀이를 즐길 수 있는 사람이면 누구나 우주여행을 할 수 있다.

머지 않은 장래에 우주호텔도 건설될 전망이다. 스페인 바로셀로나에 본사를 둔 민간 우주관광회사인 갤럭시스위트사는 궤도 위에 3개의 유선형 통을 결합한 우주호텔 건설을 추진하고 있다. 호텔로 가는 우주선에는 한 번에 최대 6명이 탑승 가능하다. 우주호텔에는 초기에 100여명이 머물겠으나 후에는 수백 명, 결국에는 수천 명이 머무는 대형 호텔이 등장할 것이다.

스페이스어드벤처사는 아랍에미리트연합에 2억6,500만 달러를 들여 우주공항을 건설할 계획을 발표했다. 또한 영국의 리처드 브랜슨이 미국 뉴멕시코 남부에 2억2,500만 달러를 들여 우주공항을 건설할 계획이다.

우주호텔 속은 인간에게 가장 쾌적한 상태를 유지시켜 편안한 생활을 할 수 있게 설계된다. 우주호텔은 회전에 의해서 무중력 상태를 지구에서와 비슷한 중력이 생겨나도록 만들어진다. 호텔 투숙객들은 우주호텔에 머물면서 80분 동안 지구를 한 바퀴 돌면서 하루에 18차례의 일출을 감상할 수 있다. 아름다운 모습의 지구, 푸른 바다와 육지, 사막, 남북극의 빙하, 화산, 오로라 그리고 도시와 밤의 아름다운 모습을 감상할 수 있다. 망원경으로 보는듯한 모습을 가진 달 그리고 칠

흑같이 어두운 하늘에 보석같이 영롱하는 별들을 즐길 수 있다.

그동안 영상으로만 보아왔던 우주인들의 무중력 상태에서 공중에 떠도는 모습을 직접 체험할 수도 있다. 또한 우주인과 같이 우주복을 입고 호텔 밖으로 나가 우주유영도 할 수 있을 것이다. 무중력 상태에서의 스포츠도 즐길 수 있다. 무중력 버전의 골프, 탁구, 테니스, 기계체조, 농구, 심지어는 축구도 가능할 것이다. 언젠가는 우주올림픽이 개최될지도 모른다. 21세기 중 우주 관광여행, 신혼여행, 신병 치료여행 등 우주여행도 다양화되고 지금의 해외여행 정도로 보편화 될 것이다.

앞으로 원자력이나 태양광자 로켓이 개발되면 거의 빛의 속도로 여행이 가능하므로 거리가 수십조km인 가까운 별까지의 여행도 가능하게 된다. 빛의 속도에 가까운 속도로 여행할 때에는 아인슈타인의 일반상대성 이론이 적용되어 우주선에 탄 사람의 시간은 느리게 가기 때문에 지상에서는 오랜 세월이 흘러도 우주 여행자는 짧은 시간 동안 다른 별을 다녀올 수도 있다.

우주엘리베이터

우주엘리베이터(space elevator)는 어떤 천체의 표면에서 우주공간으로 물질을 실어 나르는 구조물을 말한다. 여러 유형이 제안되어 있지만 그 모두가 로켓으로 쏘아 올리는 대신 고정된 구조물을 활용한다. 가장 보편적인 개념은 적도 근처의 지구 표면에서 지구정지궤도나 반중량물(counter weight)에 이르는 구조물을 의미한다. 장력(張力)을 가진 구조물이 지구정지궤도에서 지상까지 연결된다. 이것은 팽팽한 기타줄과 같이 지구와 반중량물 사이를 팽팽하게 연결하고 있다. 초강력

섬유가 개발되면서 화물을 우주로 10만 km까지 실어 나르는 우주엘리베이터 건설의 개념이 공상 소설의 영역에서 현실로 다가오고 있다.

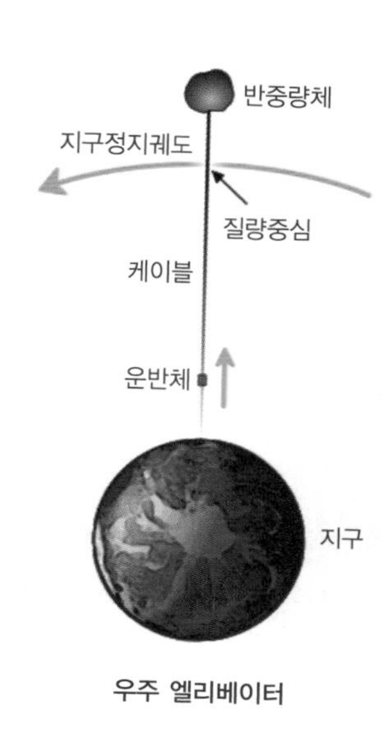

우주 엘리베이터

우주 엘리베이터에 관한 최초의 아이디어는 약 100년 전에 나왔다. 1895년 남보다 수십 년 먼저 로켓 추진과 우주여행에 관한 실질적인 아이디어를 고안한 러시아의 치올코브스키는 지구 궤도를 도는 하늘의 성곽(celestial castle)에 부착된 수천km 높이의 타워를 제안했다. 이 궤도를 도는 성곽의 원심력이 타워를 버티게 해준다. 이는 마치 한 끝에 돌을 매단 끈을 돌리는 것과 같다고 상상하면 된다. 그러나 이러한 아이디어는 근본적으로 건설이 불가능했다. 당시에 가장 강한 물질로 알려진 강철은 너무 무겁고 이 무게를 견딜 만큼 강하지도 못했다. 우주엘리베이터 개념은 과학소설가 아서 클라크(Arthur C. Clarke)의 1978년 소설 '파라다이스의 샘(The Fountains of Paradise)' 에서 다시 소개되기도 했다.

1991년 철강의 몇 배 강도를 가진 탄소의 원통형 분자인 나노튜브(nanotube)의 발견은 앞으로 10~20년 사이에 현실이 될 가능성을 가진 아이디어로 떠올랐다. 이것을 지지하는 사람들은 우주엘리베이터의 경제성과 기술적인 장점을 고려할 때 꼭 필요하게 될 것이라고 말하고 있다. 이것은 위성을 궤도에 올리는데 드는 비용이 1kg 당 2만 달러에서 100달러로 줄어들 것이라고 예측하고 있다. 이것은 1800년대 후반 미국 서부에 대륙횡단 열차를 놓는 것과 같고 말하기도 한다. 이것은 우주로 접근에의 새로운 패러다임이 될 것이다.

1999년에는 나노튜브가 NASA로 하여금 이 문제를 심각하게 돌아보게 하였다. 과학자들은 거대한 나노튜브 케이블과 자기적으로 부상된 차가 케이블을 위아래로 달리는 것을 구상하게 되었다. 이 구조물이 너무 크기 때문에 엘리베이터를 제자리에 있게 하기 위한 반중량체로 소행성 하나를 붙잡아서 지구 궤도로 끌어다 놓아야 할 필요로 하게 될 것이다. 기후 특히 번개를 피하기 위해서 베이스 정거장은 적어도 16km 높이의 타워여야 한다. NASA의 아이디어는 폭이 약 1m이고 종이보다 얇은 탄소 원자의 작은 덩어리인 나노튜브로 이루어진 케이블(ribbon)이 지구 표면으로부터 10만km 뻗쳐있는 것이다.

자기부상(磁氣浮上)을 사용하는 대신 이 장치는 리본에 단단히 묶인 탱크와 같은 두 개의 실로 위로 끌어올려 13t의 화물을 위로 운반하는 것이다. 위성이 지구를 도는데 꼭 하루가 걸리는 3만6,000km에 있는 지구정지궤도에 도달하는 데는 약 1주일이 걸릴 것이다.

케이블은 바람이 조용하고 날씨가 좋고 상업적인 비행기의 비행이 적은 남아메리카의 태평양 쪽 연안에서 떨어진 적도 상 플랫폼에 부착될 것이다. 이 플랫폼은 이동성으로 케이블이 궤도를 도는 위성의 진로에서 벗어나도록 움직여질 수 있다.

엘리베이터는 빛을 전기로 바꾸는 광전지로 동력을 얻게 된다. 플랫폼에 부착된 레이저는 빛을 보내기 위해서 엘리베이터를 겨냥해서 보내질 수 있다.

최초의 엘리베이터를 건설하는 데는 62억 달러 가까이 들 것이다. 그 후의 엘리베이터는 이보다 훨씬 적은 20억 달러 정도가 든다. 이와 비교되는 것으로 국제우주정거장(ISS)을 건설하는 비용은 1,000억 달러를 초과할 것으로 추산되고 있다.

추가로 엘리베이터는 달이나 화성에도 건설되어 태양계 여행을 간단하고 빠르게 해 줄 것이다. 우주엘리베이터는 행성들로 탐험자를 운반하는데 사용될 수 있는 더 싸고 더 안전한 우주여행 수단이 될 것이다. 현재의 기술로는 달이나 화성 같이 태양계 내에서 중력장이 약한 천체에 설치할 수 있다.

우주식민지

우주식민지는 지구 밖 우주에 건설된 자족 가능한 인간의 거주지를 말한다. 이것은 과학소설의 주요 소재이고 여러 국가적인 우주계획의 장기 목표이기도 하다. 우주식민지는 달, 화성, 소행성, 그리고 여러 위성에는 물론 천체의 위나 궤도에 건설될 수도 있다. 우주에 식민지를 건설하려면 물, 음식, 공간, 사람, 건설자재, 에너지, 수송, 통신, 생명유지, 모의 중력, 그리고 우주의 해로운 복사로부터의 보호 등이 요구된다.

달, 화성, 소행성의 식민지에서는 현지의 자재를 사용할 수 있다. 달에는 수소와 질소 같은 휘발성의 물질은 결핍돼 있지만 산소, 실리콘, 철, 알루미늄, 티타늄 같은 금속은 많이 포함되어 있다. 물질을 지구에서 건설 현장으로 가져가는 데는 많은 비용이 든다. 그래서 대부분의 물질은 달과 지구에서 가까운 궤도를 가진 소행성과 혜성 같은 지구에서 가까운 천체인 NEO(지구에 접근하는 소행성이나 혜성)에서 조달할 수 있다. 대부분의 NEO에는 상당량의 금속, 산소, 수소, 그리고 탄소가 있고 일부에는 약간의 질소도 있다. 최근에는 달의 극지역에서 물

우주식민도

의 얼음이 발견됐고 일부의 소행성과 혜성에도 얼음은 풍부한 것으로 나타나고 있다. 화성에도 양극지역이나 지하에 물이 있을 것으로 추측된다.

우주식민지의 에너지원으로는 태양에너지가 될 것이다. 태양에너지는 현재에도 위성의 동력으로 활용되고 있다. 우주의 무중력 상태에서는 태양광을 경량의 금속성 포일로 만들어진 거대한 태양 오븐을 사용하여 수천도의 열을 만들거나 태양광을 반사시켜 곡물의 광합성도 일으키게 할 수 있다. 태양광을 전기로 전환해서 식민지 거주자들의 전기 수요를 충당시켜 줄 수 있다. 태양광이 에너지 수요를 충족시키지 못할 경우에는 핵에너지가 사용될 것이다.

궤도에 건설되는 우주식민도에는 달이나 화성의 위성들인 포보스와 데이모스, 그리고 지구근접 소행성(NEA)에서 물질을 대량으로 운반해 갈 수 있을 것이다. 이 방법이 중력이 큰 지구에서 물질을 가져가는 것보다 훨씬 경제적이기 때문이다. 태양광, 이온, 핵추진 등의 새로운 우주로켓 기술이 개발되면 우주에서 물질 수송비 절감의 문제를 해결해 줄 수 있다. 달의 물질은 전자기의 힘으로 가속시켜서 많은 물질을 한꺼번에 발사하는 매스드라이버(mass drivers)를 건설하거나 달 우주엘리베이터를 활용해도 된다.

우주 거주지에서는 폐쇄 생태체계를 갖추어 모든 물질이 재활용되어야 한다. 이는 현재 수개월 동안 표면으로 부상하지 않고도 견디는 핵잠수함의 생명유지 시스템과 같은 것이다. 이러한 장기간의 생명유지 시스템은 미국 애리조나에 건설된 바이오스피어(Boispheere) 2에서 이미 가능성이 증명되었다.

우주 공간에서는 우주선과 태양플레어가 방출하는 태양풍의 죽음의 입자에 노출된다. 지구표면에서는 대기가 이러한 입자들을 막아주어 생명이 유지된다. 이러한 입자의 침투를 막으려면 두터운 방패막층을 필요로 한다.

미국 프린스턴(Princeton)대학의 천체물리학자 제럴드 오닐(Gerald K. O'Neill)은 1974년 피직스투데이(Physics Today)에 발표한 논문에서 오늘날의 기술력과 경제력으로도 우주식민도의 건설이 가능하다면서 상세한 건설 과정을 제시했다. 우주식민도가 건설되면 사람들이 그곳에 이주하여 살면서 하나의 독립된 자급자족의 섬을 이룬다. 우주식민도가 건설될 장소는 달의 궤도상으로, 달에서 35km 떨어져서 지구와 달과 함께 정삼각형을 이루는 라그랑주점이 제1 후보지로 꼽히고 있다. 그곳은 달과 지구로부터의 인력이 평형을 이루는 곳으로 이곳에 우주식민도를 건설하면 위치가 변하지 않는다.

건설에 필요한 재료는 비용을 적게 들이기 위해 달에서 조달해 쓴다. 달에 풍부한 물질인 철, 알루미늄, 모래, 유리 등이 활용될 것이다. 자기(磁氣)를 이용해서 부상시키는 특수 운반차를 달에 만들어 달 표면의 암석이나 모래를 담은 자루를 싣고 속도를 높여주면 자루는 우주 공간으로 튀어 나간다. 그것은 달의 인력이 지구의 6분의 1밖에 되지 않아 쉽게 인력권을 벗어날 수 있기 때문이다. 이렇게 우주공간으로 보내진 물질을 건설 현장에서 수거하여 태양열을 사용해서 정련하면 철. 알루미늄 등의 재료를 얻을 수 있다. 이 방법이 지구에서 가져가는 것보다 훨씬 싸게 먹힌다.

오닐은 먼저 지구로부터 기술자 1,000명과 식량. 액화수소 등 총 무게 1만t을 우주 버스로 현장에 올려 보낸다. 동시에 약 200명을 달로 파견하여 달의 물자를 캐어 건설 현장으로 보내게 한다. 건설 재료의 95%가 달에서 조달된다.

최초에 건설될 우주식민도 제1호는 직경 500m의 구형이다. 이것을 1분에 2회 꼴로 자전시키면 적도에 해당하는 부분의 내벽에는 마치 지구의 인력과 같은 원심력이 생긴다. 따라서 적도 근처의 안쪽 벽에 주택을 세우면 지구에서와 거의 비슷한 생활을 할 수 있다. 나무를 심거나 하천을 만들어 물을 흐르게 할 수도 있다. 이 공 모양의 식민섬에는 1만 명이 충분히 살 수 있다.

이 식민섬 안에는 공장과 태양열 발전소도 있어 달 암석을 처리하여 철이나 알루미늄을 만든다. 이것을 사용하여 제2호와 제3호가 건설될 것이다. 제2호는 직경 1,800m의 차바퀴 형으로 1만 명 정도가 거주할 수 있고, 제3호는 직경 6.5km, 길이 32km의 거대한 원통형으로 그 속에는 제주도만한 넓이의 인공 토지가 만들어지고 100만 명이 편안히 살 수 있다.

우주식민도에는 농장을 만들어 가축과 물고기도 키운다. 식물 종자나 동물은 처음에는 지구에서 싣고 간다. 그곳에는 넓은 도로와 녹지대가 갖추어진다. 교통수단은 주로 전기자동차나 자전거가 된다. 깨끗한 대기와 물, 이상적인 기후가 갖추어진다.

오닐에 의하면 최초의 우주 식민도가 완성된 후 10년 정도 지나면 우주에 사는 사람의 수는 29만 명이 되며, 15년 뒤가 되면 150만, 20년 후에는 920만, 30년 후에는 6억3,100만, 35년 후에는 72억 명이 될 것이란 추산이다. 이렇게 되면 현재 지구에 살고 있는 모든 사람을 수용하고도 여유가 있게 된다.

우주공장

지구 정지 궤도에 건설될 우주정거장 중에는 우주의 특수한 환경 즉, 무중력과 진공, 그리고 청정한 환경에서만 만들어질 수 있는 공산품을 제조하는 우주공장이 있다. 이미 전 세계 98개 대기업이 참여하고 있는 NASA의 우주공장 계획은 우주의 초진공과 무중력을 이용, 지상에서 만들 수 없는 물질을 생산하는 것을 목표로 하고 있다.

우주공장이 들어설 정지 궤도의 중력은 거의 무시할 수 있는 1만분의 1G(1G는 지구상에서의 중력)이고 진공은 1,000조분의 1돌(진공 단위)이다. 지상에서는 중력 때문에 합금을 만들려고 해도 고루 섞이지 않지만 중력이 없는 우주공간에서는 완벽한 합금을 만들어낼 수 있다. 이 밖에도 우주공장은 인터페론을 비롯한 순수한 의약품을 추출하고, 강도가 100배 이상 높은 섬유, 완전한 구형의 볼베어링(ball bearing), 그리고 순수한 결정체 등을 만들어 낼 수 있다.

우주공장이 가동하면 150여 종의 우주상품이 만들어지고, 그 시장 규모는 수백억 달러가 된다. 이 공장에서는 우주발전소. 달기지. 우주식민도 등의 건설에 필요한 자재도 제작하여 공급할 수 있을 것이다. 달의 광물 자원을 원료로 하는 제품도 생산된다. 메이드 인 스페이스(made in space) 제품의 광고가 신문과 텔레비전에 등장하게 된다.

우주발전소

인간의 문명이 발전하면서 에너지 수요는 계속 증가한다. 조만간 화석연료는 거의 고갈되어 핵과 태양에너지가 에너지 수요의 주종을 이루게 된다. 그러나 핵에너지는 방사선 폐기물의 배출이라는 문제를 안고 있고 지상에서의 태양에너지 이용은 구름과 눈, 비로 인한 효율의 저하로 그 이용에 제한을 받는다. 그러나 지구 대기권 밖의 우주공간은 기상 상태에 의한 제한을 받지 않는다. 그래서 대기권 밖 우주공간에 태양열 발전 시설을 건설하게 된다. 그러한 발전소가 우주태양발전소이다.

이 발전소에서는 우주에서 태양광 발전판으로 태양열을 전기로 만들어 이를 마이크로파(microwave)에 의해서 지구로 송전하게 된다. 지상으로부터 3만6,000km 상공에 위치한 정지위성 궤도에서의 태양에너지 밀도는 지상보다 10배나 크다. 그러므로 정지 궤도상에서의 태양 발전은 지상보다 10배의 효율을 올릴 수 있다.

미국에서 구상한 우주태양발전의 기준 모델에 따르면 지구 적도 상공 정지 궤도에 가로 10km, 세로 5km, 두께 500m인 태양광 발전 위

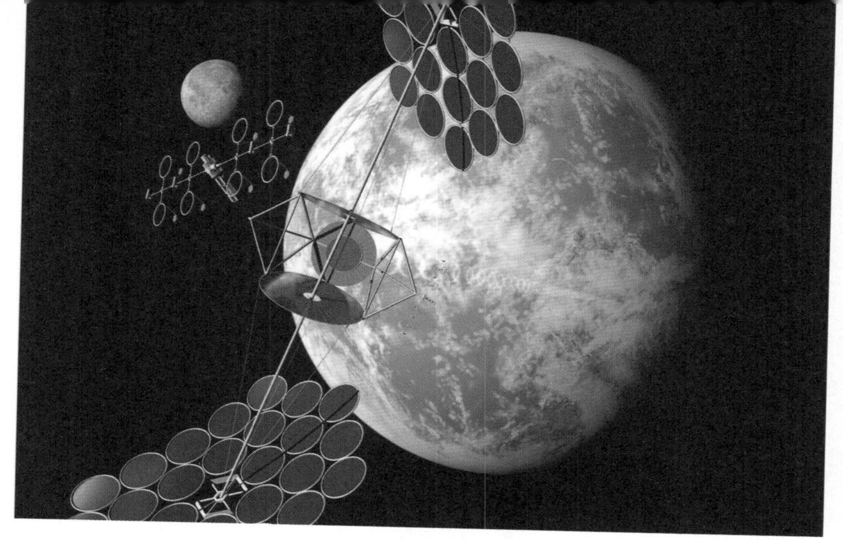

우주 발전소

성을 띄운다. 이 위성의 태양을 향한 표면에는 태양광 전기 변환 반도체를 깔아 붙여 태양광을 전력으로 바꾼다. 이 위성의 양쪽 끝에는 지름 수백m짜리 접시형 송전기가 붙어 있어 만들어진 전기를 마이크로파로 바꾸어 지상으로 보낸다. 마이크로파는 구름을 관통해 에너지를 보낼 수 있기 때문에 효율성이 높다. 그러면 지상에서는 크기가 한쪽이 8km, 다른 한쪽이 12km나 되는 거대한 그물 형 안테나로 우주발전소에서 보낸 마이크로파를 잡아 다시 전기로 바꾸어 각 가정이나 공장으로 보낸다.

우주발전소 건설에 소요되는 물자는 10만t이나 된다. 이 물자는 우주선으로 지구 주위 저궤도로 운반되어 그곳에서 조립된 후, 정지위성 궤도로 올려지게 된다. 이러한 물자를 운반하기 위해서는 우주선이 현재의 수송 능력의 수십 배의 적재 능력을 갖도록 대형화 되어야 한다. 우주발전소는 정지 궤도에 있기 때문에 지상에서 보면 늘 정지해 있는 것 같이 보이고, 지구에서 멀리 떨어져 있기 때문에 지구의 그림자에 가려지는 시간은 5~10분 정도에 불과해 거의 하루 내내 지구의 한 지점으로 송전이 가능하다.

우주태양발전소 하나의 발전 용량은 500만kW로서 이는 현재의 화력발전소 5기분에 해당하는 용량이다. 미국은 2010년부터 2030년 사이에 매년 2기씩 총 60기의 발전 위성을 올려 미국 총 전력 수요의 20%를 이 방법으로 충당할 계획이다.

우주발전소는 지구에서 볼 때 밤에 태양이 비치는 쪽이 지구를 향하게 되어 금성보다 밝은 -4.5등성 정도로 반짝인다. 만일 세계 여러 나라가 우주발전소를 건설한다면 밤하늘에 또 하나의 달이 나타난 것 같이 밤하늘을 밝힐 수 있을 것이다. 그렇게 되면 천문 관측을 할 수 없게 되며 생태계에 미치는 영향도 크게 되어 환경보호 단체와 과학자들의 반대가 만만치 않다. 그래서 우주발전소를 지구의 극궤도에 띄워 양극에서 전기를 수신하는 방법도 고안되고 있다.

최근에는 '달 태양광 발전' 이 새로운 아이디어로 각광을 받고 있다. 우주공간 대신 달표면 적도 부근에 태양광 발전용 패널을 늘어놓아서 태양광 에너지를 모아서 이를 마이크로파로 전환해 지구로 전송하는 것이다. 달에 풍부한 규소 등을 이용하면 비용도 절감할 수 있다. 일본의 한 회사는 달 발전소 건설을 2030년대 후반에 시작할 계획으로 있다.

우주 자원

지하자원이 모두 고갈되어버린 후에도 인간이 지구에서 살 수 있을까? 언젠가는 지구의 자원이 모두 고갈되어 버릴 것이 분명하다. 석유를 비롯해서 구리, 알루미늄, 니켈, 망간, 철 등 현대 문명에서 절대 필요로 하는 지하자원이 앞으로 수십 년 후면 모두 바닥나고 가장 흔하다는 석탄도 앞으로 300년이 가지 않는다고 한다.

광물자원이 없이 인간의 문명이 지속될 수는 없다. 이러한 물질이 지구에는 없으니까 우리는 이를 우주에서 찾아야 한다. 자원에 관한 미래를 밝혀 줄 유일한 희망은 우주이다. 그래서 학자들은 미래에 우주의 자원을 활용할 수 있는 방법을 활발히 연구하고 있다.

지난 30여 년간의 우주 탐사 결과, 우리 이웃 천체들에는 각종 자원이 풍부함이 알려졌다. 아폴로 우주인들은 달을 직접 탐사 했고, 월석도 상당량 지구로 가져온 바 있다. 또한 무인 우주선이 화성 표면의 물질을 분석하고 마젤란 우주선은 금성의 주변 궤도를 돌면서 레이더로 금성의 지형과 지질 탐사를 했다.

달에는 철, 마그네슘, 알루미늄, 아르곤, 칼슘, 황, 염소 등의 물질이 표면에 상당량 널려 있으며 매장된 광물질은 총 60여 종에 이르고 있다. 화성에도 표면 토양에는 철가루가 풍부하여 표면의 색깔이 산화철의 색깔인 붉은색을 띠고 있다. 금성의 물질에 관해서는 아직 확실히 밝혀지지는 않았으나 표면의 지형이 지구와 비슷한 점으로 보아 구성 물질도 지구와 비슷할 것으로 짐작되고 있다.

화성과 목성의 사이에서 태양 주위 궤도를 돌고 있는 수십만 개의 작은 천체들인 소행성에도 광물질이 풍부한 것으로 알려지고 있다. 소행성들 중에는 지름이 달의 1/4 정도로 큰 세레스로부터 수 m의 작은 것까지 수만 개가 관측되고 있다. 지름이 10km인 소행성을 예로 들면 품위가 10% 수준의 철이 4억t, 니켈이 4,000만t, 백금이 1만 5,000t, 금이 800t의 막대한 양의 광물 자원이 들어 있다. 이것을 오늘날 지구의 연간 소비량으로 환산하면 차례대로 각각 1년분, 100년분, 150년분 그리고 0.8년분에 해당한다.

그러면 이 외계의 물질을 어떻게 지구로 가져올 수 있을까? 달의 자원은 그곳에 건설될 월면 기지에 제련소를 두어 풍부한 태양 에너지를 이용하여 광물을 정제한 후, 우주 수송선으로 지구에 운반하게 된다. 이 수송선의 적재 능력은 현재 우주왕복선의 100배 이상이고 지구 궤도에 우주정거장이 중계장 역할을 하게 된다.

소행성에는 새로 개발되는 원자력 또는 광자 로켓을 이용하여 인간이 탄 우주선을 보내서 적당한 크기, 예를 들면 지름이 10km 정도인 소행성을 지구로 예인한다. 예인된 소행성은 우선 지구궤도를 돌게 한 후 낙하산을 수없이 매달아 적도 근처의 태평양에 착수시켜 거대한 부대(負袋)로 가라앉지 않도록 하여 무인의 산호초에 정착시켜 광물 자원을 채광한다. 적도 근처의 강력한 태양 에너지를 이용하거나, 바닷물의 온도차 발전을 하거나, 핵융합 발전으로 동력을 얻어내게 된다. 광물질 자원을 캐낸 후에 남는 물질은 산호초 속에 버려 바다를 메우게 된다. 이렇게 되면 현재와 같이 지하 수백m에서 광물질을 캐내는 것보다 더 적은 비용으로 자원을 조달할 수 있게 된다.

부록

참고문헌 • 참고 Website • 영문 두문자어(頭文字語, 略語) 풀이
무인 달 탐사선 • 아폴로 계획(유인 달 탐사선) • 우주왕복선의 비행 통계
수성 탐사 우주선 • 금성 탐사 우주선 • 화성 탐사 우주선
목성 탐사 우주선 • 토성 탐사 우주선 • 천왕성 탐사 우주선
해왕성 탐사 우주선 • 명왕성 탐사 우주선 • 소행성 탐사 우주선
혜성 탐사 우주선 • 태양 탐사 위성 및 우주선 • 우주관광객 명단
민간 우주여행 상품 • 한국이 발사한 인공위성 • 인명 찾아보기

참고문헌

- Baker, Philip, The Story of Manned Space Stations: An Introduction, Praxis, 2007
- Brunier, Serge, Space Odyssey, Cambridge University Press, 2002
- Chaikin, Andrew, Space, A History of Space Exploration in Photographs, Firefly Books Ltd., 2004
- Detholoff, Henry C. and Ronald A. Schorn, Voyager's Grand Tour, Smithsonian Books, 2003
- Dick, Steven, Robert Jacobs, Constance Moore and Ulrich Bertram, America in Space: NASA's First Fifty Years, Harry N. Abrams, 2007
- Dinwiddie, Robert, Space: From Earth to the Edge of the Universe, DK Publishing, 2010
- Evans, Ben and David M. Harland, NASA's Voyager Missions: Exploring the Outer Solar System and Beyond, Praxis, 2003
- Evans, Ben, Escaping the Bonds of Earth, Springer, 2009
- Freeman, Marsha, Challenges of Human Space Exploration, Springer-Praxis, 2000
- Furniss, Tim, Atlas of Space Exploration, Michael Friedman Pub. Group, Inc. 2002
- Furniss, Tim, A History of Space Exploration, The Lyons Press, 2003
- Launius, Roger D., Space Stations, Smithsonian Institution, 2003
- Launius, Roger A., Frontiers of Space Exploration, Greenwood Press, 2004
- Launius, Roger D. and Andrew K. Johnston, Smithsonian Atlas of Space Exploration, Smithsonian, 2009
- Kerrod, Robin, Space Probes, World Almanac Library, 2005
- Murray, Bruce C., Journey Into Space, W. W. Norton and Company, Inc., 1990
- Newell, Homer Edward, Beyond the Atmosphere: Early Years of Space Science, Dover Publication, 2010
- Neal, Valerie, Cathleen S. Lewis and Frank H. Winter, Spaceflight: A

Smithsonian Guide, Macmillan, N.Y. 1995
- Seedhouse, Erik, Lunar Outpost: The Challenges of Establishing a Human Settlement on the Moon, Praxis, 2008
- Ulivi, Paolo, Lunar Exploration, Springer Verlag, 2004
- Ulivi, Paolo and David M. Harland, Robotic Exploration of The Solar System, Part 1, 2, 3, Springer, 2007
- Wolverton, Mark, The Depths of Space, Joseph Henry Press, 2004

참고 Website

- www.absoluteastronomy.com
- www.encyclopedia.com
- www.esa.int
- isro.org
- www.jaxa.jp
- www.nasa.gov
- www.newworldencyclopedia.org
- www.solarviews.com
- www.space.com
- www.spaceadventures.com
- www.spacefuture.com
- www.spacemart.com
- www.spacetourismsociety.com
- www.space-travel.com
- en.wikipedia.org/wiki

영문 두문자어(頭文字語, 略語) 풀이

- AAP Apollo Application Program, 아폴로응용프로그램
- ACE Advanced Composition Explorer 고급조성탐사기
- ABMA Army Ballistic Missile Agency, 육군탄도미사일국
- ALOS Advanced Land Observation Satellite, 고급육지관측위성
- ALSEP Apollo Lunar Experiment Package, 아폴로달표면실험장치
- AOSO American Orbiting Solar Observatory, 미국궤도태양관측소
- APXS Alpha Proton X-ray Spectrometer, 알파양성자엑스선분광기
- ASAT Anti-Satellite, 인공위성요격
- ASLV Augmented Satellite Launch Vehicle, 강화된위성발사체
- AU Astronomical Unit, 천문단위, 1AU = 1.4959 × 10^8km
- CASC The China Aerospace Science and Technology Corporation, 중국항천과기집단
- CEV Crew Exploration Vehicle, 유인탐사선
- CGRO Compton Gamma Ray Observatory, 콤프턴감마선관측위성
- CM Command Module, 사령모듈
- CME Coronal Mass Ejection, 코로나질량방출
- CNSA The China National Space Administration, 중국국가항천국
- COBE Cosmic Background Explorer, 우주배경탐사선
- COS Cosmic Origins Spectrograph, 우주기원분광계
- COSTAR Corrective Optics Space Telescope Axial Replacement, 보정광학우주망원경축대체
- CSA Canadian Space Agency, 캐나다우주국
- CSM Commanding and Service Module, 사령서비스모듈
- CST Crew Space Transportation, 승무원우주수송선
- EADS European Aeronautic Defence Space, 유럽항공우주방어사
- EDDE Electrodynamic Debris Eliminator, 전기역학적잔해제거기
- EJSM Europa Jupiter System Mission, 유로파목성시스템임무
- EOM Earth Observatory Mission, 지구관측임무위성
- EPOXI Extrasolar Planet Observation and Extended Investigation, 태양계외행성관측과 광범위한조사
- ERBS Earth Radiation Budget Satellite, 지구복사분포측정위성

- ERTS Earth Resources Technology Satellite, 지구자원기술위성
- ESA European Space Agency, 유럽우주국
- ET External Tank, 외부탱크
- ETS Engineering Test Satellites, 공학시험위성
- EU European Union, 유럽연합
- EVA Extra-vehicular activity, 우주유영
- FAST Fast Auroral Snapshot Explorer, 고속오로라관측위성
- FGS Fine Guidance Sensors, 미세유도센서
- FGST Fermi Gamma-ray Space Telescope, 페르미감마선우주망원경
- FOC Faint Object Camera, 흐린물체촬영카메라
- FOS Faint Object Spectrograph, 흐린물체분광계
- FUSE Far Ultraviolet Specroscopic Explorer, 원자외선분광탐사선
- GDL Gas Dynamics Laboratory, 가스동력학연구소
- GEO Geostationary Orbit, 지구정지궤도
- GHRS Goddard High-Resolution Spectrograph, 가다드고분해분광계
- GIRD The Group for the Study of Reaction Propulsion, 반응추진연구그룹
- GIS Geographical Information Systems, 지리학적정보시스템
- GLAST Gamma-ray Large Area Space Telescope, 감마선광역우주망원경
- GO Great Observatory, 거대관측소
- GOSAT Greenhouse Gases Observing Satellite, 온실가스관측위성
- GPS Global Positioning System, 지구위치시스템)
- GRAIL Gravity Recovery and Interior Laboratory, 중력회복및내부실험실
- GRB Gamma Ray Burster, 감마선폭발체
- GSLV Geosynchrnous Launch Vehicle, 지구동주기발사체
- GSLV Geostationary Satellite Launch Vehicle, 지구정지위성발사체
- GSO Geosynchronous Orbit, 지구동주기궤도
- HALCA Highly Advanced Laboratory for Communications and Astronomy, 통신과 천문학을 위한 초고급실험실위성
- HEAO High Energy Astronomy Observatory, 고에너지천문대
- HEO High Earth Orbit, 고지구궤도
- HOPE Human Outer Planets Exploration, 인간외행성탐사

- HSP High Speed Photometer, 초고속측광기
- HST Hubble Space Telescope, 허블우주망원경
- IAU International Astronomical Uion, 국제천문연맹
- IBMP Institute of Biomedical Problems, 생의학연구소
- ICBM Intercontinental Ballastic Missile, 대륙간탄도미사일
- IGY International Geophysical Year, 국제지구물리년
- IKAROS International Kite-craft Accelerated by Radiation of the Sun, 태양복사로 가속되는 국제연우주선
- ILN International Lunar Network, 국제달탐사네트워크
- ILS International Launch Services, 국제발사서비스사
- IMAGE Imager for Magnetopause-to-Aurora Global Exploration, 자기권계면에서 오로라까지 전지구적탐사를 위한 영상기
- INCOSPAR Indian Committee for Space Research, 인도우주연구위원회
- INSAT Indian National Satellite System, 인도국가위성시스템
- INTEGRAL International Gamma Ray Astrophysics Laboratory, 국제감마선천체물리실험실위성
- IRAS Infrared Astronomical Satellite, 적외선천문위성
- IRBM Intermediate-range Ballastic Missile, 중거리탄도미사일
- IRS Indian Remote Sensing, 인도원격탐사위성
- IRTS Infrared Telescope in Space, 우주적외선망원경
- ISA Italian Space Agency, 이태리우주국
- ISAS Institute of Space and Astronautical Science, 일본우주과학연구소
- ISEE-3/ICE International Sun-Earth Explorer-3/International Cometary Explorer, 국제 태양-지구 탐사선-3/국제혜성탐사선
- ISO Infrared Space Observatory, 적외선우주관측위성
- ISRO Indian Space Research Organization, 인도우주연구기구
- ISS International Space Station, 국제우주정거장
- IUE International Ultraviolet Explorer, 국제자외선탐사선
- IUO International Ultraviolet Observatory, 국제자외선천문대
- JAXA Japan Aerospace Exploration Agency, 일본항공우주연구개발기구
- JPL Jet Propulsion Laboratory, 제트추진연구소

- JWST James Webb Space Telescope, 제임스웹우주망원경
- KAIST Korea Advanced Institute of Science and Technology, 한국과학기술원
- KARI Korea Aerospace Research Institute, 한국우주항공연구원
- KSC Kennedy Space Center, 케네디우주센터
- KSLV Korean Space Launch Vehicle, 한국우주발사체
- KSR Korean Science Rocket, 한국과학로켓
- KST Kepler Space Telescope, 케플러우주망원경
- LADEE Lunar Atmosphere and Dust Environment Explorer, 달대기와 먼지환경탐사선
- LASOIS Lunar Astronaut Spatial Orientaion and Information System, 달우주인공간방향 정보시스템
- LAT Large Area Telescope, 광역망원경
- LCC Launch Control Center, 발사조종센터
- LCROSS Lunar Crater Observation and Sensing Satellite, 달크레이터관측감지위성
- LDEF Long Duration Exposure Facility, 장기노출시설
- LEM Lunar Excursion Module, 달탐사여행모듈
- LEO Low Earth Orbit, 저지구궤도
- LES Launch Escape System, 발사시탈출시스템
- LFBB Liquid Fly-Back Booster, 액체귀환부스터
- LISA Laser Interferometer Space Antenna, 레이저간섭우주안테나
- LM Lunar Module, 달모듈
- LOX Liquid Oxygen, 액체산소
- LRC Langley Research Center, 랭글리연구센터
- LRO Lunar Reconnaissance Orbiter, 달정찰궤도선
- LRV Lunar Roving Vehicle, 달탐사차
- MAVEN Mars Atmosphere and Volatile Evolution Mission, 화성대기와 격렬진화임무위성
- MD Missile Defense, 미사일방어
- MDA Multiple Docking Adaptor, 다중도킹통로
- MEO Medium Earth Orbit, 중지구궤도
- MESSENGER Mercury Surface, Space Environment, Geochemistry, and Ranging, 머큐리표면우주환경지구화학거리측정위성
- MGS Mars Global Surveyor, 화성전체조사선

- MHW RTG Multihundred-Watt Radioisotope Thermoelectric Generator, 수백와트급방사선 동위원소열전기발전기
- Mini-SAR Miniature Synthetic Aperture Radar, 초소형구경합성레이더
- MIP Moon Impact Probe, 달충돌탐사선
- MMU Manned Maneuvering Unit, 유인가동단위
- MOL Manned Orbital Laboratory, 유인궤도연구소
- MOS Multiple Object Spactrometer, 다체분광계
- MRO Mars Reconnaissance Orbiter, 화성정찰궤도선
- MSL Mars Science Laboratory, 화성과학실험실
- NAA North American Aviation, 북미항공사
- NACA the National Advisory Committee for Aeronautics, 미국국립항공자문위원회
- NAL National Aerospace Laboratory, 일본항공우주기술연구소
- NASA National Aeronautics and Space Administration, 미국항공우주국
- NASDA National Space Development Agency, 일본우주개발사업단
- NASM National Air and Space Museum, 국립항공우주박물관
- NEA Near Earth Asteroids, 지구근접소행성
- NEAR Near Earth Asteroid Rendezvous, 근지구소행성랑데부우주선
- NEO Near Earth Object, 근지구천체
- NERVA Nuclear Engine for Rocket Vehicle Application, 로켓추진체응용을 위한 핵엔진
- NGST Next Generation Space Telescope, 차세대우주망원경
- NIC Near-Infrared Camera, 근적외선카메라
- NORAD North American Aerospace Defense Command, 북미항공우주방어사령부
- OAO Orbiting Astronomical Observatory, 궤도천문관측위성
- OMS Orbital Maneuvering System, 궤도조정엔진
- OSC Orbital Science Corporation, 궤도과학회사
- OSIRIS The Origins Spectral Interpretation, Resource Identification and Security, 기원 스펙트럼해석물질분석안전등을 위한 위성
- OSO Orbiting Solar Observatory, 궤도태양천문대
- OST Orbital Solar Telescope, 궤도태양망원경
- OV Orbital Vehicle, 궤도선
- OWS Orbital Workshop, 궤도작업실

- PSLV Polar Satellite Launch Vehicle, 극위성발사체
- RCM Reaction Control Motors, 반응제어모터사
- RCS Reaction Control System, 반응제어시스템
- RFSA Russian Federal Space Agency, 러시아연방우주국
- RMS Remote Manipulator System, 원격조종시스템
- ROSAT Röntgensatellit, X선위성
- SAGE Surface and Atmosphere Geochemical Explorer, 표면과 대기지구화학탐사선
- SAR Synthetic Aperture Radar, 합성구경레이더
- SAS Soviet Academy of Sciences, 소련과학아카데미
- SAS Space Adaptation Syndrome, 우주적응신드럼
- SDO Solar Dynamics Observatory, 태양동력학관측위성
- SGRBE Swift Gamma Ray Burst Explorer, 스위프트감마선폭발탐사위성
- SIDC Stardust Interstellar Dust Collector, 성간먼지포집기
- SIRTF Space Infrared Telescope Facility, 우주적외선망원경
- SLS Space Launch System, 우주발사시스템
- SLV Satellite Launch Vehicle, 위성발사체
- SM Service Module, 서비스모듈
- SMART Small Missions for Advanced Research in Technology, 기술의 전문연구를 위한 작은임무위성
- SMM Shuttle Mir Mission, 왕복선미르비행임무
- SMM Solar Maximum Mission, 태양극대기임무위성
- SNAP Supernova Acceleration Probe, 초신성가속조사선
- SNAP Systems for Nuclear Auxiliary Power, 핵보조동력시스템
- SOHO Solar and Heliospheric Observatory, 태양과 태양광구관측위성
- SPP Solar Probe Plus, 태양탐사위성
- SPS Service Propulsion System, 서비스추진시스템
- SRB Solid Rocket Booster, 고체로켓부스터
- SROSS Stretched Rohini Satellite Series, 연장된로히니위성계열
- SRRI Scientific Rocket Research Institute, 과학로켓연구소
- SSME Space Shuttle Main Engines, 우주왕복선주력엔진
- SST Spitzer Space Telescope, 스핏처우주망원경

- STIS Space Telescope Imaging Spectrograph, 우주망원경영상분광기
- STS Space Tourism Society, 우주여행자회
- STSAT Science Technology, 과학기술위성
- TIFR Tata Institute of Fundamental Research, 인도타타기초연구소
- TiME Titan Mare Explorer, 타이탄바다탐사선
- TIROS Television and Infra Red Observation Satellite, 텔레비전과 적외선관측위성
- TOMS Total Ozone Mapping Spectrometer, 오존총량분포도작성분광계
- TRACE Transition Region and Coronal Explorer, 전환영역과 코로나탐사선
- TRIMM Tropical Rainfall Measuring Mission, 열대강우측정위성
- TSSM Titan Saturn System Mission, 타이탄토성시스템임무위성
- TTI Telecom Technologies Inc. 텔레컴기술사
- UARS Upper Atmosphere Research Satellite, 초고층대기연구위성
- VAB Vehicle Assembly Building, 발사체조립빌딩
- VASIMR Variable Specific Impulse Magnetoplasma Rocket, 변형특수충격자기플라스마로켓
- VfR Verein für Raumschiffart, 우주여행학회
- VISAR Video Image Stabilization and Registration, 비디오영상안정과 등록
- VISE Venus In-Situ Explorer, 금성원위치탐사선
- VLBI Very Long Baseline Interferometer, 초장기선간섭계
- VSOP VLBI Space Observatory Program, VLBI우주관측프로그램
- WFPC Wide Field/Planetary Camera, 광시야/행성카메라
- WISE Wide-field Infrared Survey Explorer, 광각적외선서베이탐사선
- WMAP Wlikinson Microwave Anisotropy Probe, 윌킨슨마이크로파이방성탐사선
- XMM X-Ray Multi-Mirror Mission, X선 다중반사경임무위성
- XRAF X-Ray Astrophysics Facility, X선천체물리시설위성

표 1 무인 달 탐사선

우주선	발사국	연-월-일	무게(kg)	결과
Luna 1	소련	1959-1-2	361.3	달에 첫 번째로 근접통과
Pioneer 4	미국	1959-3-3	6.1	달에 근접비행
Luna 2	소련	1959-9-12	390.2	최초로 달에 충돌
Luna 3	소련	1959-10-4	278.5	달 근접통과, 최초로 달의 뒷면 촬영
Ranger 4	미국	1962-4-23	331	계획대로 달에 충돌
Luna 4	소련	1963-4-2	1422	근접통과
Ranger 6	미국	1964-1-30	381	계획대로 달에 충돌
Ranger 7	미국	1964-7-28	366.7	누비움 바다에 충돌
Ranger 8	미국	1965-2-17	367	고요의 바다에 충돌
Ranger 9	미국	1965-3-21	367	알폰수스 크레이터에 충돌
Luna 5	소련	1965-5-9	1474	달에 충돌
Zond 3	소련	1965-7-18	960	달의 뒷면 촬영 후 근접통과
Luna 7	소련	1965-10-4	1504	달에 충돌
Luna 8	소련	1965-12-3	1550	달에 충돌
Luna 9	소련	1966-1-31	1580	프로세라룸 대양에 최초로 연착륙
Luna 10	소련	1966-3-31	1600	달 주위 궤도선회 후 표면에 충돌
Surveyor 1	미국	1966-5-30	270	프로셀라룸 대양에 연착륙
Lunar Orbiter 1	미국	1966-8-10	386	궤도에서 아폴로착륙지점 촬영후 충돌
Luna 11	소련	1966-8-24	1640	궤도선으로 표면에 충돌
Surveyor 2	미국	1966-9-20	292	달표면에 충돌
Luna 12	소련	1966-10-22	1670	사진 촬영 후 표면에 충돌
Lunar Orbiter 2	미국	1966-11-6	385	착륙 후보지 촬영 후 충돌
Luna 13	소련	1966-12-21	1700	프로셀라룸 대양에 연착륙
Lunar Orbiter 3	미국	1967-2-4	386	착륙 후보지 촬영 후 충돌
Surveyor 3	미국	1967-4-17	281	프로셀라룸 대양에 연착륙
Lunar Orbiter 4	미국	1967-5-8	386	앞면의 지도제작을 위한 촬영 후 충돌
Surveyor 4	미국	1967-7-14	283	달표면에 충돌
Explorer 35	미국	1967-19	104.3	달궤도에서 자기장 탐사 후 충돌
Lunar Orbiter 5	미국	1967-8-1	386	뒷면 지도 제작을 위한 촬영 후 충돌
Surveyor 5	미국	1967-9-8	281	고요의 바다에 연착륙

우주선	발사국	연-월-일	무게(kg)	결과
Surveyor 6	미국	1967-11-7	282	메디 만에 연착륙
Surveyor 7	미국	1968-1-7	290	티코 크레이터 근처에 연착륙
Luna 14	소련	1968-4-7	1670	궤도선으로 궤도 선회 후 충돌
Zond 5	소련	1968-9-15	5375	최초로 달궤도 선회 후 지구로 귀환
Zond 6	소련	1968-11-10	5375	달궤도 선회 후 지구로 귀환
Luna 15	소련	1969-7-13	2718	달 표면에 충돌
Zond 7	소련	1969-8-7	5979	달 궤도 선회 후 지구로 귀환
Luna 16	소련	1970-9-12	5727	표면에 착륙 후 토양샘플 지구로 회수
Zond 8	소련	1970-10-20	5375	달 궤도 선회 후 지구로 귀환
Luna 17	소련	1970-11-10	5600	연착륙 후 루노코드로 표면 탐사
Luna 18	소련	1971-9-2	5600	표면에 충돌
Luna 19	소련	1971-9-28	5600	궤도선으로 후에 표면에 충돌
Luna 20	소련	1972-2-14	5727	착륙선으로 토양 샘플 지구로 회수
Luna 21	소련	1973-1-8	4850	연착륙 후 표면 탐사
Explorer 49	미국	1973-6-10	328	궤도에서 달 관측 후 충돌
Luna 22	소련	1974-6-2	4000	궤도선으로 후에 표면에 충돌
Luna 23	소련	1974-10-28	5600	착륙선
Luna 24	소련	1976-8-14	5800	착륙선으로 토양 샘플 지구로 회수
Hiten	일본	1990-1-24	197.4	궤도 선회 후 표면에 충돌
Clementine	미국	1994-1-25	227	달의 영상 1백80만 개 촬영
Lunar Prospector	미국	1998-1-7	126	달 극궤도 선회 후 충돌
SMART-1	ESA	2003-9-27	307	달 궤도 선회 후 충돌
Kaguya(Selene)	일본	2007-9-14	1984	달 궤도 선회 후 충돌
Chang' e 1	중국	2007-10-24	2000	달 궤도 선회 후 충돌
Chandrayaan-1	인도	2008-10-22	35	달 궤도 선회 후 충돌
LRO	미국	2009-6-17	1846	달 극궤도 선회 중
LCROSS	미국	2009-6-17	2970	물 탐사를 위한 충돌체
Chang' e 2	중국	2010-10-1	2500	달 궤도 선회 후 충돌
GRAIL	미국	2011-9-10	202	달 극궤도선, 달의 중력측정
LADEE	미국	2013-1		달 궤도선
Moonrise	미국	2013~2022년		달남극 지하물질 채취 지구로 회수

표 2 아폴로 계획 (유인 달 탐사선)

우주선	발사일	달궤도 선회수	표면에 머문 시간 (시간:분)	샘플 회수 (kg)	우주인	비고
아폴로 8호	1968-12-21	10	-	-	보만, 로벨, 앤더스 (Frank Borman, James A.Lovell,Jr. William A.Anders)	달궤도를 선회한 최초의 유인 우주선
아폴로 10호	1969-5-18	31	-	-	스태포드, 영, 써난 (Thomas P.Stafford, John W.Young, Eugene A.Cernan)	최초 착륙을 위한 최종연습; 착륙선이 표면에서 3-1/2km 높이까지 하강
아폴로 11호	1969-7-16	30	21:36	21	암스트롱, 콜린스, 알드린 (Neil A.Armstrong*, Michael Collins, Edwin E.Aldrin,Jr.*)	최초의 인간착륙. 고요의 바다에 착륙
아폴로 12호	1969-11-14	45	31:31	34	콜래드, 골돈, 빈 (Charles Conrad,Jr.* Richard F.Gordon Alan L.Bean)	프로세라룸 대양에 착륙
아폴로 13호	1970-4-11	-	-	-	로벨, 쉬거트, 하이스 (James A.Lovell,Jr., John L.Swigert,Jr. Fred W.Haise,Jr.)	항진도중 사고로 뒷면을 한번 돌고 귀환
아폴로 14호	1971-1-31	34	33:30	43	세퍼드, 루자, 밋첼 (Alan B.Shepard,Jr.* Stuart A.Roosa Edgar D.Mitchell*)	프라 마우로에 착륙
아폴로 15호	1971-7-26	74	66:54	77	스캇, 워든, 어윈 (David R.Scott* Alfred M.Worden James B.Irwin*)	아페닌산맥 근처 임부리움 분지에 착륙
아폴로 16호	1972-4-16	64	71:14	94	영, 매팅리, 듀크 (John W.Young* T.K.Mattingly,II Charles M.Duke,Jr.*)	데카르트테스 크레이터 근처 고원에 착륙

우주선	발사일	달궤도 선회수	표면에 머문 시간 (시간:분)	샘플 회수 (kg)	우주인	비고
아폴로 17호	1972-12-7	75	74:59	110	써난, 에반스, 슈미트 (Eugene A.Cernan* Ronald E.Evans* Harison H.Schmitt*)	타우러스 리트로 계곡에 착륙

* 달표면을 걸은 사람.

표 3 우주왕복선의 비행 통계

왕복선	비행수	비행 일수	비행 거리 (km)	최초의 비행 STS	날짜	마지막 비행 STS	날짜
컬럼비아†	28	300일 17시간 46분 42초	201,497,772	STS-1	1981-4-12	STS-107	2003-1-16
챌린저†	10	62일 07시간 56분 15초	41,527,414	STS-6	1983-4-4	STS-51L	1986-1-28
디스커버리	39	365일 22시간 39분 29초	238,539,663	STS-41-D	1984-8-30	STS-131	2011-2-24
아틀란티스	33	306일 14시간 12분 43초	202,673,974	STS-51J	1985-10-3	STS-132	2011-7-8
인데버	25	296일 3시간 34분 2초	197,761,262	STS-49	1992-5-7	STS-130	2011-5-16
총계	135	1331일 18시간	882,000,085				

† 폭발로 파괴됨

표 4 수성 탐사 우주선

우주선	발사국	발사일	도착일	성과
Mariner 10	미국	1973-11-2	1974-3-29	태양궤도를 돌면서 세 번 근접통과
			1974-9-21	표면의 45% 사진 촬영
			1975-3-16	1975-3-24 통신두절
MESSENGER	미국	2004-8-3	2011-3-18	수성궤도 진입
			2008-1-14	첫 번째 수성 근접 통과
BepiColombo	일본/유럽	2014	2020	궤도선과 착륙선

표. 5 금성 탐사 우주선

우주선	발사국	발사일	도착일	임무와 성과
Venera 1	소련	1961-2-12	비행 도중 고장	
Mariner 2	미국	1962-8-26	1962-12-14	근접통과, 금성의 자기장이 없음을 발견
Zond 1	소련	1964-4-2	1966-5-14	금성근접비행, 고장으로 통신두절
Venera 2	소련	1965-11-12	1966-2-27	금성에서 24,000km 통과
Venera 3	소련	1965-11-16	1966-3-1	금성 표면에 충돌
Venera 4	소련	1967-6-12	1967-10-18	대기탐사
Mariner 5	미국	1967-6-14	1967-10-19	근접통과, 자기장 탐사
Venera 5	소련	1969-1-5	1969-5-16	대기탐사
Venera 6	소련	1969-1-10	1969-5-17	대기탐사
Venera 7	소련	1970-8-17	1970-12-15	착륙선, 표면에서 23분간 자료 송신
Venera 8	소련	1972-3-27	1972-7-22	착륙선(50 분간)
Mariner 10	미국	1973-11-3	1974-2-5	수성으로 가는 도중 근접통과, 자외선 사진 촬영
Venera 9	소련	1975-6-8	1975-10-22	궤도선과 착륙선
Venera 10	소련	1975-6-14	1975-10-25	궤도선과 착륙선
Pioneer/Venus 1&2	미국			
궤도선(Orbiter)		1978-5-20	1978-12-4	궤도선회 후 대기로 진입
다중탐사선(Miltiprobe)		1978-8-8	1978-12-9	네 개의 대기탐사선

우주선	발사국	발사일	도착일	임무와 성과
Venera 11	소련	1978-9-9	1978-12-21	근접통과와 착륙선
Venera 12	소련	1978-9-14	1978-12-25	근접통과와 착륙선
Venera 13	소련	1981-10-30	1982-3-1	근접통과와 착륙선
Venera 14	소련	1981-11-4	1982-3-5	근접통과와 착륙선
Venera 15	소련	1983-6-2	1983-10-10	영상 레이더를 갖춘 궤도선
Venera 16	소련	1983-6-7	1983-10-14	영상 레이더를 갖춘 궤도선
VEGA 1	소련	1984-12-15	1985-6-11	착륙선과 기구를 단 대기탐사선
VEGA 2	소련	1984-12-21	1985-6-15	착륙선과 기구를 단 대기탐사선
Magellan	미국	1989-5-4	1990-8-10	고해상도의 레이더로 표면탐사, 1994-5-4까지 활동
Galileo	미국	1989-10-18	1990-2	목성으로 가는 길에 근접통과
Cassini	미국	1997-10-15	1998-4-26	토성으로 가는 도중 금성 통과
MESSENGER	미국	2004-8-3	2006-10-24	수성궤도선, 도중 금성 두번 통과
Venus Express	유럽	2005-11-9	2006-4-11	금성궤도선
PLANET-C	일본	2010-5-20	2010-12-7	금성 궤도선, 궤도진입 실패
BepiColombo	유럽 일본	2014		수성으로 가는 길에 근접 관측
VISE	미국	2013		금성에 착륙
Venera-D	러시아	2016		금성궤도선, 레이더로 표면탐사
SAGE	미국	2013~2022		표면 광물 분석

표 6 화성 탐사 우주선

우주선	발사국	발사일	도착일	임무와 성과
Mariner 4	미국	1964-11-28	1965-7-14	근접 통과
Mariner 6	미국	1969-2-25	1969-7-31	근접 통과
Mariner 7	미국	1969-3-27	1969-8-5	근접 통과
Mars 2	소련	1971-5-19	1971-11-27	궤도선과 착륙선(자료전송 실패)
Mars 3	소련	1971-5-28	1971-12-2	궤도선과 착륙선(자료전송 실패)
Mariner 9	미국	1971-5-30	1971-11-13	궤도선(1972-10-27 작동중지)
Mars 5	소련	1973-7-25	1974-2-12	궤도선과 착륙선(착륙 수초내에 활동정지)
Mars 7	소련	1973-8-9	1974-3-9	궤도선(착륙선은 착륙에 실패)
Mars 6	소련	1973-8-5	1974-3-12	궤도선과 착륙선(착륙선은 충돌)
Viking 1	미국	1975-8-20	1976-6-19 1976-7-20	궤도선(1980-8-17 작동정지) 착륙선(1982-11 활동정지)
Viking 2	미국	1975-9-9 1976-9-3	1976-8-7	궤도선(1978-7-24 활동정지) 착륙선(1980-4-12 활동정지)
Phobos 1	소련	1988-7-7		화성으로 가는 도중 실종
Phobos 2	소련	1988-7-12	1989-1-25	두달 동안 정보수집후 화성궤도에서 1989-3-27 지구와 통신두절
Mars Observer	미국	1992-9-25	1993-8-24	1993-8 실종됨
Mars Global Surveyor	미국	1996-11-7	1997-9-11	궤도선(2006-11-5 활동정지)
Mars Pathfinder	미국	1996-12-4	1997-7-4	착륙선과 표면탐사선 sojourner (1997-9-27 활동정지)
Nozomi (Planet B)	일본	1998-7-3	2003-12-14	궤도선
Mars Climate Orbiter	미국	1998-12-11	1999-9-23	표면에 추락
Mars Polar Lander	미국	1999-1-3	1999-12-3	표면에 충돌 착륙
Deep Space 2	미국	1999-1-3	1999-12-3	표면에 충돌
2001 Mars Odyssey	미국	2001-4-7	2001-10-24	궤도선, 현재도 활동 중

우주선	발사국	발사일	도착일	임무와 성과
Mars Express	유럽	2003-6-2	2003-12-25	궤도선과 착륙선 Beagle 2
Spirit(MER-A)	미국	2003-6-10	2004-1-4	표면탐사선, 2010년 활동정지
Opportunity (MER-B)	미국	2003-7-7	2004-1-25	표면 탐사선, 현재도 활동 중
Rosetta	유럽	2004-3-2	2007-2-25	혜성으로 가는 도중 근접 비행
Mar Reconnaisance Orbiter	미국	2005-8-10	2006-3-10	궤도선, 현재도 선회 중
Mars Phoenix Lander	미국	2007-8-4	2008-5-25	착륙선
Dawn	미국	2007-9-27	2009-2-17	소행성 베스타로 가기위한 중력보조
Fobos-Grunt	러시아	2011-11-9		포보스 토양 샘플 회수계획, 실패
Yinghuo-1	중국	2011-11-9		포보스-그룬트와 함께 발사, 실패
MSL Curiosity	미국	2011-11-26		표면과 대기의 화학적 물리적 분석 생명체 탐사
MAVEN	미국	2013		대기와 진화 연구
ExoMars/ Trace Gas Orbiter	유럽/ 미국	2016		MRO호를 대신하여 표면과 대기 탐사
Mars Sample Return Mission	유럽/ 미국	2020		화성 토양 표본을 지구로 회수

표 7 목성 탐사 우주선

우주선	발사국	발사일	도착일	임무와 성과
Pioneer 10	미국	1972-3-3	1973-12-3	근접통과
Pioneer 11	미국	1973-4-5	1974-12-2	근접통과
Voyager 1	미국	1977-9-5	1979-3-5	근접통과
Voyger 2	미국	1977-8-20	1979-7-9	근접통과
Galileo	미국	1989-10-18	1995-12-7	궤도선, 2003-9-21 목성에 충돌
Galileo Probe	미국	1989-10-18	1995-12-7	대기탐사선
Ulysses	미국/유럽	1990-10-6	1992-2-8	태양으로 가는 도중 목성 근접통과
Cassini	미국	1997-10-15	2000-12-30	토성으로 가는 도중 목성 근접통과
New Horizons	미국	2006-01-19	2007-02-28	명왕성으로 가는 도중 목성 근접통과
Juno	미국	2011-8-5	2016-7	목성의 극궤도에서 중력장, 자기장, 대기구조의 지도작성
EJSM(Europa Jupiter System Mission)	미국/유럽	2020		목성과 그 위성 탐사

표 8 토성 탐사 우주선

우주선	발사국	발사일	도착일	임무와 성과
Pioneer 11	미국	1973-4-5	1979-9-1	근접통과
Voyager 1	미국	1977-9-5	1980-11-12	근접통과
Voyager 2	미국	1977-8-20	1981-8-25	근접통과
Cassini-Huygens	미국/유럽/이태리	1997-10-15	2004-7-1 2004-12-25	궤도선과 타이탄 착륙선 Huygens 모선에서 분리
Kronos	미국	2015		토성탐사
TiME	미국	2016		타이탄의 바다 탐사
TSSM	미국/유럽	2020	2029	토성, 타이탄, 엔셀라더스 탐사

표 9 천왕성 탐사 우주선

우주선	발사국	발사일	도착일	임무와 성과
Voyager 2	미국	1977-8-20	1986-1-24	근접탐사

표 10 해왕성 탐사 우주선

우주선	발사국	발사일	도착일	임무와 성과
Voyager 2	미국	1977-8-20	1989-8-25	근접탐사

표 11 명왕성 탐사 우주선

우주선	발사국	발사일	도착일	임무와 성과
New Horizons	미국	2006-01-19	2015-7-14	근접통과

표 12 소행성 탐사 우주선

우주선	발사국	발사일	도착일	임무와 성과
Galileo	미국/유럽	1989-10-18	1991-10-29 1993-8-23	951/Gaspra에 근접비행 243/Ida에 근접비행
NEAR	미국	1996-2-17	1997-6-27 2000-2-14	253/Mathilde에 근접비행 433/Eros 궤도 진입
Cassini	미국	1997-10-15	2000-1- 23	2685/Masursky 근접 비행
Deep Space 1	미국	1998-10-24	1999-7-29	9969/Braille 근접비행
Stardust-NExT	미국	1999-2-7	2002-11-2	혜성 Wild-2로 비행도중 소행성 5535/Annefrank에 접근관측
Hayabusa	일본	2003-5-9	2005-9	25143/Itokawa에 도착, 샘플회수
Rosetta	유럽	2004-3-2	2008-9-5 2010-7-10	2867/Steins 근접비행 21/Lutetia 근접비행
Dawn	미국	2007-9-27	2011-7-11 2015-2	Vesta에 도착 Ceres에 도착 예정
WISE	미국	2009-12-14		지구궤도를 돌면서 소행성 탐사
OSIRIS	미국	2020		소행성 표면 물질 회수

표 13 혜성 탐사 우주선

우주선	발사국	발사일	도착일	임무와 성과
Pioneer 7	미국	1966-8-17	1986-3	태양궤도에서 태양풍 관측 중 헬리관측
Pioneer Venus 1	미국	1978-5-20	1986-2-9	금성 탐사 중 헬리 관측
ISEE-3/ICE	미국	1978-8-12	1986-3-25	ISEE-3가 1983-12-23 헬리혜성을 향해서 방향을 바꾸어 이 혜성을 관측
VEGA 1	소련	1984-12-15	1986-3-6	헬리의 코마에 침투관측
VEGA 2	소련	1984-12-21	1986-3-7	헬리코마를 침투했고 약간 손상됨
Sakigake	일본	1985-1-7	1986-3-11	헬리핵에서 7백만km 거리 통과
Suisei	일본	1985-8-18	1986-3-8	헬리핵에서 15만1천km 거리 통과
Giotto	유럽	1985-7-2	1986-3-14	헬리코마의 가장 밀도가 높은곳 통과
Ulysses	유럽/미국	1990-10-6	1996-5-1	태양으로 가던 중 Hyakutake의 꼬리통과
Deep Space 1	미국	1998-10-24	2001-9-22	Borrelly 접근
Stardust-NExT	미국	1999-2-7	2004-1-2	Wild2에 근접비행
Rosetta	유럽	2004-3-2	2014-5-22	67P/Churyumov-Gerasimenko 궤도진입
Deep Impact	미국	2005-1-12	2005-7-4	Tempel 1에 충돌
EPOXI	미국	2005-1-12	2010-11-2	Deep Impact의 다른 이름, Boethin과 Hartley2 근접비행

표 14 태양 탐사 위성 및 우주선

이름	발사국	발사일	궤도	업적
Pioneer 5	미국	1959-3-11	태양궤도	플레아입자, 자기장 측정
Pioneer 6	미국	1965-12-10	태양궤도	태양풍, 우주선, 자기장 측정
Solad 1	미국	1960-6-22	지구궤도	태양 X선과 자외선 관측
Solrad 6	미국	1963-1-15	지구궤도	태양 복사 관측
Solad 7A	미국	1964-1-11	지구궤도	태양 복사 관측
OSO 1	미국	1962-3-7	지구궤도	태양의 고에너지복사 관측
OSO 2	미국	1965-2-3	지구궤도	태양표면의 고에너지복사 지도

이름	발사국	발사일	궤도	업적
Pioneer 7	미국	1966-8-17	태양궤도	태양풍, 우주선, 자기 측정
OSO 3	미국	1967-3-8	지구궤도	태양플레아의 X선 관측
OSO 4	미국	1967-10-18	지구궤도	최초로 태양의 원자외선 사진촬영
Pioneer) 8	미국	1967-12-13	태양궤도	태양복사에 관한 8가지실험
Explorer 37	미국	1968-11-8	지구궤도	태양복사 데이타 전송
Pioneer 9	미국	1968-11-8	태양궤도	태양복사에 관한 8가지실험
OSO 5	미국	1969-1-22	지구궤도	태양복사 데이타 전송
OSO 6	미국	1969-8-9	지구궤도	태양원반의 가장자리 주사
OSO 7	미국	1971-9-29	지구궤도	태양 감마선 방출 관측
Skylab	미국	1973-5-26	지구궤도	태양 자외선과 X선 관측
Helios A	독일/미국	1974-12-10	태양궤도	태양 근접 탐사
OSO 8	미국	1975-6-21	지구궤도	태양의 자외선 관측
Helios B	독일/미국	1976-1-15	태양궤도	태양 근접 탐사
HEAO 1	미국	1977-8-12	지구궤도	태양의 X선 촬영
IUE	미국/영국/유럽	1978-1-26	지구궤도	태양의 자외선 촬영
HEAO 2 (Einstein)	미국	1978-11-13	지구궤도	태양의 X선 촬영
HEAO 3	미국	1979-9-20	지구궤도	태양의 감마선 촬영
SMM	미국	1980-2-14	지구궤도	활동극대기에 태양관측
Ulysses	유럽/미국	1990-10-6	태양궤도	태양의 극관측
Yohkoh	일본/미국/영국	1991-8-31	지구궤도	태양 플레아의 X선 관측
SOHO	미국/유럽	1995-11-29	지구-태양중간지점	태양풍,코로나관측
ACE	미국	1997-8-25	지구궤도	태양 저에너지 입자측정
TRACE	미국	1998-4-2	지구궤도	태양 광구 영상

표 15 우주관광객 명단

이름	국적	연도	비행기간	우주선
Dennis Tito	미국	2001	9일 (4.28~5.6)	발사: 소유즈 TM-32 귀환: 소유즈 TM-31
Mark Shuttleworth	남아프리카/ 영국	2002	11일 (4.25~5.5)	발사: 소유즈 TM-34 귀환: 소유즈 TM-33
Gregory Olsen	미국	2005	11일 (10.1~10.11)	발사: 소유즈 TMA-7 귀환: 소유즈 TMA-6
Anousheh Ansari	이란/미국	2006	12일 (9.18~9.29)	발사: 소유즈 TMA-9 귀환: 소유즈 TMA-8
Charles Simonyi	헝가리/미국	2007 2009	15일 (4.7~4.21) 14일 (3.26~4.8)	발사: 소유즈 TMA-10 귀환: 소유즈 TMA-9 발사: 소유즈 TMA-14 귀환: 소유즈 TMA-13
Richard Garriott	미국/영국	2008	12일 (10.12~10.23)	발사: 소유즈 TMA-13 귀환: 소유즈 TMA-12
Guy Laliberte	캐나다	2009	12일 (9.10~10.11)	발사: 소유즈 TMA-16 귀환: 소유즈 TMA-14

표 16 민간 우주여행 상품

여행사	국가	상품	비용	출시 연도
Space Adventures	미국	소유즈로 국제우주정거장 방문 및 체류 준궤도 우주여행	2천만달러 10만달러	2001년 2011년
Virgin Galactic	영국	준궤도 비행 및 무중력 체험	20만달러	2010년대초
EADS Astrium	유럽	준궤도 비행 우주관광선 탑승	20~25만달러	2012년
Rocketplane Kistler	미국	4인용 준궤도 비행	19만2천달러	미정
Galactic Suite Ltd.	스페인	우주호텔에서 3일 거주	400만달러	2012년
Bigelow Aerospace	미국	우주호텔 건설 중	미정	2010년
Blue Origin	미국	원뿔형 수직 이착륙 저궤도 비행	미정	미정
Benson Space	미국	수직상승 우주선 건설 중	미정	미정
PlanetSpace	미국	준궤도 우주선 건설 중	미정	미정

표 17 한국이 발사한 인공위성

이름	발사일(년월일)	용도	발사 장소 및 임무종료일(혹은 임무기간)
우리별 1호	1992-8-12	과학실험	남미 기아나에서 아리안4로, 2004년말
2호	1993-9-26	과학실험	기아나에서 아리안4로, 2002-6
3호	1999-5-26	과학실험	인도에서 PSLV-C2로, 2003-12
무궁화 1호	1995-8-5	방송통신	미국 케이프커내버럴에서 델타2로, 정지궤도, 고장으로 수명 4.5년으로 단축
2호	1996-1-14	방송통신	미국 케이프커내버럴에서 델타2로, 정지궤도, 2009-6
3호	1999-9-4	방송통신	남미 기아나에서 아리안 4로, 정지궤도, 15년
5호	2006-8-22	방송통신	하와이부근 해상에서, 정지궤도, 15년
6호	2010-12-29	방송통신	기아나우주센터에서, 정지궤도, 15년
아리랑 1호	1999-12-21	다목적실용	미국 반덴버그기지에서 토러스로 발사, 2008-2
2호	2006-7-28	다목적실용	러시아 플레세츠크, 7년
5호	2011-11	다목적실용	러시아 야스니발사기지, 5년
과학기술위성 1호	2003-9-27	과학관측	러시아에서 코스모스 3M으로 발사, 2005-10
과학기술위성 2A호	2009-8-25	과학관측	나로우주기지에서 나로호로, 궤도진입 실패
	2010-6-10	과학관측	나로호로 발사했으나 공중에서 폭발
천리안	2010-6-27	통신해양기상	기아나우주센터에서, 정지궤도, 기상과 해양관측, 7년

인명 찾아보기(영문표기 및 출생-사망년도)

바

사

아

자

차

카

타

파

하

찾아 보기

라

마

바

사

아

자

차

카

타

파

하

기타

우주 개발 탐사
어디까지 갈 것인가

2012년 4월 10일 인쇄
2012년 4월 15일 발행

저　자 : 민영기
펴낸이 : 이정일

펴낸곳 : 도서출판 **일진사**
www.iljinsa.com

140-896 서울시 용산구 효창원로 64길 6
전화 : 704-1616 / 팩스 : 715-3536
등록 : 제3-40호(1979. 4. 2)

값 22,000원

ISBN : 978-89-429-1289-6